U0281384

机器学习与资产定价

Machine Learning in Asset Pricing

[美] Stefan Nagel——著
王熙　石川——译

電子工業出版社
Publishing House of Electronics Industry
北京•BEIJING

内 容 简 介

本书从资产定价的核心问题出发，前沿而体系化地讨论了如何通过经济学推理将机器学习方法引入实证和理论资产定价研究之中，从而有效解决机器学习应用在资产定价中所面临的挑战，搭建了研究机器学习与资产定价的桥梁。为提升阅读体验，帮助读者充分理解书中内容，译者王熙教授与石川博士在行文中加入了精彩丰富的译者注，给原著提供必要的背景知识，从而帮助读者更好地掌握书中的行文逻辑。其中，为本书补充的诸多公式推导过程也能帮助读者加深对贝叶斯统计框架的理解。

本书读者对象：资产定价、机器学习、金融学、经济学、量化投资等金融科技相关领域的从业者、研究人员和其他感兴趣的读者。

版权贸易合同登记号　图字：01-2022-1968

图书在版编目（CIP）数据

机器学习与资产定价 / (美) 斯蒂芬・内格尔 (Stefan Nagel) 著;
王熙, 石川译.—北京：电子工业出版社，2022.7

书名原文：Machine Learning in Asset Pricing

ISBN 978-7-121-43436-5

Ⅰ. ①机… Ⅱ. ①斯… ②王… ③石… Ⅲ. ①机器学习—应用—资产评估
Ⅳ. ①TP181②F20

中国版本图书馆 CIP 数据核字（2022）第 079329 号

责任编辑：陈林
印　　刷：河北鑫兆源印刷有限公司
装　　订：河北鑫兆源印刷有限公司
出版发行：电子工业出版社
　　　　　北京市海淀区万寿路 173 信箱　　邮编：100036
开　　本：880 × 1230　1/32　印张：7.75　字数：207 千字
版　　次：2022 年 7 月第 1 版
印　　次：2022 年 9 月第 3 次印刷
定　　价：100.00 元

凡所购买电子工业出版社图书有缺损问题，请向购买书店调换。若书店售缺，请与本社发行部联系，联系及邮购电话：（010）88254888，88258888。

质量投诉请发邮件至 zlts@phei.com.cn，盗版侵权举报请发邮件至 dbqq@phei.com.cn。

本书咨询联系方式：（010）51260888-819，faq@phei.com.cn。

推荐序一

大约在五年前，我在国内的一次学术会议上介绍了我的一篇关于机器学习和资产定价的文章：*Empirical Asset Pricing via Machine Learning*。一位听众问了这样一个问题："您能否列举出一家国内外的对冲基金是靠机器学习算法挣钱的？"这位听众的言外之意或许是对机器学习在投资中的应用前景持怀疑态度。在那个时候，对于某些对冲基金来说，机器学习或许还是"不能说的秘密"。但现在看来，机器学习几乎已经成为行业的共识。我很难列举出一家头部的量化对冲基金至今还完全没有使用过任何机器学习的技术。事实上，机器学习的相关人才在金融相关的就业市场上早已趋之若鹜。

差不多也是五年前，我有机会在芝加哥与美国某顶级对冲基金的首席投资官有过一次深入交流。当时他令我最为印象深刻的一句话是"学术界的研究至少落后于我们五年甚至十年，我们已经不再阅读和关注金融学的文献了。"虽然资产定价，作为金融学最重要的分支之一，其研究的核心目的并不是为工业界提供投资策略。但不可否认的是，资产定价领域的杰出研究成果与工业界的蓬勃发展向来密不可分。从早期 Markowitz 提出的均值–方差组合范式，到 Sharpe 和 Lintner 等构想的资本资产定价模型，到 Fama 的有效市场假说，到以 Shiller 等为首开展的行为经济学研究，到 Black 和 Scholes 发现的期权定价公式，到 Fama 和 French 总结的多因子股票模型，都无一例外地带来了工业界的革命性巨变。

机器学习这个资产定价领域的新兴方向让我看到了学术界的思想和工业界实践再一次紧密融合的希望。我前文提及的对冲基金早在十年前就已经大规模地使用机器学习里常见的变量选择和降维技术。近几年来，美国头部的几家对冲基金对神经网络、自然语言处理、另类数据等方向也有极大的关注和投入。中国的对冲基金行业更是以惊人的速度在短短五年之内成长起来。以机器学习、因子投资为主要理念，达到百亿元规模的量化投资团队已经超过百家。

在工业界如火如荼的发展背后，学术界与此同时进行的一系列研究给这一新兴投资方法论提供了充分的理论支持和严谨稳健的实证。或许这一次的技术以及方法论的变革工业界的确领先于学术界，但学术研究和工业实践之间的差距在迅速缩小。未来实证资产定价研究最有前景的方向之一是进一步以经济学的理论为先验，设计新的机器学习的方法，挖掘另类数据中的洞见，从而更好地理解投资者预期与资产价格的复杂关系，为相关的经济学理论提供反馈和补充，以期进一步指导业界实践。

在这样的背景之下，本书的出版满足了想进入该领域研究和实践的读者们最迫切的需要。我与本书英文原著作者 Stefan Nagel 不仅是芝加哥大学布斯商学院的同事，也是一起进行学术研究的合作者。我们近期合作撰写的 *The Statistical Limit of Arbitrage* 就是机器学习方法论完善与补充已有的经济金融学理论的一个例子。他对于研究的专注、治学的严谨以及对经济学理论的直觉令我印象深刻。在资产定价领域，他是芝加哥大学乃至整个金融学术界当之无愧的领军人物之一。

我也是本书译者之一石川博士博客的忠实读者。石川博士撰写了一系列文章，对资产定价领域的前沿研究进行总结，更在其中结合了他从业多年提炼出来的独到见解。他的这些评论文章产生的影响甚至不亚于他选评的这些文章本身的贡献。我因此也邀请他给上海交通大学高级金融学院的硕士生和博士生做过讲座，学生们也是收获匪浅。

这次我非常有幸为《机器学习与资产定价》撰写序言。本书的原著从资产定价的角度出发，介绍了机器学习的方法论，并辅以详细的数据实证，为经济金融背景的读者们提供了机器学习方法论的最好诠释，同时也为已经具备统计与机器学习基础的读者们提供了经济学直观。难能可贵的是，原著指出了现有文献中的局限，提出了值得研究探索的新问题，明确了未来资产定价领域这个分支的发展方向。中文版在原著基础上添加了王熙与石川两位博士的译者注，为本书的读者提供了背景知识和逻辑推导。基于我对本书的作者和译者的了解，以及对原著和中文版的精读，我相信广大中国读者会和我一样从本书中获益良多！

修大成 博士

芝加哥大学布斯商学院计量经济学与统计学教授

清华大学五道口金融学院特聘教授

上海交通大学上海高级金融学院特聘教授

2022 年 5 月

推荐序二

自20世纪70年代以来，实证资产定价研究已经走过了近50年的发展。1995年我进入美国的公募基金行业伊始就逐步涉猎从CAPM到如今家喻户晓的Fama–French和*q*-factor等因子模型。从“Factor Zoo”再到“Factor War”，浩如烟海的多因子建模学术文献一直伴随着我管理大规模全球股票投资基金的职业生涯。我见证了实证资产定价研究在不断地克服自身局限性的同时也一直在寻求新的突破和创新。

纵观人类历史发展，蒸汽机的发明把人们从拽耙扶犁的农耕时代带入声光化电的工业时代，通信技术及计算机技术的飞速发展使人们迈入日新月异的信息时代。每一次时代更迭都需要技术突破的支撑。而机器学习方法，就是引领资产定价研究进入新阶段的关键技术。传统的实证资产定价是由低维线性计量方法主导的，适合于近一般均衡状态（near general equilibrium）的经济分析和预测，而擅长处理高维问题和非线性关系等高度复杂性系统（complexity system）的机器学习方法无疑为资产定价领域注入了鲜活的血液。这也是我十年前海归回国，担任嘉实基金首席科学家，从最初引入量化基本面投资到2015年创立嘉实人工智能投研中心，并联合北京大学光华管理学院成立博士后科研工作站的初衷。以人工智能、机器学习并结合复杂网络为科学基础的资产定价理论与应用，对中国这个快速发展且具有高度复杂性的资本市场的规律把握具有先天的优势与必要性。

近年来，计算能力和数据可用性都进一步提升，这使得以数据为基础的机器学习策略，不仅更具吸引力和成本效益，而且成为竞争优势的关键来源。在投资领域，机器学习与资产定价的有效结合，助推了量化投资的发展。量化基金已经逐渐跻身到美国投资市场的主流，顶尖的量化机构也都形成了自己鲜明的特色，如以海外 AQR 为代表的学术量化派、以 WorldQuant 为代表的因子数据挖掘派和以西蒙斯的 Medallion（大奖章）基金为代表的高频科技派等。不管哪种流派，背后都是海量的数据和神秘的模型。如果说投资是一场冒险，那么以数据和模型为依托的量化投资就是一场科学的冒险。相比起挑选主动基金时辨人的风险，量化投资可以用更加科学严谨的模型来确保投资风格不漂移，规避主观情绪波动带来的非理性操作。

尽管机器学习算法在图像识别和语音识别等方面取得了颠覆性突破，90% 以上的识别准确率确实让人热血澎湃，但我们要深刻认识到资产定价与简单预测问题的本质区别，要清楚金融数据与图像、信号等数据的差异性。在本书中，作者并没有一味鼓吹机器学习的强大，反而理智分析了机器学习在资产定价中的不足之处。首先，资产定价理论是对资产价格本质的一种解释。尽管深度学习算法在图像识别方面一骑绝尘，但它的“黑箱性”注定了深度学习在资产定价领域望而却步。其次，金融数据相比于图像数据具有信噪比极低和难以满足平稳性等特征，研究人员的先验知识可以发挥重要的指导作用，这就造成纯数据驱动的一些非贝叶斯机器学习方法并不能带来理想的定价效果。最后，资产定价模型、风险模型以及投资组合模型是在一个理论框架之内，模型与模型之间具有互通性和自洽性，这就要求机器学习方法的使用应该满足经济学约束。在本书的论述中，处处体现了辩证性思维，这也是本书的一大亮点。

所以，我们应正确看待机器学习与资产定价之间的辩证关系。机器学习方法不应只是让模型看起来“fancy”的手段，而是一种加深我们对资产价格理解的朴素工具。尽管机器学习让我们行得更快更远，但不要忘记我们为什么出发。

从对机器学习的狂热追捧中恢复冷静，我们应该思考机器学习在资产定价领域未来应走向哪里。第一，增强机器学习的可解释性。可解释性的必要性在于，它背后的理论是以人类为中心的，反映的是我们该如何通过解释模型达到人类对模型的信任，从而创造更加安全可靠的应用。在众多领域中，模型的可解释性和准确度同等重要。要想实现机器学习算法的广泛推广，提升可解释性是不可跨越的一步。第二，提升模型稳定性。不稳定性产生的原因包括数据和模型两个方面。从数据角度看，现有的大部分机器学习方法都需要独立同分布假设，然而在一些金融数据中，这一假设并不满足。从模型角度看，现有的大部分机器学习模型主要是关联驱动的，而关联关系包含稳定的因果与实业多重网络关系和虚假关联，虚假关联是造成模型不稳定的重要原因。如何恢复真正稳定的因果关系以及网络联结，使用因果关联和图论等工具指导模型学习得到稳定的结果，也是值得进一步探索的问题。

Stefan Nagel 教授的 *Machine Learning in Asset Pricing* 从资产定价的核心问题出发有的放矢，系统化地讨论了机器学习方法如何有效解决这些问题。在我看过这本书的中文译稿之后，深感这是一本不可多得的、值得金融人士进一步探索前沿研究及应用的好书。本书深入浅出，构建了机器学习与资产定价的桥梁。译者王熙博士和石川博士在该研究领域造诣深厚、见解深刻，不仅翻译精确，还添加了大量的译者注。这些丰富精彩的译者注犹如这场学习之旅中的知识锦囊，帮助读者更深入地理解和学习。我真诚地祝愿每一位读者都能通过阅读此书有所收获、有所启发！

张自力 博士

嘉实基金董事总经理、首席科学家、AI 投资总监及主基金经理

北京大学光华管理学院管理实践教授

上海高级金融学院、中国科技大学兼职金融教授

2022 年 5 月

译者序

资产定价研究的核心目标之一是解释不同资产预期收益率在截面上的差异。自 20 世纪 50 年代以来，学术界就该问题在理论和实证两方面取得了大量的成果。在理论方面，研究表明了随机贴现因子、均值–方差有效投资组合以及多因子模型之间的等价性；而在实证方面，以资本资产定价模型和 Fama–French 三因子模型为代表的因子模型更是引领了数十年的研究。

学术界在理论和实证方面的双管齐下也为业界的投资实务建立了必要的秩序，使之从最初充斥着华尔街逸闻趣事或者“某某一夜暴富”的头条故事的杂乱无章，演化至当前在金融经济学框架内，使用严谨的数据分析和统计检验已经成为业界的研究范式。从多因子模型衍生出来的因子投资在投资实务中已经占据了举足轻重的地位，而利用诸如价值、规模、盈利、动量等因子区分不同资产预期收益率的差异、获得更高的风险调整后收益这样的认知更是深入人心。资产定价已然成为金融领域内一个理论和实践紧密联系、相互交融的典型代表。

然而，在这片有序之下也并非没有“暗流涌动”。首先，在实证方面，在过去的 10 ~ 20 年中，在发表偏差所导致的 p-hacking 问题驱使下，学术界制造了大量所谓的“市场异象”，它们中的每一个都在特定的实证设定下获得了超额收益。仿佛就在一夜之间，成百上千个能为解释资产预期收益率截面差异提供增量贡献的协变量便如雨后春笋一般涌现出来。但这诸多变量到底代表了何种系统性风险？它们之间的相关性和带有的预测信息的冗余度几何？哪些能够作为真正的定价因子？因子的风险价格又究竟是多少？与众多协变量形成鲜明对比的是，人们对上述问题的理解却十分贫瘠，这无疑令人尴尬。

数据量的激增进一步加剧了上述实证挑战。如今，被用来预测收益率的潜在协变量的数量与日俱增。传统的包括历史量价数据、财务报表数据、分析师一致预期数据，以及另类的包括新闻舆情数据、文本分析数据、卫星图像数据等均能够被拿来加工成各式各样的预测变量。毫不夸张地说，就资产定价的研究而言，我们已经步入了预测变量的高维数时代。而这样一个大数据时代对传统的计量经济学方法提出了巨大的挑战——试想一下当协变量个数超过观测样本个数时，OLS 的无能为力。为了通过计量经济学方法得出可靠的结果，人们只能退而求其次在实证分析中施加人为的稀疏性假设，这意味着在多因子模型中仅考虑有限个因子，或在研究收益率截面预测问题中只同时考虑很少的变量。

类似的挑战也存在于资产定价的理论方面。已有的、被学界和业界广泛认可的统计检验方法和统计推断结果均是建立在理性预期假设（即投资者已知现金流生成模型以及模型的参数）之上的。这意味着事后样本内检验发现的收益率可预测性可以被安全地归因为系统性风险补偿或由投资者行为偏差而导致的错误定价。可是，如果理性预期假设不满足又会如何呢？在如今的大数据时代，既然对市场数据进行事后分析的统计者们面临着高维预测变量问题，那么我们有同样的理由相信在金融市场中实际交易的投资者（他们的交易行为产生了实实在在的价格数据）也一定面临类似的高维预测问题。而已有的资产定价理论模型并未将投资者置于如此复杂的环境之中，因为在该环境中理性预期假设不再成立。面对这种进退两难的情形，我们是否真的无能为力？一旦在模型中放弃理性预期假设，对事后样本内统计推断又会有什么影响呢？除了风险补偿和错误定价，事后检验中存在的收益率可预测性背后的原因是否还有第三种可能？

面对实证和理论两方面的困境，好不容易建立起秩序的资产定价再一次陷入了无序之中。人们又回到了需要重新建立新秩序的起点。而无论是实证检验还是理论建模，为了应对协变量的高维数问题，擅于处理高维问题和非线性关系的机器学习方法自然而然地成为弥补传统计量经济学方法不足的不二之选。各种机器学习方法已经在资产定价之外的其他领域（如图像识别）取得了巨大的成功，让人们对它们在资产定价方面的表现充满期待。不幸的是，机器学习算法并非“即插即用”。大量实证结果表明，将现成的机器学习算法简单粗暴地应用于资产定价领域的数据并不能在样本外取得优秀的表现。这是否意味着人们的希望破灭了呢？幸运的是，答案亦是否定的。

资产定价领域的数据，诸如资产收益率，较机器学习擅长发挥作用的其他领域的数据具有一些与生俱来不同的属性，例如信噪比极低、难以满足平稳性及预测误差直接影响投资组合的风险收益特征等。这些特殊属性的存在阻碍着现成机器学习算法发挥其威力。然而，一旦知道了问题所在，我们便能够有的放矢，针对资产定价数据的属性选择和调整机器学习算法及其参数，使它们充分发挥所长。虽然目标明确，但这条利用机器学习拓展资产定价研究的道路仍然十分曲折。好消息是，在这条道路上，已经有人为我们勾勒出了系统性的、可操作的蓝图。这张蓝图就是由身为芝加哥大学金融学教授、金融领域顶级期刊 *Journal of Finance* 执行主编的 Stefan Nagel 教授所撰写的 *Machine Learning in Asset Pricing*。该书高屋建瓴，逻辑缜密，推理严谨。

作为资产定价领域的领军学者之一，Stefan Nagel 教授以预测股票截面收益率中所遇到的各种问题为例，在书中体系化地讨论了如何将机器学习方法成功地引入实证和理论资产定价研究之中，从而有效解决前文提到的挑战。比如，该书通过理论推导和实证分析表明分别以 R^2 和投资组合表现为准则进行机器学习超参数优化时，会得到截然不同的结论及其背后的原因；又如它通过将专业投资者建模为使用机器学习工具的经济主体，指出投资者对现金流内在生成过程的学习问题会导致样本内虚假的可预测性，这为近年来日益扩充的“因子动物园”提供了另一种令人信服的解释。

资产定价应用中数据的低信噪比意味着人们不应指望在灵活的框架下，仅依靠“数据自己发声”便能取得良好的结果。因此，为了实现在实证和理论方面的突破，需要对机器学习算法的选择以及参数的设定施加必要的结构性约束。为此，将资产定价数据属性背后的内在经济学原理注入机器学习的应用就变得尤为重要。在这方面，贝叶斯统计提供了一个天然的框架。通过指定关于风险和收益机会的先验分布，该研究框架允许人们在收益率预测问题中加入具有经济学动机的约束条件，它们对机器学习的成功应用至关重要。通过贝叶斯框架使得机器学习在资产定价中发挥更大的作用正是 *Machine Learning in Asset Pricing* 的一大特色。该书的另一个特色是强调开放性问题而非提供明确的答案。这些问题对于资产定价领域的发展至关重要。通过指出尚待解决的重要问题，Stefan Nagel 教授展望了未来资产定价研究可采取的方向。

对业界投资实务来说，该书描绘的理论前沿进展极具价值。当下，人们似乎站在这样一个十字路口之中，即传统的基于人为稀疏性假设的多因子模型越来越难以获得可观的风险调整后收益。这背后的原因是，传统实证资产定价研究和业界的投资实务的目标之间存在错配。前者的目标是提出简约的静态模型并为模型中的因子提供合理的依据，而后者的目标则是最大化样本外投资组合的条件风险收益特征。在这种错配下，投资实务亟需来自学术研究的全新方法的指引，而注入经济学推理的机器学习方法就是最好的答案。该书介绍的理论方法以及相应的实证结果很好地扩展了因子投资的前沿。

作为该书的译者，我们在接触到 *Machine Learning in Asset Pricing* 之初便被其深深吸引。这是一本资产定价领域划时代的引领之作，我们深信该书对国内的学界和业界都极具参考价值。在此，特别感谢 Stefan Nagel 教授以及普林斯顿大学出版社的同意和信任，让我们有机会将其引入国内。能有机会参与本书的翻译，我们深感荣幸，同时也明白身上担负的使命和责任。在翻译过程中，我们反复讨论和修订，力争做到在文字意义忠于原著的前提下，行文更加符合中文的表述习惯。此外，我们还在全书的行文中加入了大量的译者注，希望以此起到两个作用：(1)给原著提供必要的背景知识，帮助读者掌握上下文的行文逻辑；(2)原著中的第3至5章均涉及大量公式，我们为其中绝大多数公式提供了推导过程，帮助读者加深对贝叶斯统计框架的理解。为了区分译者注和原著自带的脚注，译者注采用了独立的编号且使用了楷体。希望这些努力能够使中文版读者更好地体会到原著的魅力。由于所学知识有限，中译版中难免有不当之处，烦请读者指正。

在翻译过程中，我们有幸得到了学界和业界很多专家的热情帮助，在此向他们致以真挚的谢意。特别感谢芝加哥大学布斯商学院修大成教授以及嘉实基金董事总经理、首席科学家、AI投资总监张自力博士为中译版撰写精彩的序言。此外，感谢刘洋溢和连祥斌对中文版给予的建议和反馈。同时，本书的出版也离不开电子工业出版社的全力支持。感谢出版社高洪霞老师和陈林编辑细致入微的工作以及给予我们的鼓励；感谢各位校订老师的辛勤付出；感谢李玲为本书设计了精美的封面。

在各位读者开始这段令人兴奋的机器学习与资产定价之旅之前，我们想在最后给出一些小小的忠告。虽然原著旨在介绍机器学习在资产定价中的应用，但它并不涵盖机器学习方法的最新进展，也并没有在计算问题方面花费太多篇幅。除此之外，原著也并没有致力于提供关于哪个机器学习方法更好的“神秘配方”或“灵丹妙药”。因此，想通过本书得到简单的答案（比如到底是神经网络还是决策树能够获得更优异的选股表现）的读者，恐怕要难免“失望”了。但正如“没有免费的午餐”定理所指出的那样，没有哪种方法在所有问题上都优于其他算法。因此，回答

“机器学习方法是否适用于资产定价”以及“如何基于经济学推理选择机器学习方法以及参数，从而在样本外取得更好的效果”这些本质问题反而更加重要。在这些问题上，该书均有精彩的论述，不会让读者失望。

回顾过去半个世纪的资产定价研究，不禁让人感慨万千。学术研究也许就是这样，在无序中建立秩序，秩序又被新的问题打破并重新被建立，周而复始。在大数据时代研究资产定价，我们不仅要拥抱机器学习，而且要正确、科学、有效地拥抱机器学习。Stefan Nagel 教授的 *Machine Learning in Asset Pricing* 使我们朝着这个目标迈出坚实的一步。该书不仅是对最新前沿成果的精彩梳理，更是一种面对未来的整装待发。相信每个关注资产定价的人都会因此而深受启发。

王熙　石川

2022 年 5 月

前言

本书是我于 2019 年 5 月在普林斯顿大学讲授普林斯顿金融学讲座时所用材料的扩展版本。感谢 Markus Brunnermeier 和普林斯顿大学本德海姆（Bendheim）金融中心的盛情款待，同时也感谢普林斯顿大学出版社及其经济学编辑 Joe Jackson 对本书的支持。出版本书给了我一个很好的机会来反思机器学习在资产定价方面应用的最新进展，以及未来研究中尚待解决的问题。

我对将机器学习应用于资产定价的兴趣源于我与合作者 Serhiy Kozak 和 Shrihari Santosh 的合作项目，当时我和 Serhiy 共同供职于密歇根大学。我们查阅了关于股票收益率的学术文献（这是我们感兴趣的研究领域之一）并发现了一个需要寻求新方法来解决的挑战。当时，关于股票收益率决定因素的研究正努力弄清这样一个事实，即大量的公司特征似乎都在预测股票未来收益率的差异时起了作用。然而，关于新预测变量的研究通常仅使用非常零星的有限个已知变量作为控制变量，并在这个基础上评估新变量的预测表现。这就引出了一个问题，如果将学术论文中记录的众多预测变量进行联合评估，则它们之中是否有很多变量将变得多余。而另外一个亟待回答的问题是，在预测股票收益率的差异方面，这些变量之间是否会产生重要的交互作用。这些问题暗示着对股票市场投资机会的正确描述必须联合考虑大量的预测变量，而作为应对上述挑战的天然解决方案，机器学习方法对我们极具吸引力。最终，我们三人通过这次合作所产生的论文（Kozak, Nagel, and Santosh 2020）构成了本书第 4 章的核心。

最近，我和 Ian Martin 开始考虑如何利用机器学习方法对专业的经济主体的信念形成过程建模。例如，对于投资者而言，预测是至关重要的决策参考。就像数据科学家将机器学习技术应用于大数据集一样，投资者则面对着大量潜在相关的预测变量。因此，为了解释资产价格的特性，理论模型是否考虑了投资者在学习过程中所面临的高维问题就变得十分重要。而将经济主体建模为使用机器学习工具的投资者，则为他们在贴近现实的复杂环境中处理这一问题提供了先进的工具。本书第 5 章为探索这类资产定价模型迈出了第一步，我和 Martin 的合作论文（Martin and Nagel 2019）对该模型进行了更为详尽的阐述。

我对这些研究项目中的合作者深表感谢。本书中的很多内容都反映了我在合作中学到的东西。我还要感谢 Ralph Koijen、Ian Martin、Shrihari Santosh、Anirudha Balasubramanian、David Yang、芝加哥大学博士课程的学生以及两位匿名审稿人对本书初稿的反馈意见。此外，Tianshu Lyu[1] 和 Michael Yip 提供了出色的研究协助。我也非常高兴地对芝加哥大学证券价格研究中心（CRSP）提供的资助表示感谢。

1 译者注：原著中提及的姓名为 Tianshu Liu，但经查询芝加哥大学提供的相关信息，发现正确的拼写应为 Tianshu Lyu。

目录

第1章　引言

预测问题是资产定价的核心。为了给股票定价，投资者必须预测公司未来的现金流。为了找到表现优异的交易策略，投资者会寻找能够预测资产收益率的信号。检验资产定价模型的学者们需寻找能够解释资产收益率（横）截面差异或时序变化的预测变量。信用风险模型需要能够预测违约的变量作为输入。对冲和风险管理模型则需要预测资产收益率之间的共同运动。

在这些应用中，可用于预测的变量数不胜数。技术的进步致使投资者和分析师可获得的信息量呈爆炸式增长。即使我们只看其中的一小部分，即从公司财务报告中提取的数据，数据可得性的增长也是惊人的。图1-1提供了一些粗略的估计。一百年前，像穆迪手册（Moody's manuals）这样的总结企业财务报告的印刷版年卷代表了公众可以随时获得的大部分数据。随着电子计算的出现，像COMPUSTAT[1]这样的数据库将每个公司的数据覆盖范围扩大至成百上千个变量。现如今，人们则更是可以从公开信息中构建出几乎数不清的变量。美国证券交易委员会（SEC）的Edgar数据库包含TB级的财务报告数据[2]。通过文本分析，人们或许可

1 译者注：COMPUSTAT是美国标准普尔公司在1962年创建的高质量财务数据库。如今它是学术界在针对美股进行实证资产定价研究时所使用的重要数据库之一。

2 译者注：SEC全称为United States Securities and Exchange Commission。TB（Terabyte）是一种数据

以从这些文件中为每个公司构建出数以百万计的变量。

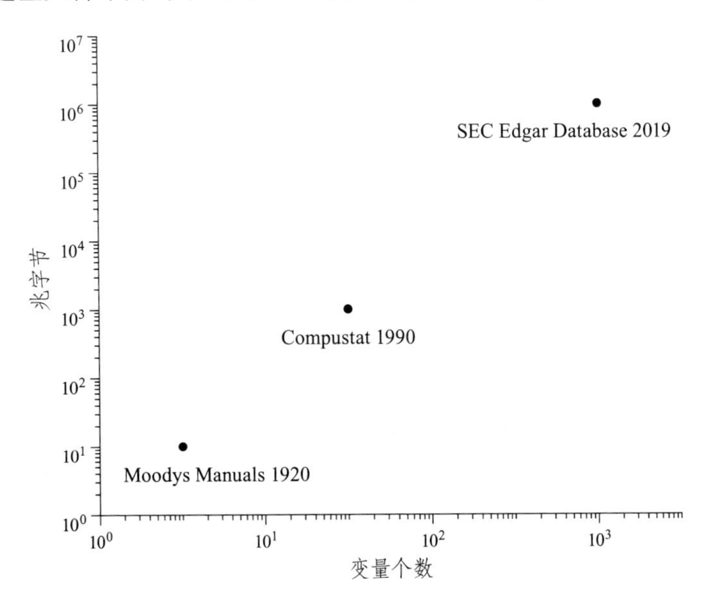

图 1-1 公司财务报告中的大数据

公司财务报告只代表了投资者潜在可获得的一小部分数据。除此之外，记录市场历史价格和交易记录的数据库包含了海量数据；社交媒体中包含了大量投资者情绪数据；客户和员工的在线点评也可能包含有价值的信息；以及许多其他数据源都有可能和前文提到的预测应用密切相关。

大量潜在的预测变量引发了一个统计问题。例如，考虑预测股票预期收益率截面差异的问题。假设我们能够观测到 5000 支（$N = 5000$）股票的收益率。而另一方面，我们用来预测股票收益率差异的变量个数（记为 J）可能会轻而易举地超过股票的数量。在这种情况下，我们还能

量单位，1 TB = 1024 GB。

否有效地估计不同变量和未来收益率之间的关系并以此为基础做出合理的预测呢?

在上述 J 比 N 更大的高维设定下，常规的统计方法（例如普通最小二乘（OLS））并不适用。当 $J > N$ 时，OLS 回归的解不唯一。即使当 $J < N$ 但 J 并不比 N 小很多时，OLS 估计量通常也无法提供有用的预测。在如此之多的解释变量下，OLS 回归会过度拟合数据中的噪声，导致样本内的拟合虽然很好，但是样本外的预测却非常糟糕。

1.1 实证资产定价中的特设稀疏性假设

一直以来，资产定价方面的研究都是通过关注低维模型来回避上述高维数问题。例如，在研究截面股票收益率预测时，学者们仅仅在回归中使用少量公司特征作为解释变量。虽然汇总来看，学者们研究了大量公司特征对股票收益率的预测能力；但是在任何一个孤立的研究中，考虑的解释变量的个数通常都非常少。类似地，学者们希望使用包含少数几个因子的多因子模型来捕捉股票收益率截面上的投资机会。例如 Hou, Xue, and Zhang (2015) 和 Fama and French (2015) 在他们的多因子模型中，除了按市值加权的市场投资组合超额收益率之外，只加入了其他三四个因子。这些因子是基于市值、盈利能力、投资水平以及账面市值比这些公司特征构造的投资组合。

鉴于为数众多的变量都可能预测股票收益率以及被拿来构造基于公司特征的因子投资组合这一背景，在研究中仅仅关注很少数量的因子表明学者们在模型中强加了很强的稀疏性（*sparsity*）约束。而一旦学者们施加了稀疏性约束，则意味它将其他成百上千甚至更多的因子对收益率的影响视为零。

在模型中施加如此极端的稀疏性约束能够确保传统的统计方法具有良好的表现。但是使用的稀疏性约束是因人而异的。提出这些多因子模型的学者们仅仅是从大量可选的公司特征中选取了很少的几个，用来构造他们的低维多因子模型。因此，就预测能力而言，我们并不知道这些低维模型比起大量被遗漏因子的联合预测效果要差了多少。不过在这方面，一个颇有意思的现象是，随着时间的推移，学者们开始意识到能充分捕捉股票预期收益截面差异的“标准”因子的个数呈上升趋势。例如，Fama and French (1993) 从包含三个因子开始，然后出现了该模型的四因子和五因子版本[3]，而 Barillas and Shanken (2018) 则建议应使用六个因子。对于在模型中加入越来越多因子这个现象的一种解释是，学术研究正在逐步意识到并慢慢适应先前研究中确实存在遗漏因子的问题。

3 译者注：Eugene Fama 和 Kenneth French 在 Fama and French (1993) 一文中提出了包含市场、规模以及价值的三因子模型，但他们并没有提出四因子模型。Carhart (1997) 提出了截面动量因子，由于该因子无法被 Fama and French (1993) 三因子模型解释，因此学术界将该动量因子补充到三因子模型之中，构成了四因子模型，也即正文中所说的 Fama and French (1993) 的四因子版本。五因子版本指的是 Fama and French (2015) 这个模型，它包含市场、规模、价值、盈利以及投资五个因子。关于上述多因子模型的介绍，详见石川等 (2020)。

此译者注中包含的补充参考文献：

石川, 刘洋溢, 连祥斌 (2020). 因子投资：方法与实践. 北京：电子工业出版社.

Carhart, M. M. (1997). On persistence in mutual fund performance. *Journal of Finance 52*(1), 57–82.

1.2 理论资产定价中的特设稀疏性假设

这些问题不仅与资产定价的实证研究相关，而且还对投资者决策的理论建模提出了挑战。资产价格反映了投资者对未来资产回报的期望。但投资者是如何形成这些期望的呢？现实世界的投资者面临的问题与研究实证资产定价的学者们面临的问题相同，即存在大量潜在有关的预测变量。如何将它们提炼成一个好的预测模型是一个高维问题，而传统的统计方法并不适用。

大多数理论资产定价模型都假设理性预期。这个假设比预期的合理性要强得多。这些模型假设预测模型对于投资者来说是已知的，因此他们无须对其进行估计。更确切地说，这些模型假设投资者完全知晓任何有关的预测变量与他们想要预测的变量之间的函数关系。这意味着，只要给定预测变量的值，投资者就能够计算出被预测变量的条件期望。这种假设背后的动机是源自这样一个想法，即投资者有足够的时间在稳定环境中学习这些函数关系，而模型体现了投资者习得函数关系之后的均衡状态。然而，即便是在低维设定中，我们能否假设投资者的学习过程已经结束都是值得商榷的。事实上，Timmermann (1993)、Lewellen and Shanken (2002)、Collin-Dufresne, Johannes, and Lochstoer (2017) 以及 Nagel and Xu (2019)[4] 均指出投资者对于数据生成过程参数的学习对于理解资产价格至关重要。在更接近现实的高维环境中，投资者则需要从数以千计的可观测变量中提取预测信息，因此上述投资者已经习得了函数关系

4 译者注：在本中文版即将出版之际，Nagel and Xu (2019) 已被 *Review of Financial Studies* 接收并发表。

这一论点就变得更加没有说服力。

所以，我们应该在理论模型中假设投资者面临着和计量经济学家在研究资产价格时面对的同样的高维数挑战。现有关于投资者学习预测函数及其参数的模型往往假设投资者仅通过少数预测变量进行预测。然而这种稀疏性是由理论模型的研究者出于自身的目的而强加的，并不具备一般性；且似乎也很难证明如此的稀疏表达能够充分反映现实世界中的投资者所处的预测环境。投资者在理论模型中面临的预测问题的难度，与在现实世界中面对的预测问题的难度之间的不匹配，可能是导致现有理论资产定价在实证方面的表现难以令人满意的原因。

1.3 机器学习

机器学习提供了解决高维预测问题的工具。从广义上讲，机器学习是让计算机从数据中学习的算法。首先将训练数据输入计算机使其学习，然后使用训练好的算法进行预测。例如，在图像识别中，大量图像首先被标记（*labeled*）为不同的类别，然后它们的图像特征（*features*）（例如每个图像像素的颜色数值）可以被当作算法的输入数据。举一个非常简单的例子，假设我们希望将关于食物的图像分为显示热狗和没有显示热狗两类。利用已标记图像类别的训练数据集，机器学习算法便能够学习图像像素与热狗或非热狗两类标记之间的关系。图 1-2 对此提供了一个可视化的说明。一旦经过训练，该算法就可以用于预测尚未分类的食物图像是否包含热狗。在其他应用中，经过训练的机器学习算法可以根据电子邮件内容识别垃圾邮件，根据基因表达数据预测肿瘤，或在汽车自动驾驶中解析传感器数据。

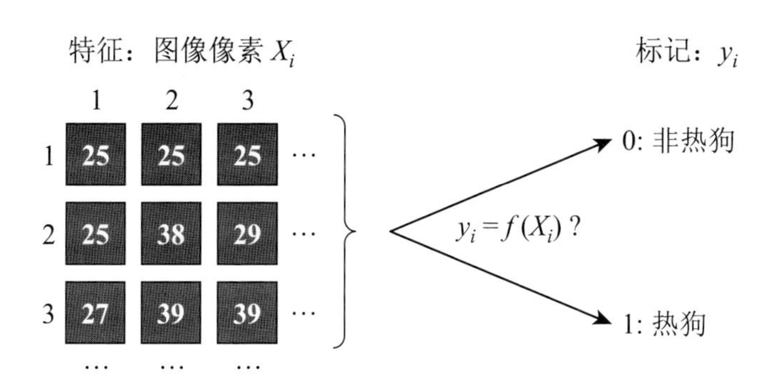

图 1-2 图像分类举例

在许多机器学习应用中，特征的数量往往都非常大，且通常超过用来训练算法的观测数据的数量。OLS 回归等传统统计工具在这种情况下将不起作用。在解决实际问题时，机器学习能够取得成功很大程度上要归结于找到了有效的方法来约束估计过程，使得估计的模型（或训练的算法）能够产生有用的样本外预测。

因此，已有机器学习文献为解决高维设定下资产定价预测难题提供了丰富的工具。虽然其中很多方法在统计学理论方面并非全新的，但是机器学习学者们已经非常成功地将它们应用到了各类实际问题当中。通过大量实验并专注于“有用”的方法而非理解估计量的理论特性，机器学习文献汇集了一系列令人印象深刻的方法，这些方法已被证明在实际预测问题中发挥了巨大的作用。在此基础上，本书的目的可以一分为三：（1）介绍已有将机器学习方法引入资产定价研究的初步尝试，（2）强调现阶段研究中面临的挑战，以及（3）勾勒出学者们今后可以尝试的某些研究方向。

机器学习工具箱为人们分析资产价格提供了新的机会，使得人们在研究中无须强加极端且特设的稀疏性。这意味着，在实证研究中，机器学习工具允许计量经济学家考虑大量预测变量在预测收益率时的联合作用；而在理论研究中，我们可以在一个更加贴近现实的高维环境中将投资者建模为使用机器学习工具的主体。

然而，贯穿本书且反复出现的一个观点是，尽管机器学习方法在各种应用中已经取得了令人印象深刻的成功，但在资产定价中使用现成的[5]机器学习工具不一定会奏效。这是因为资产定价应用中数据的性质通常与技术、医学和其他科学领域中数据的性质大不相同。因此，想要在资产定价应用中成功使用机器学习方法就需要进行一些调整。为了进行适当的调整，我们需要引入关于数据生成环境的经济学先验知识。一个时常与机器学习联系在一起的观点是，人们可以通过完全数据驱动的自动化方式进行预测，然而这个想法有些不切实际。本书的大部分内容都致力于回答如何通过经济学推理让机器学习成为研究资产定价时的有效工具。

贝叶斯统计提供了一个将先验知识纳入统计估计的框架。因此，贝叶斯框架帮助我们在资产定价的经济学理论和机器学习之间架起一座桥梁。在整本书的不同地方，我都会利用贝叶斯统计来解释机器学习方法，并给出如何从经济学动机出发对机器学习方法进行调整的建议。

5 译者注：“现成的”（off the shelf）指的是无须花费大量精力进行数据预处理或调整学习过程，而是将机器学习算法直接用于数据的使用方式（Hastie, Tibshirani, and Friedman 2009）。

1.4 术语

源自计算机科学的机器学习已经发展出了自己的术语。这意味着，虽然很多概念和方法经常与统计学文献中的相似概念和方法重叠，但它们的命名却不同。这往往给人们造成困惑。表 1-1 列出了将出现在本书各个部分的常用术语，我在行文中将交替使用机器学习和统计学术语。

表 1-1　机器学习与统计学中的术语比较

机器学习	统计学
训练，学习	估计
学习器，算法	模型，估计量
特征	协变量，解释变量，自变量，预测变量
目标，标记*，输出	因变量
样例，示例	数据点，观测数据

* 译者注：此处对应的英文术语为 *label*。本书参考周志华 (2016) 将其译为“标记”而非“标签”，其原因正如周志华 (2016) 所指出的那样，英文中 label 既可用作名词、也可用作动词。

此译者注中包含的补充参考文献：

周志华 (2016). 机器学习. 北京：清华大学出版社.

1.5 监督学习和无监督学习

机器学习方法大致可以分为两类。监督（*supervised*）学习一般指的是回归方法。用于训练算法的训练数据包含特征 $\boldsymbol{x}_i$ 和标记 y_i。训练的目标是找到一个函数 $y_i = f(\boldsymbol{x}_i)$ 从而将特征映射到标记。这些方法之所以被称为监督学习，是因为我们可以将算法的训练视为由“老师”监督的学习过程。学习器根据训练数据中的 $\boldsymbol{x}_i$ 进行预测。通过揭示正确的标记

y_i，“老师”告诉学习器预测是否正确。学习器进而同时使用正确和错误的预测信息来调整对函数的估计。一旦训练完成，这个通过学习得到的函数就可以被用于预测只有特征但是没有标记的样本外数据。我们之前讨论的图像分类例子就属于监督学习，但还有大量其他机器学习方法也属于这一类别。本书第 2 章介绍了其中一些最重要的方法。

在无监督（*unsupervised*）学习中，用于训练算法的数据只有特征，但没有标记。无监督学习的目的在于将数据最重要的性质压缩至一小段信息之中。主成分分析（PCA）是这类方法的一个简单例子。在 PCA 中，少量的内在因子被用来近似一组原始变量，这些因子最大程度地捕捉了原始变量之间的共同变化。

这两类方法在资产定价中均有重要应用。在本书中，我将主要关注监督学习。无论是对研究资产价格的金融经济学家还是对投资从业者来说，资产定价的一个基本问题是基于一组预测变量来估计资产的条件预期收益率。这实际上是一个监督学习问题。类似地，资产估值中的现金流预测模型估计也是一个监督学习问题。另一方面，无监督学习方法通常在资产定价应用中扮演次要角色。例如，可通过无监督学习对数据进行初始降维处理，之后再将降维后的数据输入到监督学习算法之中。不过，资产定价应用中的监督学习和无监督学习之间的区别并不像看起来那么明显。正如我们将要看到的，一些监督学习方法实际上也自带和无监督学习方法类似的数据降维功能。

1.6 本书的局限性

在继续正文之前，我想首先阐明本书的局限性。首先，本书主要是一本关于资产定价的书。在书中，我讨论了机器学习技术在资产定价中的应用，但本书并不涵盖机器学习技术的最新前沿进展。此外，我没有在机器学习方法所涉及的计算问题上花太多篇幅。这并不是因为计算问题不重要。恰恰相反，机器学习在分析庞大的高维数据集方面的成功恰恰是建立在许多巧妙的计算方法进展之上的。但是这些主题在机器学习文献中都有详尽的阐述，反而是关于机器学习工具是否适用于资产定价的概念性问题受到的关注相对较少。本书的目标是弥补这一不足。

其次，本书并不是关于将机器学习方法应用于资产定价研究的详尽综述。在最新的研究手稿以及最近发表的学术论文中有许多令人兴奋的新方法，但我在本书中只能讨论其中的一小部分[6]。我的目标不是试图对

---

6 译者注：近年来，将机器学习方法应用于实证资产定价以及多因子模型的研究可以大致归纳为以下四方面：(1) 因子溢价估计 (Bryzgalova, Huang, and Julliard 2019、Gagliardini, Ossola, and Scaillet 2019、Feng, Giglio, and Xiu 2020、Giglio, Liao, and Xiu 2021、Giglio and Xiu 2021)；(2) 聚合公司特征信息或隐性因子模型 (Light, Maslov, and Rytchkov 2017、Chen, Pelger, and Zhu 2019、Freyberger, Neuhierl, and Weber 2020、Kelly, Pruitt, and Su 2019、Lettau and Pelger 2020、Gu, Kelly, and Xiu 2021)；(3) 预测股票收益率 (Gu, Kelly, and Xiu 2020)；(4) 随机贴现因子估计 (Bryzgalova, Pelger, and Zhu 2019、Haddad, Kozakl, and Santosh 2020、Kozak, Nagel, and Santosh 2020)。此外，Giglio, Kelly, and Xiu (2021) 给出了一个关于因子投资、机器学习以及资产定价理论进展方面的综述。
此译者注中包含的补充参考文献：

Bryzgalova, S., J. Huang, and C. Julliard (2019). Bayesian solutions for the factor zoo: We just ran two quadrillion models. Working paper, London Business School.

Gagliardini, P., E. Ossola, and O. Scaillet (2019). A diagnostic criterion for approximate factor structure. *Journal of Econometrics 212*(2), 503–521.

Giglio, S., B. Kelly, and D. Xiu (2021). Factor models, machine learning, and asset pricing. Working paper, Yale University, University of Chicago.

Giglio, S., Y. Liao, and D. Xiu (2021). Thousands of alpha tests. *Review of Financial Studies 34*(7), 3456–3496.

Giglio, S. and D. Xiu (2021). Asset pricing with omitted factors. *Journal of Political Economy 129*(7),

文献进行全面的梳理，而是强调在我们将机器学习方法应用于资产定价时存在的机会和面对的一般性挑战。可用的机器学习方法种类繁多，但当我们将这些方法应用于资产定价时需要考虑一些问题，而我将在这方面提供一些有益的想法。我在整本书中反复强调的一个观点是来自经济学理论的约束非常重要。为了使机器学习在资产定价应用中发挥出最大的作用，我们需要在挑选机器学习算法以及选择算法设定时引入适当的经济学推理。如果没有针对资产定价数据的特性进行调整，而仅是拿来现成的机器学习算法直接使用，则不可能取得很好的效果。

再次，在资产定价涉及的诸多领域中，本书主要关注机器学习方法在预测股票收益率截面差异方面的应用。但有必要指出的是，在资产定价的其他领域，机器学习方法也都大有可为。例如，估值模型需要预测资产的基本面，信用风险模型需要预测未来违约行为，风险管理应用则需要预测资产价格之间的相关性。对于所有这些，机器学习技术可用于引入高维预测信息和处理非线性关系。然而，由于篇幅有限，因此本书在内容上有一定的选择性。本书对截面收益率预测的关注反映了我在自己的研究中所做的工作。尽管如此，我仍希望通过以机器学习在截面收益率预测这方面的应用为说明，提供一些同样适用于其他资产定价应用的见解。

最后，在整本书中，我会经常强调开放性问题而不是提供明确的答

1947–1990.

Haddad, V., S. Kozak, and S. Santosh (2020). Factor timing. *Review of Financial Studies 33*(5), 1980–2018.

Light, N., D. Maslov, and O. Rytchkov (2017). Aggregation of information about the cross section of stock returns: A latent variable approach. *Review of Financial Studies 30*(4), 1339–1381.

案。因此，本书并不会提供将机器学习技术应用于资产定价时的神秘配方。相反，通过指出有趣且尚待解决的问题，我希望能够为今后致力于解决它们的研究提供一些启发。本着这种精神，最后一章总结了一些开放的研究问题，这些问题对于资产定价领域的发展至关重要。

1.7 本书的结构

本书其余部分的结构如下。第 2 章简要概述了一些基本的监督学习方法。这一章首先回顾了旨在预测连续变量的回归方法，包括岭回归、Lasso 回归、决策树和随机森林以及神经网络。其中一些学习算法需要在实际估计之前首先设置算法的超参数。这一章讨论了如何通过数据驱动的方法来调整这些超参数，以达到最优化学习算法预测性能的目的。超参数通常控制在估计过程中施加正则化的强弱程度。第 2 章的最后将简要讨论正则化的贝叶斯解释。在这种解释下，正则化可以被理解为对模型参数施加了某些先验分布。我们在后续章节中将使用这种贝叶斯解释，把经济学推理和先验知识注入针对资产定价的机器学习方法设计中。

第 3 章探讨了在资产定价中应用机器学习方法时会遭遇的挑战。这一章首先指出资产定价中典型的数据性质和适用于大多数机器学习算法的数据的性质之间存在巨大的差异。贯穿整章，我将通过一个具体的实证例子来阐明其中的一些问题。这个实证分析使用每支股票自己的历史价格作为预测性信息来预测截面收益率。本章想要强调，虽然机器学习方法非常适合被用来分析资产定价中的预测问题，但唯有在对它们进行了重要的调整之后，它们才有可能在预测问题中发挥出最好的效果。很多在典型机器学习应用中（例如在技术或生物统计学领域的应用）有效的方法，在资产定价的应用中则不一定有用。在诸多因素中，资产定价应用中的低信噪比意味着指望在不加约束的灵活框架下仅仅依靠数据自己发声的做法不太可能取得很好的结果。因此，我们将不得不对学习算法施加一些结构性约束。为此，需要将机器学习方法与资产定价和投资组合选择的基本经济学框架联系起来，而贝叶斯统计中的一些原则对于建立这种联系很有帮助。

关于这方面的研究进展，第 4 章给出了一个例子。它的出发点是股票市场中不应该存在近似无风险套利的机会，并在这一假设下求解最基本的均值-方差投资组合优化问题，这个问题也可以被等价地表达为如何通过资产收益率的线性组合构造随机贴现因子[7]。通过指定关于市场中风险和收益机会的贝叶斯先验分布，该研究框架允许我们在收益率预测问题中加入具有经济学动机的约束条件。这种方法产生的估计量类似于机器学习应用中常见的弹性网估计量，但又和后者存在一些重要的差异。这种差异是由于前者考虑了预测误差的协方差是投资组合风险收益特征的重要决定因素。在该估计量的实证应用中，我们使用了众多公司特征以及它们的非线性变换（包括特征之间的两两交互作用）作为收益率预测变量。实证结果表明，施加具有经济学动机的先验分布对于在样本外获得良好的预测性能至关重要。

第 5 章从理论角度展开论述。前面的章节表明，在针对金融市场数据进行统计分析时需要应对高维环境问题，而机器学习方法为此提供了

7 译者注：即 Stochastic Discount Factor。

丰富的工具。但是，统计分析中使用的资产价格是由投资者的投资决策决定的，他们的情况又如何呢？如果金融市场的信息环境导致预测问题是高维的，那么金融市场理论模型中的投资者理应同样面对这种高维问题。因此，机器学习方法为在理论模型中对投资者信念形成过程建模提供了一个有吸引力的蓝图。第 5 章讨论了这一方法。为了关注最根本的问题，我们考虑一个简单的情况，即投资者必须从历史数据中学习股票现金流与作为预测变量的大量公司特征之间的关系。此外，投资者被认为是贝叶斯主义者，因而会把预测模型给出的估计值朝着客观正确[8] 的先验分布进行收缩。在均衡状态下，股票的定价满足收益率在样本外不可预测。然而，在事后统计分析中，收益率在样本内却具有很强的可预测性。这个矛盾是因为计量经济学家在事后进行样本内数据分析时具有事后知识优势，而这种知识是在实时投资环境中的投资者所不具备的。在低维环境中，计量经济学家的这种隐含优势可能很小，但它在高维环境中却很大。因此，当我们试图从资产价格数据中推断出风险溢价或投资者行为偏差的影响时，使用样本内数据回归是不合适的。

第 6 章勾勒了今后进一步将机器学习应用于资产定价的研究议程，并以此总结全书。

---

8 译者注：原著此处为 *objectively correct*。事实上，后验分布仅仅是使用了先验分布约束了样本估计，但是这一先验分布是否正确并不确定。因此我们可以将原著的论述理解为，使用具备经济学理论含义的先验分布，从而使得最终得到的估计量更具备可解释性的同时，还防止了对数据的过度拟合。

第 2 章　监督学习

在本章中，我将简要介绍监督学习方法。关于这个话题的文献数量庞大且发展迅速，因而本章的介绍并非一个全面的综述。我的目标并非详细解释监督学习领域的所有方法，而是将讨论重点放在那些对于资产定价非常有用的技术的基本要素上。本书后面的章节将通过探究资产定价应用来对其中的一些方法进行更加详尽的说明。

2.1 将监督学习视为函数逼近问题

监督学习的目标是通过由 $K \times 1$ 维向量 $\boldsymbol{x}$ 表示的 K 个观测到的预测变量（例如一组公司特征），又称为特征，来预测结果 y（例如股票价格）。我们可以将这个问题描述为使用训练数据 $\{y_i, \boldsymbol{x}_i\}_1^N$ 找到如下关系中的未知函数 $f \in \mathcal{F}$：

$$y_i = f(\boldsymbol{x}_i) + \varepsilon_i \tag{2-1}$$

上式将预测变量映射到结果，其中 ε 表示均值为零的噪声，它无法被 $\boldsymbol{x}$ 所预测。我们寄希望于在训练数据集之外遇到的结果来自和训练数据相同的统计模型 (2-1)，这样从训练数据中获得的函数估计 $\hat{f}(\boldsymbol{x}_i)$ 将是一个很好的样本外预测器。

监督学习方法可以分为两类。分类（*classification*）方法用于因变量 y 是类别变量的问题。回归（*regression*）方法处理因变量为连续变量的问题。在资产定价应用中，尽管分类方法也很有用，例如用于预测公司是否违约，但是回归问题更为常见。我在本书中将重点介绍回归方法。

不同的监督学习方法因它们考虑的函数类型 $\mathcal{F}$ 的区别而存在差异。一些方法适用于线性函数，此类方法是计量经济学中广泛使用的线性回归方法的变体。其他方法则适用于高度非线性函数。这些方法与计量经济学中的非参数方法类似，例如核回归方法。这些监督学习方法的共同之处在于，它们均被设计出来有效地解决 $\boldsymbol{x}$ 包含非常多的特征的高维问题，有时特征的数量甚至超过训练数据中观测数据的数量。

机器学习研究人员通常会尽量避免对 f 做出强有力的假设，例如假设 f 是线性的且 $\boldsymbol{x}$ 是低维的、仅包含从为数众多的潜在预测变量中事先挑选出的一小部分变量。相反，分析的目标是在关于 f 和预测变量集的弱假设下，尽量让数据揭示函数 $f(\boldsymbol{x}_i)$ 的形式。然而这一想法在实际中能够走多远？人们是否有可能开发一种完全自动化的通用机器学习方法，使它在任何任意情况下（例如，无论预测问题是关于图像识别、生物医学还是资产定价）都可以仅由数据完全揭示 f、从训练数据中归纳出规律并为学习算法没有看到的测试数据集提供预测？

Wolpert (1996) 指出这种通用学习算法并不存在。这个结果被称为机器学习中的没有免费的午餐（*no-free-lunch*）定理。这意味着，除非我们对预测问题有一些先验知识，否则没有理由认为一种学习算法会优于另一种学习算法。此外，如果多个算法在训练数据集上的效果同样好，我们同样无法在没有先验知识的情况下确定其中哪个算法能够在尚未见过的测试数据集上产生比其他算法更好的预测效果。因此，唯有具备了关于我们试图解决的预测问题的特定先验知识，才有可能找到一种在测试数据上依然能够产生良好预测结果的算法。在我们的监督学习框架中，这些先验知识可能是关于 f 所属函数类别的知识、当我们从训练数据集切换到待预测的测试数据时该函数的稳定性，以及 ε 和 $\boldsymbol{x}$ 的统计分布的。成功预测的前提条件是，我们在选择学习算法以及算法的实现细节时，挑选那些适合预测问题本质的算法（Wilson and Martinez 1997）。

这个观点与本书的基本主题密切相关。为了在资产定价中成功地应用机器学习，当我们在许多可用的学习算法及其各种设定中进行选择时，需要通过某种方法将有关资产价格数据性质的知识引入其中。现成的可以被拿来解决预测问题的学习算法和设定选择数不胜数，然而它们并非都能很好地适用于资产定价中的预测问题。

我们接下来简要回顾几种监督学习方法。在本章末尾以及下一章中，我们将回到核心问题，即如何将先验知识施加于学习算法之中。

2.2 回归方法

回归方法在统计学和计量经济学中有着悠久的传统。这些技术在许多机器学习应用中的新颖之处体现在对这些方法的微调，以使它们在高维环境和可能的高度非线性问题中表现良好，表现良好体现在它们在计算上可行以及具备优秀的预测性能。

我们首先回顾线性模型。相比于金融领域之外的其他机器学习典型应用，线性模型能够在资产定价中发挥更加重要的作用，而我们会在第 3 章中详细讨论这背后的原因。此外，线性模型实际上会比它们看上去更加灵活。通过对预测变量的非线性变换，线性模型便可以轻松地纳入不同类型的非线性关系。

2.2.1 线性方法：岭回归和 Lasso

在一个线性回归模型中，我们假设函数 $f(\boldsymbol{x}_i)$ 是线性的，即，

$$y_i = \boldsymbol{x}_i'\boldsymbol{g} + \varepsilon_i, \tag{2-2}$$

其中 $\boldsymbol{g}$ 代表未知回归系数向量。虽然从 y_i 和 $\boldsymbol{x}_i$ 的元素之间的关系来看该模型是线性的，但是向量 $\boldsymbol{x}_i$ 中可以包含预测变量的非线性变换。

我们将在本书中反复提到的一种非线性变换涉及变量之间的交互作用。例如，从一个原始的 2×1 维特征向量 $\boldsymbol{h}_i = (h_{1,i}, h_{2,i})'$ 开始，我们可以构造向量 $\boldsymbol{x}_i = (h_{1,i}, h_{2,i}, h_{1,i}h_{2,i})'$。除了原始解释变量外，它还包含交乘项 $h_{1,i}h_{2,i}$，以此在回归中捕捉两个原始特征之间的交互作用。

下面假设训练集中有 N 个观测值，我们将它们堆叠成 $N \times 1$ 维向量 $\boldsymbol{y} = (y_1, y_2, \cdots, y_N)'$ 和 $N \times K$ 维矩阵 $\boldsymbol{X} = (\boldsymbol{x}_1, \boldsymbol{x}_2, \cdots, \boldsymbol{x}_N)'$。估计 $\boldsymbol{g}$ 的一种常用方法是选择 $\boldsymbol{g}$ 使得误差平方和最小，即目标函数为

$$\min_{\boldsymbol{g}}(\boldsymbol{y} - \boldsymbol{X}\boldsymbol{g})'(\boldsymbol{y} - \boldsymbol{X}\boldsymbol{g}). \tag{2-3}$$

将目标函数对 $\boldsymbol{g}$ 进行微分，令一阶导数为零并求解 $\boldsymbol{g}$，我们便得到普通最小二乘（OLS）估计量

$$\hat{\boldsymbol{g}} = \left(\boldsymbol{X}'\boldsymbol{X}\right)^{-1}\boldsymbol{X}'\boldsymbol{y}, \tag{2-4}$$

以及样本内的拟合值

$$\hat{\boldsymbol{y}} = \boldsymbol{X}\hat{\boldsymbol{g}}. \tag{2-5}$$

在高维环境中，即当 K 相对于 N 来说并不小甚至是比 N 更大的情况下，基于 OLS 估计值的预测通常是不可靠的。虽然在这种情况下样本内的 R^2 可能非常高，但样本外预测的 R^2 则往往非常低甚至小于零。这背后的原因是，当我们使用相对于观测数量来说非常多的协变量时，OLS 会调整 $\hat{\boldsymbol{g}}$ 来拟合噪声而非真实信号，因而造成严重的过拟合。这些样本内看似可预测的模式并不会在样本外重现，所以样本外的预测效果就会很差。在 $K > N$ 的极端情况下，OLS 估计值不唯一，存在无穷多个能够完美拟合训练数据集的 $\hat{\boldsymbol{g}}$ 的解。但是，这种完美拟合在很大程度上是因为错误地拟合了 $y_i = f(\boldsymbol{x}_i) + \varepsilon_i$ 中的 ε_i 部分而非捕获真实的 $f(\boldsymbol{x}_i)$。

岭回归（*Ridge regression*）。当 K 很大时，通过惩罚估计量 $\hat{\boldsymbol{g}}$ 来避免其中某些元素的取值幅度过高从而能够改善预测性能。岭回归就是这种方法的一个例子。在岭回归（Hoerl and Kennard 1970）中，优化的目标在最小化与 OLS 相同的误差平方和损失函数基础上，补充了 L^2 范数罚项 $\boldsymbol{g}'\boldsymbol{g}$，

$$\min_{\boldsymbol{g}} \left[\frac{1}{N}(\boldsymbol{y} - \boldsymbol{X}\boldsymbol{g})'(\boldsymbol{y} - \boldsymbol{X}\boldsymbol{g}) + \gamma \boldsymbol{g}'\boldsymbol{g} \right]. \tag{2-6}$$

因此，目标函数包括两个部分。第一项代表损失（*loss*）。OLS 回归只会最小化这部分。第二项表示罚项，其中超参数 γ 控制惩罚的强度。式 (2-6) 的解为

$$\hat{\boldsymbol{g}} = \left(\boldsymbol{X}'\boldsymbol{X} + \gamma \boldsymbol{I}_K\right)^{-1} \boldsymbol{X}'\boldsymbol{y}, \tag{2-7}$$

其中 $\boldsymbol{I}_K$ 是 $K \times K$ 维单位矩阵。通过向 $\boldsymbol{X}'\boldsymbol{X}$ 添加对角矩阵（即"岭"），求逆运算时 $\gamma\boldsymbol{I}_K$ 的存在将导致回归系数向零收缩。直观地说，式 (2-6) 中罚项 $\boldsymbol{g}'\boldsymbol{g}$ 的存在将对 $\hat{\boldsymbol{g}}$ 中取值幅度过高的元素进行惩罚。因此，岭回归最终得到的回归系数估计值比 OLS 的估计值更接近于零（OLS 可以视作 $\gamma = 0$ 的特殊情况）。岭回归中的 L^2 收缩是一个通过正则化（*regularization*）防止过拟合的例子。

在 $\boldsymbol{X}$ 是正交矩阵的特殊情况下，即 $\boldsymbol{X}'\boldsymbol{X} = \boldsymbol{I}_K$，从式 (2-7) 中可以看出，岭回归将 OLS 估计值中的每个回归系数 $\hat{g}_{j,\text{OLS}}$ 向零等比例收缩，即 $\hat{g}_j = \hat{g}_{j,\text{OLS}}/(1+\gamma)$。

Lasso[1] 回归（*Lasso*）。另一种流行的方法是通过 L^1 范数罚项 $\|\boldsymbol{g}\|_1 = \sum_{j=1}^{K}|g_j|$ 进行惩罚[2]。这就是 Lasso 方法（Tibshirani 1996）。Lasso 的目标函数为

$$\min_{\boldsymbol{g}}\left[\frac{1}{N}(\boldsymbol{y}-\boldsymbol{X}\boldsymbol{g})'(\boldsymbol{y}-\boldsymbol{X}\boldsymbol{g})+\gamma\sum_{j=1}^{K}|g_j|\right]. \tag{2-8}$$

与岭回归情况不同，式 (2-8) 的解并不会线性依赖于 $\boldsymbol{y}$ 且该解不存在解析式，但是包括最小角回归（LARS）算法（Hastie, Tibshirani, and Friedman 2009）在内的一些算法可以求出 Lasso 的数值解。

和岭回归的情况类似，这种惩罚规范也会导致回归系数向零收缩。但是 Lasso 中的收缩和岭回归的收缩相比具有不同的性质。与岭回归不

1 译者注：Lasso 的直译为"最小绝对收缩选择算子"。由于它十分拗口，因此本书中选择直接使用 Lasso 而非采用中文翻译。

2 译者注：L^1 范数和 L^2 范数正则化都有助于降低过拟合风险，但前者会带来一个额外的好处，即它比后者更容易获得稀疏解（周志华 2016）。

此译者注中包含的补充参考文献：

周志华 (2016). 机器学习. 北京：清华大学出版社.

同，Lasso 可以产生稀疏的（*sparse*）系数估计值，即向量 $\hat{\boldsymbol{g}}$ 中只包含少数个非零元素。

在 $\boldsymbol{X}$ 是正交矩阵的特殊情况下，Lasso 将 OLS 估计值向零移动一个固定量 γ。然而，如果这个操作会导致 $\hat{\boldsymbol{g}}$ 的某个元素的符号发生变化，那么它将被设置为零（Hastie, Tibshirani, and Friedman 2009），因此有 $\hat{g}_j = \text{sgn}(\hat{g}_{j,\text{OLS}})(|\hat{g}_{j,\text{OLS}}| - \gamma)_+$。

弹性网（*Elastic net*）。当变量之间相关时，Lasso 将会遇到问题。例如，假设我们有两个高度正相关的协变量，它们各自与 $\boldsymbol{g}$ 中的某个相应的元素相关联，且两个元素的真实值完全一样。在这种情况下，在非零系数的变量中无论是只包括其中一个协变量（其系数的估计值是真实系数的两倍），还是同时包括这两个协变量（它们二者系数的估计值都大致等于真实系数），对式 (2-8) 所示的 Lasso 目标函数中的损失项或罚项几乎没有影响。因此，对 Lasso 求解来说，非零系数是只包含其中一个协变量还是同时包含两个协变量无关紧要。Lasso 具体会得到哪种结果可能取决于一些无关因素，比如数据中的噪声。对数据稍作调整就可能会导致 Lasso 从选择一个变量转变到选择另一个变量。然而，为了尽可能地提升预测性能，最好的办法是在模型中同时使用两个协变量的均值，以便让二者的噪声相互抵消。这正是岭回归的处理方式。

出于这个原因，弹性网（Zou and Hastie 2005）结合了岭回归和 Lasso 的罚项

$$\min_{\boldsymbol{g}} \left[\frac{1}{N}(\boldsymbol{y} - \boldsymbol{X}\boldsymbol{g})'(\boldsymbol{y} - \boldsymbol{X}\boldsymbol{g}) + \gamma_1 \sum_{j=1}^{K} |g_j| + \gamma_2 \boldsymbol{g}'\boldsymbol{g} \right]. \tag{2-9}$$

与 Lasso 一样，弹性网会将一些回归系数设为零，但它并非像 Lasso 那样强调变量选择，而是会同时对回归系数采取一些类似岭回归的收缩。

我们将在下一章中讨论的一个重要问题是，协变量的缩放会改变岭回归、Lasso 和弹性网的估计值。例如，在岭回归中，假设 $\boldsymbol{X}$ 满足 $\boldsymbol{X}'\boldsymbol{X}$ 是对角阵。当我们将 $\gamma \boldsymbol{I}_K$ 添加到 $\boldsymbol{X}'\boldsymbol{X}$ 时，估计值向零收缩的程度取决于 $\boldsymbol{X}'\boldsymbol{X}$ 对角线元素取值的大小。如果协变量的方差较小，即 $\boldsymbol{X}'\boldsymbol{X}$ 中的对角线元素较小，将 γ 添加到对角线元素的作用要比协变量方差较大时强得多。出于这个原因，在进行岭回归估计之前，首先将协变量标准化，使其标准差等于 1 是十分常见的操作。然而，这种处理并非总是正确的。有时，关于学习问题的先验知识会告诉我们，某些协变量的回归系数比起其他的协变量来说更应该被向零收缩。

2.2.2 树方法和随机森林

回归树通过多维分段函数来近似非线性函数 $f(\boldsymbol{x}_i)$（Breiman, Friedman, Olshen, and Stone 1984）。特征空间被划分为不同的区域或叶节点（*leaves*），每个叶节点都包含我们想要近似的函数 f 的每个点 $\boldsymbol{x}_i$ 周围的邻域。在每个叶节点 $h = 1, \cdots, H$ 中，它包含的所有观测值 y_i 的等权平均 $\bar{y}_h$ 即为 $f(\boldsymbol{x}_i)$ 的近似值。

为特征空间找到一个合适的一般性划分通常来说十分困难。出于这个原因，基于决策树的算法通常使用递归二分法。因此，对特征的划分可以被表示为一棵决策树，而该方法也由此而得名。图 2-1(a) 给出了一个例子。

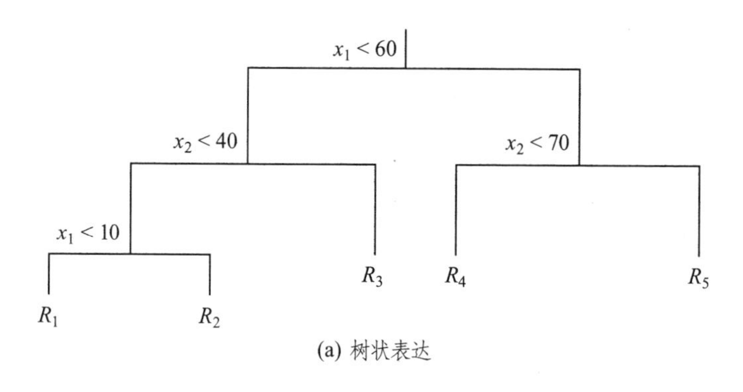

(a) 树状表达

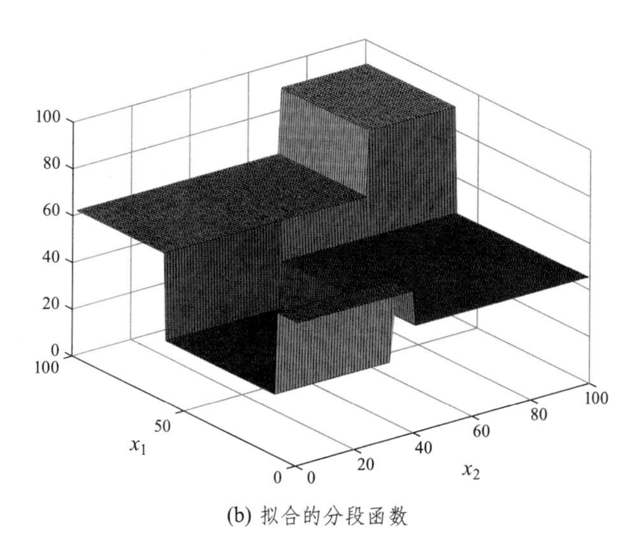

(b) 拟合的分段函数

图 2-1　回归树举例

我们如何找到一个能够很好地近似 f 的划分呢？以最小化残差平方和为目标寻找全局最优划分在计算上往往是不可行的。即便我们将自己限制在递归二分法上，依然需要评估大量的决策树来确定全局最优。基于决策树的方法之所以能够取得成功，在很大程度上要归结于算法的开发。虽然算法并不是总能找到全局最优划分，但是它们通常能够找到对实际应用来说非常有用的划分。

一种常见的方法是贪心（*greedy*）算法（参见 Hastie, Tibshirani, and Friedman 2009）。该算法基于每一步的局部拟合评估结果来决定当前的最优分裂，而非评估分裂的全局最优性。更准确地说，在一开始，我们使用全部数据检查所有特征。对于每个特征，通过最小化残差平方和来确定划分的阈值。然后，在所有特征中选择残差平方和最低的那个作为第一次分裂的依据。接下来，在由此得到的两个叶节点中，重复上述过程。我们将持续上述过程，直到整棵决策树的生长满足终止条件为止。这个终止条件是决策树中每个叶节点中观测值的数量达到我们在过程开始时选定的最小值[3]。

具体来说，对于图 2-1 所示的例子，假设在第一步中，通过 x_1 分裂相比于基于其他单一特征分裂能够提供更好的解释力。因此，我们通过选定 x_1 的阈值将数据划分到两个叶节点。选择阈值的依据是，当我们在阈值两侧的叶节点中分别用 y_i 的等权平均来近似 f 时，产生的残差平方和最低。在下一步中，假设在每个分支中使用 x_2 来分裂能够提供最优的拟合结果。因此，我们以最小化残差平方和为目标选择每个分支中 x_2 的阈值，并进而把数据划分到四个区域。最后，通过与前面步骤类似的推理，我们再次将决策树最左侧的分支通过 x_1 进行分裂，并最终得到总共

3 译者注：一般而言，决策树不再分裂的条件有两种。第一种，是进一步分裂得到的信息增益小于一定阈值。如当在这一点上的所有样本取值均相同时，进一步分裂这一点上的样本不会有任何信息增益，因此可以停止分裂。第二种，则是当前点上的样本数虽然大于叶节点上所要求的最小样本数，但是进一步分裂会使得子节点上的样本数小于所要求的最小样本数。

$H=5$ 个叶节点。令 $R_1, R_2, \cdots, R_5$ 代表由 $\boldsymbol{x}=(x_1, x_2)$ 所表示的区域，它们对应了决策树的 5 个叶节点。图 2-1(b) 显示了每个叶节点的拟合值 $\bar{y}_h$，它是每个叶节点所包含的观测值 y_i（它们相应的 $\boldsymbol{x}_i$ 满足 $\boldsymbol{x}_i \in R_h$）的等权平均。

因此，树方法在概念上类似于核回归。在核回归的一个简单变化中，我们同样是通过平均目标点周围邻域中的所有观测值来进行预测的，然而在树方法中，无论是构成“邻域”的定义还是邻域中数据的复权方式都和核回归不同。

如果我们持续地划分，将能够得到一棵更大的决策树。然而，划分特征空间的过程应该持续多久呢？一棵更大的决策树的优点是可以更准确地逼近高度非线性的函数。缺点是它可能会在训练数据中过度拟合噪声，从而导致样本外预测性能不佳。

为了实现准确估计 f 以及防止过拟合之间的平衡，我们可以首先生成一棵完整但注定过拟合的决策树，然后通过剪枝处理（*prune*）来去掉一些叶节点从而避免过拟合[4]。为了确定剪枝的程度，我们可以在残差平方和之外添加一个罚项。令 H 表示树末端的叶节点个数，我们优化的目标是找到一棵剪枝处理后的决策树，使得如下所示的罚残差平方和最小

4 译者注：剪枝处理是决策树学习算法应对过拟合的重要手段，它指的是通过主动去掉决策树的一些分支来降低过拟合风险（周志华 2016）。剪枝的基本策略包括预剪枝（prepruning）以及后剪枝（post-pruning）两种（Quinlan 1993）。正文中描述的方法为后剪枝。

此译者注中包含的补充参考文献：

周志华 (2016). 机器学习. 北京：清华大学出版社.

Quinlan, J. R. (1993). *C4.5: Programs for Machine Learning*. San Mateo, CA: Morgan Kaufmann Publishers, Inc.

$$\sum_{h=1}^{H}\sum_{\boldsymbol{x}_i\in R_h}(y_i-\bar{y}_h)^2+\gamma H. \tag{2-10}$$

式中参数 γ 用来控制我们希望剪枝的程度。$\gamma=0$ 意味着不进行剪枝操作，而较高的 γ 值则意味着更多的剪枝处理。

随机森林（*random forests*，Breiman 2001）是另一个非常流行的用来惩罚决策树尺寸的方法。在这种情况下，我们不做任何剪枝处理，而是在满足叶节点最小尺寸的约束下生成一棵完整的决策树，然后通过装袋法（*bagging*[5]）来达到减少过拟合的目的。装袋法的工作原理如下。假设 $\boldsymbol{x}_i$ 中有 J 个特征。首先，我们利用原始训练数据集，通过自助法构造一个和原始训练集同样大小的采样数据集[6]。在这个采样数据集中，我们从 J 个特征中随机抽取 $m(m<J)$ 个，并在叶节点尺寸的约束下生成一棵完整的决策树。记录这棵树，然后再次通过自助法从原始数据中构造出另一个采样数据集以重复上述过程。最终，$\boldsymbol{x}_i$ 点的拟合值是我们从每棵树得到的 $\boldsymbol{x}_i$ 点的拟合值的平均值。在这个过程中，常数 m 是一个可调整的参数，为其取值类似于在罚方法中选择罚参数的值。

直观地说，每个采样数据集中都包含着在一定程度上有别于其他采样数据集的噪声。因此，如果完整的决策树们过度拟合了噪声，它们产生的预测值将以不同的方式受到噪声的影响，这些影响是因采样数据集而

5 译者注：bagging 一词由结合 Bootstrap 和 AGGregatING 缩写而来，中文译为装袋法，它是一种并行式集成学习方法（Breiman 1996）。bootstrap 和 aggregating 两个词分别是自助法和聚合之意，反映了该算法的两个重要特征。

此译者注中包含的补充参考文献：

Breiman, L. (1996). Bagging predictors. *Machine Learning 24*, 123–140.

6 译者注：原著中使用了 *bootstrap sample*，其直译为通过自助法得到的样本或简称自助样本，其含义是通过自助采样法（bootstrap sampling）构造的采样数据集。由于“采样数据集”比“自助样本”更易于理解，因此在译文中使用前者。

异的。此外，在每个采样数据集中随机选取特征子集则进一步放大了这些差异。对来自不同采样数据集的决策树的预测结果进行平均，可以在很大程度上使这些由噪声引起的影响相互抵消掉。此外，Athey, Tibshirani, and Wager (2019) 为随机森林提供了一个类比于核回归的解释。核回归通过计算 $\boldsymbol{x}_i$ 周围邻域中观测值的加权平均来对 $\boldsymbol{x}_i$ 进行预测，且在加权时为距离 $\boldsymbol{x}_i$ 更近的观测值赋予更高的权重。Athey, Tibshirani, and Wager (2019) 指出在随机森林中对决策树进行平均具有某种相似的效果，因为在计算 $\boldsymbol{x}_i$ 的预测时，离它较近的点比离它较远的点出现的次数更多，即获得的权重更高。

2.2.3 神经网络

神经网络本质上是估计高度非线性回归函数的方法。举例来说，假设我们有 J 个协变量 $\boldsymbol{x}_i$ 和一个因变量 y_i。在神经网络中，协变量是输入信号（*inputs*）而因变量是输出信号（*output*）。输入和输出信号之间通过一个包含 H 个神经元（*node*[7]）的隐含层连接，我们可以将它们视为内在的隐变量。在 $y_i = f(\boldsymbol{x}_i) + \varepsilon_i$ 的形式下，神经网络可以表示为

$$f(\boldsymbol{x}_i) = a_2 + \boldsymbol{w}_2' g(\boldsymbol{a}_1 + \boldsymbol{W}_1 \boldsymbol{x}_i), \tag{2-11}$$

其中 $\boldsymbol{a}_1 + \boldsymbol{W}_1 \boldsymbol{x}_i$ 表示隐变量向量。另外，激活函数（*activation function*）g 是非线性的，它依次作用于每个隐变量之上。例如，一个常见的激活函数是修正线性单元（ReLU）[8]激活函数 $g(\boldsymbol{z}) = \max(0, \boldsymbol{z})$，它是一个分

7 译者注：node 直译为“结点”。由于在神经网络中结点又被称为神经元（neuron），因此译作“神经元”。

8 译者注：全称为 Rectified Linear Unit，也常被译为整流线性单元。

段线性函数。对于 $\boldsymbol{z}$ 中的每个元素，如果其为正数，则 ReLU 直接输出该元素，否则就输出零。多个激活函数的输出将在按照权重 $\boldsymbol{w}_2$ 加权并被移动 a_2 之后，在输出层中产生最终的输出信号 $f(\boldsymbol{x}_i)$。

激活函数 g 的非线性对于神经网络近似非线性函数至关重要。如果 g 是线性的，例如，对于某个矩阵 $\boldsymbol{A}$ 有 $g(\boldsymbol{z}) = \boldsymbol{A}\boldsymbol{z}$，则神经网络将退化为线性回归模型 $y_i = a + \boldsymbol{g}'\boldsymbol{x}_i + \varepsilon_i$，其中 $\boldsymbol{g}' = \boldsymbol{w}_2'\boldsymbol{A}\boldsymbol{W}_1$ 且 $a = a_2 + \boldsymbol{w}_2'\boldsymbol{A}\boldsymbol{a}_1$。

函数逼近的灵活性由隐含层中神经元的个数控制。通过大量的隐含层神经元，人们可以很好地逼近高度非线性的函数（Cybenko 1989, Hornik, Stinchcombe, and White 1989）。用于图像识别或自然语言处理的神经网络往往包含数万或数十万个神经元（LeCun, Bengio, and Hinton 2015）。

我们也可以在神经网络中加入更多隐含层。例如，当使用两个隐含层时，我们会得到

$$f(\boldsymbol{x}_i) = a_3 + \boldsymbol{w}_3' g(\boldsymbol{a}_2 + \boldsymbol{W}_2 g(\boldsymbol{a}_1 + \boldsymbol{W}_1 \boldsymbol{x}_i)). \tag{2-12}$$

深度神经网络一般会添加多个隐含层，通常是 10 到 20 个。这产生的结果是一个复杂的神经网络，它具有一系列线性映射和错综复杂的非线性变换。在深度神经网络中，参数的数量会非常多。例如，假设只有一个包含 H 个神经元的隐含层、一个输出信号和 J 个输入信号。在这种情况下，$\boldsymbol{W}_1$、$\boldsymbol{a}_1$ 和 a_2 包含的参数总数为 $H \times J + H + 1$。假如输入信号的个数 $J = 1000$ 且隐含层神经元的个数 $H = 10\,000$，那么这样一个神经网络将拥有超过 1000 万个参数。对于全连接网络，每增加一个含有同样数量神经元的隐含层，就要再增加 $H \times H + H$ 个参数。

原则上，具有单个隐含层的网络可以逼近任何非线性函数。然而在实际应用中，对于典型的数据集，在神经网络中加入更多的隐含层似乎会带来更好的结果。不过，具有多个隐含层的深度神经网络是否在一般情况下优于简单的神经网络仍然是一个悬而未决的问题（参见 Ba and Caruana 2013）。对于回答这个问题来说，Lin, Tegmark, and Rolnick (2017) 认为数据和被估计的函数的某些性质至关重要。例如，深度神经网络非常适合逼近具有层级结构的函数。

交互作用（即多个输入对输出的联合作用不等价于每个输入对输出的作用的简单线性叠加的情况）是诸多非线性关系中的一种，它与我们将在下一章开始讨论的资产定价应用密切相关。因此在那之前，首先来仔细研究神经网络如何捕获这种交互作用是很有帮助的。

考虑一个如式 (2-11) 所示的包含一个隐含层、两个隐含神经元的神经网络。进一步假设参数为 $a_2 = 0$，$\boldsymbol{w}_2 = (1, 1)'$，$\boldsymbol{a}_1 = (-3/2, -3/2)'$，$\boldsymbol{W}_1$ 矩阵的第一行为 $(1, 1)$、第二行为 $(-1, -1)$，以及激活函数 $g(\boldsymbol{z}) = \max(0, \boldsymbol{z})$，因而有[9]

9 译者注：由 $\boldsymbol{a}_1$ 是 2×1 维向量可知，这个例子假设特征的个数为 2，即 $\boldsymbol{x}_i = (x_{i,1}, x_{i,2})'$。利用式 (2-11) 和给定的参数，式 (2-13) 的推导为

$$
\begin{aligned}
f(\boldsymbol{x}_i) &= a_2 + \boldsymbol{w}_2' g(\boldsymbol{a}_1 + \boldsymbol{W}_1 \boldsymbol{x}_i) \\
&= 0 + (1, 1) g\left(\begin{bmatrix} -3/2 \\ -3/2 \end{bmatrix} + \begin{bmatrix} 1 & 1 \\ -1 & -1 \end{bmatrix} \begin{bmatrix} x_{i,1} \\ x_{i,2} \end{bmatrix}\right) \\
&= 0 + (1, 1) g\left(\begin{bmatrix} -3/2 + x_{i,1} + x_{i,2} \\ -3/2 - x_{i,1} - x_{i,2} \end{bmatrix}\right) \\
&= 0 + (1, 1) \begin{bmatrix} \max(0, -3/2 + x_{i,1} + x_{i,2}) \\ \max(0, -3/2 - x_{i,1} - x_{i,2}) \end{bmatrix} \\
&= \max(0, -3/2 + x_{i,1} + x_{i,2}) + \max(0, -3/2 - x_{i,1} - x_{i,2}).
\end{aligned}
$$

$$f(\boldsymbol{x}_i) = \max(0, -3/2 + x_{i,1} + x_{i,2}) + \max(0, -3/2 - x_{i,1} - x_{i,2}). \tag{2-13}$$

在这个例子中，只有当两个特征 $x_{i,1}$ 和 $x_{i,2}$ 之和足够大的时候，式 (2-13) 中的第一项才被“激活”，否则它的取值就是零。类似的，只有当两个特征 $x_{i,1}$ 和 $x_{i,2}$ 之和足够小的时候，式 (2-13) 中的第二项才被“激活”。图 2-2 展示了这个函数。

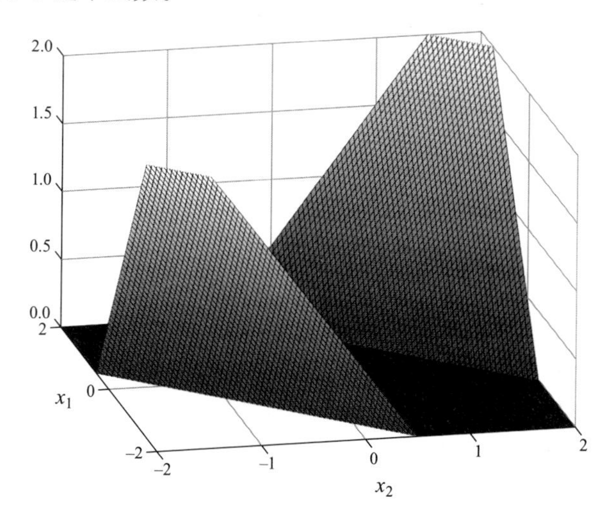

图 2-2　神经网络举例：交互作用

通过增加额外的隐含层神经元，我们可以为函数 f 添加额外的分段线性部分，例如针对更大的 $x_{i,1}+x_{i,2}$ 的取值和更小（负）的 $-x_{i,1}-x_{i,2}$ 的取值的分段部分。通过这种方式，神经网络可以逼近诸如 $(x_{i,1}+x_{i,2})^2 = x_{i,1}^2 + 2x_{i,1}x_{i,2} + x_{i,2}^2$ 这样含有两个特征交互项 $x_{i,1}x_{i,2}$ 的函数。

为了通过训练数据来拟合神经网络，我们可以使用类似于之前讨论的线性回归方法中提到的误差平方和作为目标函数。令向量 $\boldsymbol{\theta}$ 代表神经

网络中所有的参数，则目标函数为

$$\min_{\boldsymbol{\theta}} \sum_{i=1}^{N} [y_i - f(\boldsymbol{x}_i, \boldsymbol{\theta})]^2. \tag{2-14}$$

该目标函数可以通过数值方法来求解，例如随机梯度下降法或拟牛顿法（参见 Hastie, Tibshirani, and Friedman 2009）。为了便于求解最小化，使用平滑的激活函数（例如 sigmoid 函数）代替不可微的激活函数（例如 ReLU）也可能是有利的[(1)]。

对于神经网络，我们也需要担心过度拟合训练数据的问题。当一个神经网络包含许多隐含层以及神经元时，虽然它可以非常好地逼近样本内数据，但是却在样本外预测时表现不佳。正则化可以防止样本内的过拟合。和在岭回归的目标函数 (2-6) 中添加罚项类似，我们可以在神经网络的目标函数中添加一个 L^2 范数罚项：

$$\min_{\boldsymbol{\theta}} \sum_{i=1}^{N} [y_i - f(\boldsymbol{x}_i, \boldsymbol{\theta})]^2 + \gamma \boldsymbol{\theta}' \boldsymbol{\theta}. \tag{2-15}$$

这个处理能够产生将神经网络的权重向零收缩的效果。对于 sigmoid 激活函数，非常小的权重意味着激活函数处于近似线性的区域之中。因此，它不仅使得输出向零收缩，还同样造成了神经网络向线性回归模型退化。

与我们之前讨论的线性回归方法的情况一样，在神经网络中，输入变量尺度的缩放同样会影响正则化的效果。一个输入变量的绝对幅度越大，则在神经网络传递路径上所有与该变量相关的权重的取值幅度就越

(1) sigmoid 激活函数 $g(z_i) = (1 + \exp(-z_i))^{-1}$ 的取值范围是 $(0, 1)$，当 z_i 分别趋于 $-\infty$ 和 ∞ 时，$g(z_i)$ 的取值分别逼近 0 和 1。

小。因此，这些权重在罚项 $\gamma\boldsymbol{\theta}'\boldsymbol{\theta}$ 中的作用就会十分有限，对它们的收缩也会很有限。将输入变量缩放为均值为零以及一个单位的标准差是常见的做法，但这并不一定是最好的方法。基于对预测问题和数据性质的先验考虑，最好将不同的输入变量缩放到不同的幅度，从而对 $\boldsymbol{\theta}$ 中的某些参数增大收缩程度并对其他参数减小收缩程度。

2.3 超参数调优

到目前为止，我们讨论的学习算法均涉及需要在训练前预设的超参数。举例来说，岭回归的目标函数 (2-6) 取决于超参数 γ，它决定目标函数中罚项的权重，从而影响惩罚引起的向零收缩的程度。为了通过训练数据集估计回归系数 $\boldsymbol{g}$，我们需要预先确定 γ 的值。同样地，Lasso回归也需要一个预设的罚参数，而弹性网估计量则需要两个。正如我们在上一节中所讨论的，神经网络的目标函数也可以包含罚参数。对于随机森林来说，随机挑选的用来分裂数据的特征集的大小以及决策树的最大深度都是超参数的例子。

我们的终极目标是让通过训练数据学习出来的模型能够在样本外的预测中表现良好。出于这个原因，我们以最小化预测误差为目标来决定超参数的取值。为了最小化预测误差，首先需要在给定的超参数取值下估计模型的预测误差。然而，这并没有听上去那么容易。我们不能简单地使用训练数据中的样本内误差，因为对于模型在未被用于训练的新数据上产生的预测误差来说，前者仅仅是一个向下有偏的估计值。以岭回归的情况为例，对于通过 $\hat{\boldsymbol{g}}(\gamma)$ 计算的岭回归估计值以及均方误差损失

函数而言，样本内误差为

$$\text{mse}(\gamma) = \frac{1}{N}[\boldsymbol{y} - \boldsymbol{X}\hat{\boldsymbol{g}}(\gamma)]'[\boldsymbol{y} - \boldsymbol{X}\hat{\boldsymbol{g}}(\gamma)]. \tag{2-16}$$

在训练数据中，通过 $\hat{\boldsymbol{g}}$ 计算的岭回归估计值不仅拟合了 $\boldsymbol{y}$ 的变化中真正和 $\boldsymbol{X}$ 相关的部分，而且还在某种程度上拟合了残差 ε 中的噪声。训练出的模型在多大程度上（过度）拟合了训练数据中的噪声取决于模型的复杂度。因此，估计样本外期望预测误差的一种方法是修正样本内误差，以消除由模型复杂度引起的偏差。在 OLS 回归中，模型复杂度恰好是被估计参数的数量，而它又等于协变量的数量。在岭回归的情况下，由于收缩限制了估计值从而降低了模型的复杂度，因此情况变得稍微复杂了一些。当我们寻找最优岭回归罚项时，不会简单地以最小化 mse(γ) 为目标来选择 γ，而是还会考虑到模型复杂度会随 γ 的变大而降低，以及由此带来的样本外预测方面的好处。

对于线性模型来说，拟合值可以被表示为 $\hat{\boldsymbol{y}} = \boldsymbol{H}\boldsymbol{y}$ 的形式。在这种情况下，我们可以通过有效的参数个数[10]来衡量模型的复杂度，而它又等于“帽子”矩阵[11] $\boldsymbol{H}$ 的迹（Hastie, Tibshirani, and Friedman 2009）。在

10 译者注：有效的参数个数（即原著中 *effective number of parameters*）也被称为有效自由度（effective degrees-of-freedom），是统计学习（statistical learning）中的一个概念（Hastie, Tibshirani, and Friedman 2009）。它由参数的个数（number of parameters）这一概念拓展而来，适用于描述加入了正则化的模型的模型复杂度。我们在此给出一个直观的解释。假设线性模型中共有 K 个协变量（解释变量）。在训练模型时，我们以尽可能拟合数据为目标，独立调整这 K 个变量的参数，因而模型的有效自由度，或有效的参数个数，等于协变量的个数 K。为了防止过拟合，考虑在参数估计时加入 L^2 正则化，从而约束了所有参数的平方和不能太大。当某个参数很大时，正则化约束间接地限制了其他参数的取值，即我们不能再随意调整所有参数。因此，加入正则化之后有效的参数个数不再等于协变量的个数，而是小于协变量的个数。有效参数个数的具体取值和正文中提到的“帽子”矩阵的迹有关。

11 译者注：“帽子”矩阵（或“帽”矩阵）又称为投影矩阵。考虑线性回归模型 $\boldsymbol{y} = \boldsymbol{X}\boldsymbol{b} + \boldsymbol{\varepsilon}$。利用 OLS 对其求解有 $\hat{\boldsymbol{b}} = (\boldsymbol{X}'\boldsymbol{X})^{-1}\boldsymbol{X}'\boldsymbol{y}$，因此 $\boldsymbol{y}$ 的拟合值为 $\hat{\boldsymbol{y}} = \boldsymbol{X}\hat{\boldsymbol{b}}$。将 $\hat{\boldsymbol{b}}$ 代入上式可得

岭回归中，有效的参数个数是

$$d(\gamma) = \mathrm{tr}(\boldsymbol{X}(\boldsymbol{X}'\boldsymbol{X} + \gamma \boldsymbol{I}_K)^{-1}\boldsymbol{X}') \tag{2-17}$$

其中 tr(.) 表示矩阵的迹运算符[12]。在 OLS 的情况下，$\gamma = 0$，因此 d 恰为回归中协变量的个数，即 $d = K$。[(2)]而当 $\gamma > 0$ 时则有 $d < K$，这是因为收缩会减少有效的参数个数。例如，在 $\boldsymbol{X}$ 是正交矩阵的特殊情况下，我们将有 $d = K/(1+\gamma)$。

利用有效的参数个数这一概念，我们便能够在计算拟合度的时候，修正样本内误差以消除乐观偏差，并同时考虑由更严格的惩罚造成的模型复杂度下降所带来的好处。和样本内误差相比，经调整后的指标是对期望预测误差的更好估计。Akaike 信息准则（AIC）是这类调整后指标的一个例子。在岭回归的情况下，若假设 ε 代表不相关的高斯噪声，则 AIC 的定义为

$$\mathrm{AIC}(\gamma) = N \log \mathrm{mse}(\gamma) + 2d(\gamma). \tag{2-18}$$

式中第一项随着 γ 的增加而增加，但第二项则随 γ 的增加而减小。我们可以取使两项之和最小化的 γ 作为超参数的估计值 $\hat{\gamma}$。

(2) 可以通过迹运算的循环性质来证明这一点，即 $\mathrm{tr}(\boldsymbol{X}(\boldsymbol{X}'\boldsymbol{X})^{-1}\boldsymbol{X}') = \mathrm{tr}(\boldsymbol{X}'\boldsymbol{X}(\boldsymbol{X}'\boldsymbol{X})^{-1}) = \mathrm{tr}(\boldsymbol{I}_K) = K$。

$\hat{\boldsymbol{y}} = \boldsymbol{X}\hat{\boldsymbol{b}} = \boldsymbol{X}(\boldsymbol{X}'\boldsymbol{X})^{-1}\boldsymbol{X}'\boldsymbol{y}$。令 $\boldsymbol{H} = \boldsymbol{X}(\boldsymbol{X}'\boldsymbol{X})^{-1}\boldsymbol{X}'$，则有 $\hat{\boldsymbol{y}} = \boldsymbol{H}\boldsymbol{y}$，它就是出现在正文中本段第一句话中的公式。由此可知，矩阵 $\boldsymbol{H}$ 实现了原始 $\boldsymbol{y}$ 向其拟合值 $\hat{\boldsymbol{y}}$ 的投影，因此被称为投影矩阵。由于在数学表达中往往通过加入上标^（英文读作 hat、中文译为帽子）来表达拟合值而 $\hat{\boldsymbol{y}} = \boldsymbol{H}\boldsymbol{y}$ 可以被视为通过矩阵 $\boldsymbol{H}$ 给 $\boldsymbol{y}$ 戴了“帽子”变成 $\hat{\boldsymbol{y}}$，因此投影矩阵 $\boldsymbol{H}$ 也被形象地称作“帽子”矩阵，这就是正文中“帽子”矩阵的来历。需要说明的是，在上面的例子中，$\boldsymbol{H} = \boldsymbol{X}(\boldsymbol{X}'\boldsymbol{X})^{-1}\boldsymbol{X}'$ 只是 OLS 时的情况。当采用广义最小二乘法（Generalized Least Squares）或者岭回归时，$\boldsymbol{H}$ 的表达式会不同。

12 译者注：原著的不同章节交替使用 tr[.]、tr(.) 以及 tr 表示迹运算。为了符号的统一性，中文版中统一使用 tr(.)。

虽然 AIC 有时能够帮助人们估计期望预测误差以及实现最小化期望预测误差所需的超参数取值，但它仍然有一些缺点。对于非线性模型，度量模型复杂度或者有效的参数个数比起线性模型来说要困难得多。即使对于线性模型，AIC 也依赖于很强的假设。式 (2-18) 中 AIC 的表达式要求 ε 满足独立同分布的正态分布。如果上述假设无法满足，则我们只有在指定了似然函数的确切形式之后才能应用 AIC 度量。

出于上述原因，机器学习从业者通常更喜欢使用其他方法来进行预测误差估计和超参数调优，这些方法对内在假设方面的要求较低[13]。在这方面，一种流行的纯数据驱动方法是交叉验证。在交叉验证中，通过训练数据而获得的模型被用于对另外的独立验证数据集进行预测。模型在验证数据集上的误差提供了预测误差的估计值。看上去，交叉验证是一个很自然的预测性能评估的方法：我们单纯地在未用于训练模型的数据集上检查实际的预测性能。此外，Stone (1977) 表明基于交叉验证或 AIC 的模型比较是渐近等价的。从这个意义上说，我们可以认为交叉验证在实际使用中和 AIC 类似。

使用交叉验证方法，我们可以以最小化模型在验证集上的预测误差为目标来调整超参数。例如在岭回归中，对于给定的 γ，使用通过训练数据获得的 $\hat{\boldsymbol{g}}(\gamma)$ 对独立于训练数据的验证数据集 $(\boldsymbol{X}_\nu, \boldsymbol{y}_\nu)$ 进行拟合并计算预测误差，即 $\boldsymbol{y}_\nu - \boldsymbol{X}_\nu\hat{\boldsymbol{g}}(\gamma)$。然后我们寻找 γ 的取值，使得模型在验证集中预测误差的平方和最小，即，

13 译者注：事实上，诸多信息判断准则如 AIC、BIC（贝叶斯信息准则）以及 DIC（偏差信息准则）都是基于 Kullback-Leibler 散度理论推导而来的。各个不同判断准则会施加更多的假设，比如 AIC 假设残差满足 IID 正态分布，而机器学习作为纯数据驱动算法，对于相应的假设要求较低。

$$\hat{\gamma} = \arg\min_{\gamma} [\boldsymbol{y}_{\nu} - \boldsymbol{X}_{\nu}\hat{\boldsymbol{g}}(\gamma)]'[\boldsymbol{y}_{\nu} - \boldsymbol{X}_{\nu}\hat{\boldsymbol{g}}(\gamma)]. \tag{2-19}$$

在多数情况下，将可用数据仅仅简单地拆分为一个训练集和一个验证集并不能充分有效地利用数据。k-折交叉验证方法试图通过使用整个数据集进行训练和验证来提高预测误差估计的效率。该方法通过将数据集分成 k 个大小相同的子集[14]或“折叠”来实现这一点。进而，我们使用其中的一个子集来验证模型，而利用其余的 $k-1$ 个子集来进行模型估计。接下来，我们从 k 个子集中挑选另一个用于验证，将其余的子集用于估计，依此类推，直到所有 k 个子集都逐一被用于验证集。我们使用来自 k 个验证集的预测误差的平均值作为期望预测误差的估计值，并以最小化该期望预测误差估计值为目标来搜索超参数的取值。在岭回归中，我们寻找的 γ 满足

$$\hat{\gamma} = \arg\min_{\gamma} \frac{1}{k} \sum_{j=1}^{k} [\boldsymbol{y}_{\nu(j)} - \boldsymbol{X}_{\nu(j)}\hat{\boldsymbol{g}}_{-\nu(j)}(\gamma)]'[\boldsymbol{y}_{\nu(j)} - \boldsymbol{X}_{\nu(j)}\hat{\boldsymbol{g}}_{-\nu(j)}(\gamma)]. \tag{2-20}$$

式中 $\nu(j) = 1, 2, \cdots, k$ 表示数据集被划分成的 k 个子集的索引，而 $-\nu(j)$ 表示数据中不属于第 j 个子集的剩余部分。

我们应该使用多少个子集呢？关于这个问题，机器学习文献中并没有明确的指导。一般来说，回答这个问题需要考虑一个权衡。k 的取值很小意味着我们使用较小的训练数据集来估计模型。这会减少用于估计模型参数的数据量从而限制模型的拟合能力，其结果是产生对预测误差的悲观有偏评估结果。另一方面，k 取值很大意味着 k 个估计中使用的

14 译者注：互斥子集。

训练集在很大程度上是重叠的。在这种情况下，有人担心用来构造训练和验证集的完整数据集有一些特殊属性，因此当 k 很大时，通过 k-折交叉验证得到的预测误差不具备代表性。假如我们没有使用原始数据集而是使用了和其相独立的新的数据集，并使用它来训练模型，那么和从原始数据集得到的预测误差相比，我们从新数据集得到的预测误差有可能更高，也有可能更低。当使用小一些的 k 进行交叉验证时，由于有效使用了重叠度较低因而不完全相同的训练集，因此可以在一定程度上保护我们免受这种不确定性的影响。从这个意义上说，k 的取值取决于偏差-方差之间的权衡（Hastie, Tibshirani, and Friedman 2009）：大的 k 值意味着我们更加接近预测误差的无偏估计，但代价是这个估计值的方差很大。这里，方差大体现为当使用新的训练数据时，预测误差的高度不确定性。

虽然上述偏差-方差之间的权衡在概念上十分明确，但在每个特定的应用中，人们并没有关于最佳 k 值的明确指导。它的取值很可能取决于数据的属性和被训练的机器学习算法。此外，当 k 很大时的 k-折交叉验证所需要的计算量则特别大。它需要重复 k 次模型的训练和验证，这在大型数据集上可能会令人望而却步。因此在实践中，通常选择远小于观测数据量的 k 值。

在解读通过 k 个验证集计算而来的预测误差时，我们需要记住的是我们通过这些子集来估计 γ。由于我们选择 $\hat{\gamma}$ 来最小化验证子集中的预测误差，因此对于这个 γ 的估计值来说，验证子集的平均预测误差应是期望预测误差的乐观有偏估计。出于这个原因，我们可能希望另外保留一部分数据作为测试数据集，它既不被用来模型训练也不被用来进行调整超参数。我们可以使用测试集来评估预测误差。

2.4　贝叶斯解释

人们在应用机器学习方法时需要做出很多选择。即使已经选定了希望训练的模型（例如，线性回归或神经网络），我们仍在如何向估计中加入正则化上面临着多种可能性。例如，在罚回归中，罚函数的选择将决定被估计的模型是否具有稀疏性（如果使用 L^1 范数罚项则模型具备稀疏性，如果使用 L^2 范数罚项则模型不具备稀疏性）。但哪种选择最好呢？即便在做出这个选择后，正如在上一节中所讨论的，我们仍然需要调整罚超参数。此外，关于变量缩放的选择也很重要。在本章中，我们已经见到了惩罚对参数估计的影响对输入变量的尺寸缩放十分敏感。我们是应该标准化所有输入变量使它们具有同样的标准差，还是其他类型的尺寸缩放会是更好的选择？这个问题的答案并不是显而易见的。

对于这些问题，我们可以尝试单纯地让数据发声的办法。正如能够用交叉验证来优化超参数一样，我们可以尝试使用交叉验证来找出哪些选择能够使模型在验证数据集上的预测误差最小。但最终，我们仍然会遇到本章一开始强调的“没有免费的午餐”问题（Wolpert 1996）：我们不能指望找出一种在所有可能的数据生成分布上都更好的机器学习算法。我们必须对数据的性质做出一些先验假设。纯粹数据驱动的机器学习使用方式是不切实际的。我们需要引入一些关于通过机器学习途径所要追求的目标以及机器学习算法将要面临的数据类型的先验知识。

参数估计和正则化的贝叶斯解释能够有助于实现这个目的。贝叶斯统计允许我们通过概率分布的形式表达先验知识。考虑线性回归框架 $\boldsymbol{y}=\boldsymbol{X}\boldsymbol{g}+\boldsymbol{\varepsilon}$ 并假设 $\boldsymbol{\varepsilon}\sim\mathcal{N}(\mathbf{0},\boldsymbol{\Sigma})$，其中我们已知协方差矩阵 $\boldsymbol{\Sigma}$，但不知道系数向量 $\boldsymbol{g}$。先验知识以 $\boldsymbol{g}$ 的先验分布的形式出现。在特定的假设下，我们可以将贝叶斯估计映射到本章前面讨论的岭回归和 Lasso 中。正如我们接下来要展示的，先验分布的选择会影响对目标函数施加的惩罚类型。

假设我们认为 $\boldsymbol{g}$ 中的元素服从多元正态分布 $\boldsymbol{g}\sim\mathcal{N}(\mathbf{0},\boldsymbol{\Sigma}_g)$。给定这个先验分布 $p(\boldsymbol{g})$ 以及回归残差 $\boldsymbol{\varepsilon}$ 的正态分布所隐含的似然函数 $p(\boldsymbol{y}|\boldsymbol{g})$，贝叶斯定理告诉我们，当给定观测数据 $\boldsymbol{y}$ 时，$\boldsymbol{g}$ 的后验条件分布为

$$p(\boldsymbol{g}|\boldsymbol{y})\propto p(\boldsymbol{y}|\boldsymbol{g})p(\boldsymbol{g}). \tag{2-21}$$

当先验分布和似然函数都服从正态分布时，后验分布也服从正态分布。这种后验分布的均值的表达式类似于广义最小二乘 (GLS)回归估计，不过在求逆矩阵的运算中多了一个附加项[15]（Lindley and Smith 1972）：

$$\hat{\boldsymbol{g}}=\left(\boldsymbol{X}'\boldsymbol{\Sigma}^{-1}\boldsymbol{X}+\boldsymbol{\Sigma}_g^{-1}\right)^{-1}\boldsymbol{X}'\boldsymbol{\Sigma}^{-1}\boldsymbol{y}. \tag{2-22}$$

求逆运算中的附加项 $\boldsymbol{\Sigma}_g^{-1}$ 将使得估计值偏离 GLS 的估计值，并向先验分布的均值进行收缩（这里我们假设先验均值是零向量）。如果进一步设定回归残差满足独立同方差，即 $\boldsymbol{\Sigma}=\boldsymbol{I}_N\sigma^2$，以及在先验分布中 $\boldsymbol{g}$ 满足独立同方差，即 $\boldsymbol{\Sigma}_g=\boldsymbol{I}_K\sigma_g^2$，我们将得到

$$\hat{\boldsymbol{g}}=\left(\boldsymbol{X}'\boldsymbol{X}+\frac{\sigma^2}{\sigma_g^2}\boldsymbol{I}_K\right)^{-1}\boldsymbol{X}'\boldsymbol{y}. \tag{2-23}$$

15 译者注：广义最小二乘估计量为 $\hat{\boldsymbol{g}}=\left(\boldsymbol{X}'\boldsymbol{\Sigma}^{-1}\boldsymbol{X}\right)^{-1}\boldsymbol{X}'\boldsymbol{\Sigma}^{-1}\boldsymbol{y}$。和式 (2-22) 相比，后者在计算逆矩阵的时候多了一项 $\boldsymbol{\Sigma}_g^{-1}$。

该表达式与当 $\gamma = \sigma^2/\sigma_g^2$ 时式 (2-7) 所示的岭回归估计量相同。这意味着岭回归的罚项具有贝叶斯解释，它将 γ 与先验分布的确定程度联系起来。如果 σ_g^2 很大，即我们没有关于 $\boldsymbol{g}$ 中元素可能大小的精确先验观点，那么 γ 将会很小，因而估计值向先验均值的收缩程度便会很低。相反，如果 σ_g^2 很小，即先验分布紧紧地围绕在均值附近，那么估计值向先验均值的收缩程度就很高。

贝叶斯框架使我们能够更准确地解释对于“过度拟合”问题的担忧，我们之前以解决它为动机介绍了正则化和收缩。过度拟合意味着估计模型的时候没有给予关于参数的先验信息适当的权重。如果先验是扩散的，即 $\sigma_g^2 \to \infty$，那么确实没有收缩的必要。在这种情况下，在拟合回归模型时不使用收缩不代表过度拟合了训练数据。只有在有理由（例如基于经济学合理性考虑）认为回归系数的幅度不太可能非常大的前提下，谈论过拟合才有意义。这时，忽略这样的信息并在不使用收缩的情况下估计回归模型，就意味着我们没有对这些先验信息给予任何权重，从而过度拟合了训练数据。

贯穿整本书，我们还将反复谈到正则化的贝叶斯解释。在机器学习文献中，更常见的做法是从*偏差–方差权衡*（*bias-variance tradeoff*）的角度来讨论正则化的影响。在这个视角下，在通过训练数据拟合估计量时若没有考虑太多的正则化，则会产生较低的偏差以及较高的估计误差，即高方差。正则化可以减小方差，但代价是使估计量有偏差。然而，从贝叶斯的角度来看，在上述关于偏差和方差权衡的计算中，作为参考点的频率主义学派的无偏估计概念并没有任何特别的意义。在给定的先验分布下，后验以及后验隐含的正则化代表了将先验分布和实证数据信息结合起来的最佳方式。为了寻找正则化和经济学理论约束之间的联系（即本书的中心主题），讨论先验信息如何影响正则化比起从偏差-方差权衡的角度来表述它更有用。

正则化的贝叶斯解释也阐明了我们应该如何考虑岭回归中协变量的尺度缩放问题。如果人们想要使用岭回归，那么变量应该以这样一种方式进行缩放：对于缩放后的变量来说，在先验分布中指定 $\boldsymbol{g}$ 的所有元素满足同方差是合理的[16]。相反，如果我们认为某些系数的幅度可能比其他系数小，那么岭回归将不会产生适当程度的收缩。相对于那些离零很近的协变量系数，那些距离零较远的协变量系数被岭回归收缩得太多。因此，我们应对协变量重新进行尺度缩放，使得 $\boldsymbol{g}$ 的元素满足同方差这个假设变得合理。这就是我们需要引入关于预测任务和数据生成分布的领域特定先验知识的地方，并通过它们来指导估计量。

在贝叶斯框架中，我们对于 $\boldsymbol{g}$ 的先验分布的观点决定了我们最终是采用岭回归还是其他类型的收缩。如果先验分布是拉普拉斯而不是正态分布，那么我们将会得到接近 Lasso 的效果。图 2-3 提供了正态分布（虚线）和拉普拉斯分布（实线）相比较的例子。与正态分布相比，拉普拉斯分布更加集中在零附近且有更肥的尾部。因此，相对于岭回归，使用拉普拉斯先验的贝叶斯回归导致大系数收缩较小、小系数收缩较大，和 Lasso 的作用类似。

16 译者注：回顾岭回归估计量 (2-7) 以及式 (2-23)，当 $\boldsymbol{g}$ 的先验分布满足 $\boldsymbol{\Sigma}_g = \boldsymbol{I}_K\sigma_g^2$，即 $\boldsymbol{g}$ 的所有元素满足同方差时，我们可以利用 $\gamma = \sigma^2/\sigma_g^2$ 将二者联系起来。因此，岭回归的贝叶斯解释隐含了将回归系数朝着符合同方差的先验收缩。

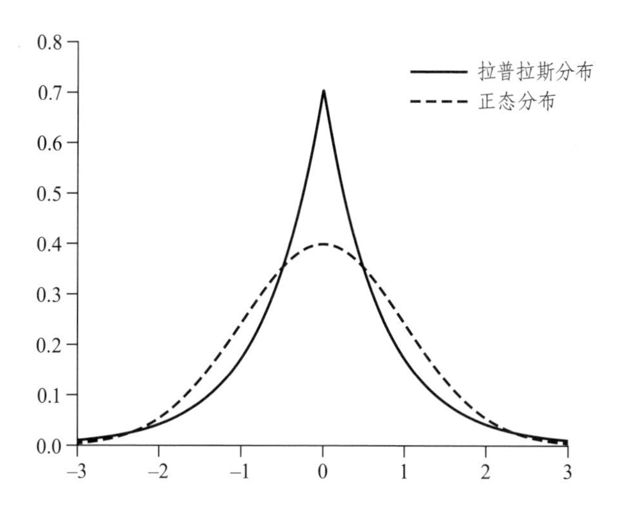

图 2-3 正态分布和拉普拉斯分布

然而，在使用拉普拉斯先验时，贝叶斯回归的后验均值并不具备稀疏性。因而产生稀疏估计值的 Lasso 估计量不等于后验均值，而是等于后验众数。这意味着我们通过 Lasso 获得了 $\boldsymbol{g}$ 的最大后验概率（MAP）估计量（Tibshirani 1996）。Lasso 的罚参数有效地控制了先验分布的扩散程度。

利用贝叶斯定理，我们可以看出最大后验概率估计量与极大似然估计密切相关。在给定观测数据和先验分布下，最大后验概率估计量寻找最有可能的 $\boldsymbol{g}$ 的值，也就是使后验概率最大化的 $\boldsymbol{g}$ 的值

$$\hat{\boldsymbol{g}} = \arg\max_{\boldsymbol{g}} \ p(\boldsymbol{g}|\boldsymbol{y}), \tag{2-24}$$

根据贝叶斯规则，上式等价于最大化 $p(\boldsymbol{y}|\boldsymbol{g})p(\boldsymbol{g})$，即似然函数和先验的乘积。相比之下，极大似然估计量仅仅最大化 $p(\boldsymbol{y}|\boldsymbol{g})$，而不考虑先验分

布。在平坦先验[17]的情况下，最大后验概率和极大似然估计量是一致的。

虽然基于最大后验概率估计值的预测并非一个完整的贝叶斯分析（完整的贝叶斯分析将通过后验分布来构建预测分布，而不是直接将点估计代入模型，且完整的贝叶斯分析会结合关于 σ^2 的先验不确定性），最大后验概率估计框架允许我们以一种简单的方式来使用先验分布。这进而又使我们能够看到 Lasso 如何隐含地结合了关于 $\boldsymbol{g}$ 的先验分布。

我们先前讨论的关于岭回归中协变量缩放的问题也同样适用于 Lasso。当应用 Lasso 时，我们隐含地表达了这样一种观点，即 $\boldsymbol{g}$ 的每个元素具有同等扩散程度的拉普拉斯分布是一个适当的先验分布。如果我们认为这不是一个合理的假设，那么需要相应地重新缩放协变量。在 Lasso 估计之前，通过现成的方式[18]来对协变量进行标准化并不一定是正确的处理方式。

最后，我们也可以为交叉验证提供一个启发式贝叶斯解释。交叉验证本质上是一种从数据中估计先验方差 σ_g^2 的方法。正如我们之前已经讨论过的，AIC 施加的复杂度惩罚与基于交叉验证的罚项选择之间存在联系。George and Foster (2000) 指出，以最优化 AIC（或其带有复杂度罚项的拟合度衡量指标）为目标进行估计与经验贝叶斯估计之间又存在密切关系。在经验贝叶斯方法中，先验参数是依照如下思路通过数据来估计的，即先在先验参数上施加一个无信息的超先验，然后再寻找使后验

17 译者注：原著中对应的英文为 *flat prior*，直译为"平坦先验"或"平凡先验"。它可以被理解为一种无信息先验（noninformative prior），即除参数的取值范围外，我们再无关于它的任何信息。举例来说，假设参数的取值范围是实数 $[a,b]$，则它的无信息先验就是在该区间上的均匀分布 $U(a,b)$。在这种情况下，flat 一词就可以很好地体现 $[a,b]$ 内每个点的概率密度都一样的情况。

18 译者注：现成的方式指的是将所有协变量标准化到标准差为 1。

概率最大的先验参数值。因此，我们可以将交叉验证视为一种从数据中估计先验分布参数的近似经验贝叶斯方法。

总之，正则化具有一种贝叶斯解释，即它可被视为关于模型参数的先验知识的表述。即使没有正式地遵循完整的贝叶斯方法，我们依然可以使用贝叶斯解释将特定领域的知识应用到学习问题之中。数据的预处理（例如，缩放）或罚项的指定（例如，对参数向量的何种范数进行惩罚）均隐含地表达了先验的观点。对于将要解决的机器学习问题，贝叶斯解释可以帮助我们以适合它们的方式做出上述选择。在下一章中，我们将研究资产定价中典型预测问题的特性，以及这些特性透过贝叶斯视角传达给我们的关于适当数据预处理和惩罚规范选择的信息。

第 3 章　资产定价中的监督学习

第 2 章所回顾的监督机器学习方法为人们进一步研究资产定价提供了有力的工具。在资产定价领域，有着许多高维预测的场景，在这些研究问题中可以提供有效预测信息的预测变量为数众多。比如，在股票收益率预测问题中，许多变量都有可能是潜在的预测变量。公司财务报表中的公司特征，从信息披露的文本信息中提取的信息，汇总股票历史价格和交易量信息的变量，新闻媒体所报道中包含的信息，以及其他可能与公司相关的变量都有可能包含有预测信息[1]。

到目前为止，为了应对上述高维数问题，资产定价方面的大部分已有文献均在预测模型中施加了特设的[2]稀疏性假设。学者们通常不会同时考虑大量的预测变量，而是孤立地考虑一小部分预测变量。比如，当学者们研究一个新的预测变量时，通常的做法是检验该变量是否在控制了少数几个“基准”公司特征之后依然能够提供预测信息，作为基准的公司特征例子包括 Hou, Xue, and Zhang (2015) 以及 Fama and French (2015) 这两个多因子模型中所使用的变量（市值、账面市值比、投资、盈利水

1 译者注：如公司高管的个人信息、任职网络信息。

2 译者注：原著中用的是 *ad hoc sparsity*。这里 ad hoc 是“特设的、临时的”之意，意味着模型中的稀疏性假设不具备普遍性，而是因人而异的。

平）[3]。然而，这种不同文献孤立地考查少数预测变量所存在的问题是，它们发现的预测变量之间可能包含了许多冗余信息[4]。

上述传统研究方法中施加的特设稀疏性背后并没有令人信服的经济学理论依据[5]。因此，我们需要在不施加模型稀疏性假设的前提下来应对预测中的高维数问题的新方法。机器学习方法非常适合来解决这个问题，但直接照搬现成的机器学习方法到资产定价领域可能并不能完全发挥其真正的高维拟合能力。资产定价与那些机器学习得以发源和得到普遍应用的领域（通常是技术领域）有较大的不同。表 3-1 罗列了其中的一些差异。诚然，资产定价和典型的机器学习应用之间的区别并非总是那么清晰，但在很多情况下，表 3-1 所列的问题能够在一定程度上体现出二者的不同。

资产定价领域与其他领域最大的不同可能在于典型数据集中信噪比的差异[6]。在许多典型的机器学习应用中，在用以训练机器学习算法的数据中，真实结果是已知的。例如，在第 1 章中讨论的图像分类任务中，训练数据集中图像的真实分类是已知的。沿用第 1 章所讨论的例子，如果目标是将图像分为 { 热狗，非热狗 } 两类，那么我们可以使用被正

3 译者注：当学术界以因子或异象的形式研究新的预测变量时，Fama and French (2015) 和 Hou, Xue, and Zhang (2015) 两个多因子模型是最被广为使用的基准模型。

4 译者注：如 Freyberger, Neuhierl, and Weber (2020)。

5 译者注：以 Lucas (1978) 为例，的确只需要（状态）变量决定资产收益率，但并不代表从公司特征出发，仅需要少数的公司特征即可以决定股票收益率。比如，假设基于 100 个公司特征的前三个主成分（PCA 分析），是决定资产收益率的状态变量。在这种情形下，事实上任何维度的公司特征均具备对于预测资产收益率的有效信息，即资产定价模型在仅基于公司特征时不具备稀疏性可言。

此译者注中包含的补充参考文献：

Lucas, R. E. (1978). Asset prices in an exchange economy. *Econometrica 46*(6), 1429–1445.

6 译者注：资产定价领域典型数据集的信噪比很低且存在标记缺失的情况。

表 3-1 典型的机器学习应用与资产定价的差异

	典型的机器学习应用	资产定价
信噪比	高	非常低
数据维度	大量预测变量 大量观测数据	大量预测变量 少量观测数据
关注颗粒度	个体结果	投资组合结果
预测误差的协方差	统计问题	投资组合风险的决定因素
稀疏性	通常是稀疏的	尚不明确
结构性变化	没有	投资者从数据中学习并适应

确标记为“热狗”或者“非热狗”的图像作为输入数据来训练机器学习算法。作为对比，在收益率预测应用中，我们只能使用资产的已实现收益率 r_{t+1} 而非它们的预期收益率 $\mathbb{E}_t[r_{t+1}]$ 来作为算法的训练集数据[7]。预期收益率是不可观测的。我们所能做的仅是将已实现收益率视为预期收益率的一个带噪声的信号[8]。对典型的资产收益率数据而言，从方差分解的角度来看，无论是截面上还是时序上，$\mathbb{E}_t[r_{t+1}]$ 的波动都仅占已实现收益率波动中的一小部分。因此，这一数据集的信噪比非常低。

资产定价研究中可用来训练模型的数据量也十分有限，这进一步加剧了低信噪比问题。资产收益率历史数据仅涵盖了过去几十年。在这个情况下，人们可能会认为，可以通过缩小计算收益率的时间窗口来获得更高频的数据，从而达到增加样本数量的目的。事实上，使用高频数据

7 译者注：这里式 $\mathbb{E}_t[r_{t+1}]$ 代表了基于在时间 t 时能获得的所有信息对于未来收益率 r_{t+1} 的展望，即 $\mathbb{E}[r_{t+1}|\mathcal{I}_t]$。

8 译者注：类似于卡尔曼滤波中，观测变量等于因子暴露和真实状态变量的乘积与观测噪声的加和。这里观测噪声可能由于市场噪声交易、市场交易制度等因素。我们可以将 $\mathbb{E}_t[r_{t+1}]$ 理解为真实信号。

并不会帮助我们更好地估计 $\mathbb{E}_t[r_{t+1}]$。除非资产收益率中的可预测部分有着高频时变特征（但是在不考虑市场微观结构导致的可预测性的情况下，很难想象 $\mathbb{E}_t[r_{t+1}]$ 有着如此强烈的时变特征），否则，从统计角度而言，通过增加采样频率的方式并不能显著的改进我们对 $\mathbb{E}_t[r_{t+1}]$ 的估计。类似地，Merton (1980) 发现增加观测频率并不能使得对于预期收益率的估计变得更加准确。因此，我们或多或少地必须接受样本量有限这一事实。

此外，与其他典型的机器学习应用不同，我们在资产定价中并不一定十分在意模型能否准确地预测个体结果。比如在股票收益率预测的例子中，我们并不一定对预测个股的收益率感兴趣，而是关心能否构建一个有着良好风险收益特征的投资组合。一旦所有股票被汇总了之后，通过个股收益率层面的最优预测模型所构造的投资组合，是否也一定就是风险收益特征最优的投资组合呢？这一问题尚无明确的答案，我们将在本章后文中加以说明。

正是由于上述投资组合视角普遍存在于诸多资产定价应用中，相较于其他典型的机器学习应用场景，我们更加在意预测过程产生的预测误差的协方差的性质。毕竟，在一个存在众多可投资资产的情境下，预测误差的协方差性质在很大程度上决定了投资组合的总体波动率，而投资组合总体波动率又进而对决定投资组合的风险收益特征至关重要。因此，预测误差协方差的性质可能贯穿了将机器学习应用于资产定价领域的全过程，上至决定什么才是最优的机器学习算法，中至如何实施正则化[9]、

9 译者注：实施正则化的目的是防止过拟合。

如何评价预测性能，下至如何基于模型预测结果构建投资组合。

正如上一章所阐述的那样，为了使机器学习算法充分发挥潜力，很重要的一点是将关于预测问题本身的性质和数据自身的属性作为先验知识，引入模型使用过程之中[10]。比如在回归问题中，我们对模型稀疏程度的认识，本身就是一个先验知识。Hastie, Tibshirani, and Wainwright (2015) 强调，稀疏模型在基因学、图像分类、文本分析和其他一系列应用中取得了非常好的表现。但是，事实上在这些场景应用中，我们有理由相信真实的数据生成过程就是稀疏的。比如在图像分类中，某些部分的图像特征确实可能无益于判断图像的具体分类；在使用基因特征预测某种疾病发病率时，很大一部分基因事实上对于该疾病并没有直接影响。但是在资产定价领域，人们对于真实的数据生成过程是否稀疏以及稀疏程度几何，并没有一个准确的先验预期。比如在基于财会特征预测股票收益率的场景中，在没有接触到具体数据之前，我们究竟应该基于何种逻辑或者理论判断有多少来自资产负债表的变量与收益率预测任务完全无关？可能一个更为合理的预期是，一些变量和预测收益率问题十分相关，另一些则没那么相关（比如它们可能都是某些内在不可观测因子的带有噪声的信号），而很少一部分则可能完全不相关。

最后，资产定价领域与其他机器学习应用领域的决定性不同在于，学习算法所需的资产价格数据事实上是投资决策（来自人或者机器）的

10 译者注：这一思想以卡尔曼滤波为例也十分恰当。在卡尔曼滤波的使用过程中，人们往往使用了观测函数和状态转移函数。我们当然可以仅基于观测函数对背后的隐变量进行估计和推断，这一方法仅基于观测数据对隐变量做出估计，也被称为主成分分析。而卡尔曼滤波与主成分分析的关键性不同就是卡尔曼滤波使用了状态转移函数作为模型先验，从一定程度上防止了模型过拟合。

结果，而投资决策也受到了历史数据的影响。因此，资产收益率的内在数据生成过程理应是非平稳过程。比如，假设预测变量 x 能够在某个历史时间节点 t 之前有效地预测股票收益率。投资者在 t 时刻发现了这一变量并且以之为基础进行了大量的交易，因此在 t 时刻之后，x 的预测能力显著下降乃至完全消失。下面，假设在 t 之后的另一个时刻 T，分析师通过 T 时刻之前的历史数据（因此也同样包含了 t 时刻之前的数据）来研究收益率的可预测性。分析师假设资产收益率的内在数据生成过程是平稳的，并通过机器学习算法来学习它。在这种情况下，我们可以预期该模型在 T 时刻之后的预测效果不会太好。投资者发现 x 能够预测收益率这件事本身使得 x 的可预测性成为过去时，并使得训练数据中包含了部分过时的样本。而在其他机器学习的应用场景下，由于数据生成过程本身是平稳的，因此不会发生上述现象。数据的可得性以及是否用于决策过程本身并不会影响数据的生成过程[11]。比如以热狗图像分类为例，一张图片展示的物品是否是热狗，或者往后所展示的热狗特征（如形状、颜色）并不会受到这张图片是否受到分析，被多少人分析所影响[12]。正因为这个原因，对于资产定价数据中很可能存在的结构性变化问题，已有机器学习文献无法就如何调整机器学习算法以应对它提供可供参考的实践经验。

在这一章中，我们以一个简单的收益率预测问题为例，详细阐述在资产定价领域应用机器学习方法时将会遇到的一些具体问题。本章并不

11 译者注：注意，作者这里使用的机器学习并不涵盖强化学习，由于强化学习本身的特性，个体如何行动的确会改变数据的呈现状态。

12 译者注：从这个角度看，是否分析一个事物本身能够影响事物最后的状态在物理世界也存在，比如双缝干涉实验。

准备就诸如如何衡量模型的预测表现、如何预处理数据、如何防止模型过拟合以及如何处理上文提及的结构性变化等根本性问题给出完整的解答。本章的目标是勾勒出将机器学习应用于资产定价时需要解决的主要挑战。

3.1 例子：截面股票收益率预测

对收益率预测的研究一直处于资产定价领域的核心地位。学者们一般通过收益率预测回归来研究风险溢价的决定因素和市场的有效程度。而在业界的量化投资管理中，收益率预测模型对于设计投资策略来说至关重要。

在本章中，我们考虑一个简单的股票收益率预测模型，该模型仅仅使用历史收益率数据作为预测变量。一个只包含如此局限输入变量的模型并非人们为了在如今的股票市场构造优秀投资策略所需要估计的代表性模型。对这样一个靠着如此有限个输入变量的简单模型来说，即便它能够取得良好的投资收益，也理应在很早以前就被人们所发现并使用了，留给当下的盈利空间并不会很丰厚。就我们的目的而言，通过研究这样一个基于历史数据的简单收益率预测模型，能够清晰地阐明为了在资产定价领域更好地应用机器学习技术而需要解决的一些问题。

从更一般的角度来说，收益率预测的目的在于找到一个用于近似条件预期收益率的函数，即我们尝试找到如下方程[13] $f(.)$

$$\mathbb{E}[r_{i,t+1}|\boldsymbol{x}_{i,t}] = f(\boldsymbol{x}_{i,t}) \tag{3-1}$$

13 译者注：式 (3-1) 中 $\mathbb{E}[r_{i,t+1}|\boldsymbol{x}_{i,t}]$ 中的 $\boldsymbol{x}_{i,t}$ 代表了 t 时刻能够获得的所有输入特征。

该方程将资产特征 $\boldsymbol{x}_{i,t}$ 映射到基于这些特征所形成的条件预期收益率。在这里，我们聚焦于预测股票收益率的（横）截面（*cross-sectional*）差异，因此可以将个股的收益率 r_i 理解为以某个市场指数收益率为基准的相对收益率。在下一章中，我们会讨论一个包含了更多预测变量的模型，但本章仅以股票 i 的历史已实现收益率的函数作为该资产未来收益率的预测变量。哪怕就是这样一个预测变量类型如此有限[14]的模型，如果不对它强加特设的稀疏性假设，我们也能轻易地产生大量的预测变量，并使得该问题成为一个高维预测问题。

具体来说，我们分析一个股票月收益率预测模型，其中 $r_{i,t+1}$ 表示股票 i 在 $t+1$ 月份的收益率，而 $f(\boldsymbol{x}_{i,t})$ 是股票 i 在过去 120 个月的历史收益率、历史收益率平方以及历史收益率三次幂的线性函数。这里加入收益率的二次幂和三次幂是为了刻画历史收益率与未来收益率之间可能的非线性关系。为了避免市场微观结构所导致的偏差和短时预测的影响，我们从预测变量中剔除了滞后期等于 1 的变量。因此，回归模型为

$$r_{i,t+1} = \sum_{k=1}^{119} b_k r_{i,t-k} + \sum_{k=1}^{119} c_k r_{i,t-k}^2 + \sum_{k=1}^{119} d_k r_{i,t-k}^3 + e_{i,t+1}, \tag{3-2}$$

该模型共包括 $3 \times 119 = 357$ 个预测变量。

对于任意月份 t，我们从证券价格研究中心（CRSP）[15]中提取了在月份 $t-1$ 时市值高于纽约交易所上市公司 20% 分位数以及每股价格在

14 译者注：这个简单模型仅仅使用了历史收益率数据这类变量，而没有考虑其他任何和收益率相关的潜在变量，比如财务数据。

15 译者注：证券价格研究中心（Center for Research in Security Prices，简称 CRSP）由美国芝加哥大学商学研究生院于 1960 年成立，是证券领域极具权威的数据库。该数据库涵盖了自 1926 年以来美国上市公司单日、月度、年度的股票价格、收益率、红利、交易信息等数据。

1 美元以上的所有股票数据。做出以上筛选的理由是为了排除小市值与流动性较差股票对统计结果的影响，从而保证结果的稳健性。对于因变量 $r_{i,t+1}$，我们使用 1970 年 1 月到 2019 年 6 月的数据。此外，我们对于所有的自变量和因变量进行逐月截面去均值处理，以便更纯粹地聚焦于收益率的截面差异上（这也是为什么回归方程 (3-2) 中不含有截距项）。进一步地，我们在截面上对所有自变量进行标准化，使每月每个变量在截面上的标准差为 1。我们对每个月个股的权重进行调整，以保证样本内不同月份的权重是一致的[16]。对于资产定价应用中非平衡面板收益率数据的情况，上述赋权方法十分自然，其原因是在计算投资组合的收益率均值时（投资组合在每期所包含的股票数量可能是不等的）也会赋予每个月份相同的权重。

我们使用上一章介绍的岭回归估计量 (2-7) 来确定模型 (3-2) 的参数。在确定罚超参数时，使用留一（年）交叉验证法。该方法采用预留的完整一年中的连续月度截面数据作为验证集。这意味着我们使用除去该年数据之外的其他数据作为训练集，使用预留的这一年计算预测的收益率并记录与之对应的 R^2。接下来，我们选择另外一年作为验证集并重复上述过程、记录 R^2，直至样本内涉及的每一年均被用作验证集。最后，对所有验证集的 R^2 取均值并称其为交叉验证 R^2。随着罚超参数的变化，该值也会发生变化，我们进而选择使得交叉验证 R^2 达到最大的

16 译者注：由于每月被研究的股票个数不一，此类样本属于非平衡面板。原著采用的赋权方法可以保证回归过程中使用如下方式计算均方误差：

$$\text{mse} = \frac{1}{T-1}\sum_{t=1}^{T-1}\sum_{i=1}^{N_t}\frac{(r_{i,t+1} - f(\boldsymbol{x}_{i,t}))^2}{N_t}.$$

最优超参数。上述留一（年）交叉验证法与前文提到的赋予样本内每个月份的数据相同的权重的做法相一致。

让我们通过考查估计得到的回归系数来说明岭回归能够揭示一些有用的信息。岭回归自动地识别出一些最为重要的可预测性模式，而在很多使用相同或部分相同实证区间的学术研究中都对它们有过记载。图 3-1(a) 展示了式 (3-2) 中系数 b_k（即历史收益率一阶项的回归系数）的估计值。虽然乍一看上去可能并不明显，但若仔细观察就能够发现，岭回归仅仅通过一个估计就发现了诸多和历史收益率有关的重要异象：首先，正的系数 b_k 可以一直延续到滞后的第 12 个月，它们捕捉了 Jegadeesh and Titman (1993) 提出的动量效应[17]；其中，正如 Novy-Marx (2012) 所指出的那样，对于未来收益率有正向预测作用的变量主要集中在滞后期为 6 到 12 的月份的收益率；此外，滞后期超过 12 的月份的系数大多数为负，表明它们与未来收益率呈现负向关系，这体现了 De Bondt and Thaler (1985) 所记载的股票市场的长期反转效应。更令人惊讶的是，直至滞后期 120 个月中，我们可以看到滞后期是 12 的倍数的月份的系数会出现较大的正数，它们反映了 Heston and Sadka (2008) 所发现的动量效应的季节性。虽然以上提及的这些现象是被不同的研究所发现的，但它们却都被反映在了以上这个简单的岭回归估计结果之中。

由于我们在此前已经将协变量进行了标准化处理，因此可以直观地

17 译者注：在图 3-1(a) 中，横坐标为滞后期，横坐标的 0 点对应着被预测的月份。此外，正文中曾强调过，在预测时，滞后期为 1 的月份的收益率没有被选为预测变量。结合上述两点可知，图 3-1(a) 中左数第 1 个系数的滞后期为 2，左数第 2 个系数的滞后期为 3，……，左数第 11 个系数的滞后期为 12，以此类推。这也就是为什么原著中说正的系数 b_k 可一直延续到滞后期的第 12 个月。不过仔细观察图 3-1(a) 可知，并非滞后期在 2 到 12 之间的所有 b_k 都为正。

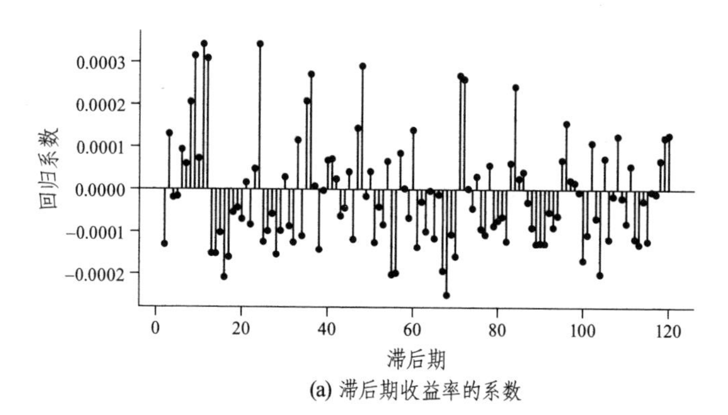

(a) 滞后期收益率的系数

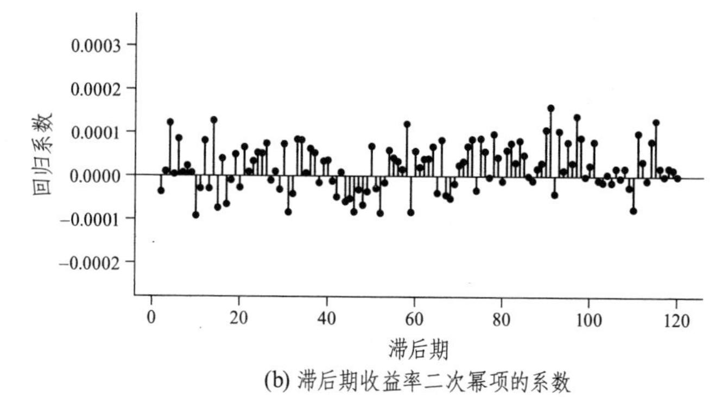

(b) 滞后期收益率二次幂项的系数

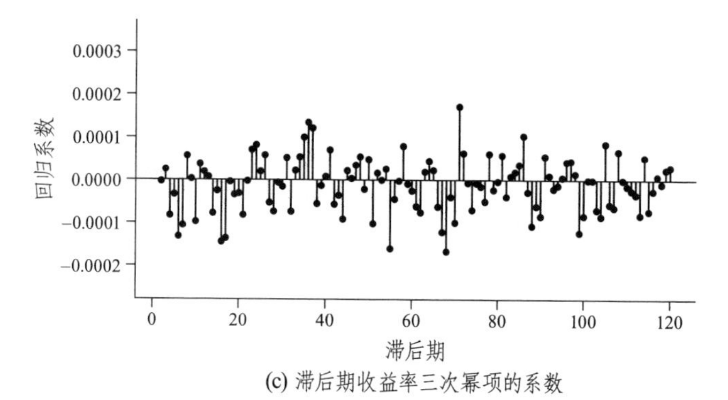

(c) 滞后期收益率三次幂项的系数

图 3-1　岭回归系数估计

解读基于模型所估计的系数的大小。以上述“动量”系数为例，滞后期 $t-2$ 到 $t-12$ 所对应的系数总和约为 0.15%。这意味着如果过去 12 个月中所有月份的收益率都向上移动一个标准差[18]，则该股票在 t 月的收益率预测值将增加 0.15%，对应于接近 2% 的年化收益率。作为对比，学术界通常使用十分位投资组合排序法将股票分组，并通过最高组和最低组平均收益率的差异来研究动量效应[19]。最高组和最低组收益率之差大致反映了 3 个标准差[20]的滞后期收益率差异，并且二者之差的年化收益率大致处于 6% 到 8% 之间（具体数值取决于不同的实证窗口），因而与以上估计十分一致。

反观图 3-1(b)，这些系数绝对值相对图 3-1(a) 中的系数要小得多，说明滞后期收益率的平方项的预测能力较弱。虽然单个平方项的预测能力较低，但如果考虑这些平方项的累积效应，它们对于未来收益率的预测能力则未必很低。由于收益率的平方项之间存在正的自相关性，因此相比于股票连续上涨或者连续下跌的情况，更有可能出现的结果是股票收益率持续地出现在其分布的尾部。因此，当这些较小的平方项的系数累加起来，其效果也会比较可观。此外，大多数系数为正说明了那些在过

---

18 译者注：$t-2$ 期的收益率增加一个基于 $t-2$ 期收益率计算的截面标准差，$t-3$ 期的收益率增加一个基于 $t-3$ 期收益率计算的截面标准差，……，$t-12$ 期的收益率增加一个基于 $t-12$ 期收益率计算的截面标准差。

19 译者注：投资组合排序法是一种常见的研究因子和异象的方法。对动量效应来说，在每个月 t，股票依照 $t-2$ 到 $t-12$ 之间的累积收益率的高低被分为十组（decile portfolio sort），并通过做多最高组同时做空最低组来代表 t 月的动量效应的收益率。将全部 T 期的动量收益率在时序上取均值便得到动量的平均收益率。关于投资组合排序法的详细说明，请参考石川等 (2020)。

此译者注中包含的补充参考文献：

石川, 刘洋溢, 连祥斌 (2020). 因子投资：方法与实践. 北京：电子工业出版社.

20 译者注：假设数据服从正态分布，最高 10% 的中心点即 95% 分位点，处于均值右侧 1.65 个标准差。最低 10% 的中心点即 5% 分位点，处于均值左侧 1.65 个标准差。因此二者相差 3.3 个标准差。

去出现极端收益率（特别是更早之前出现极端收益率）的个股在未来更容易实现更高的收益率。换句话说，个股的历史已实现波动率与其未来收益率正相关[21]。

最后，图 3-1(c) 报告了 119 个滞后收益率三次幂的回归系数。这些系数大多为负，说明处于收益率分布左尾的历史收益率预示着更高的未来收益率，但另一方面这些系数也都很小。与平方项不同，收益率的三次幂几乎没有自相关性，这也意味着它们与图 3-1(a) 所展示的历史收益率相比，其累积影响相对较小。

图 3-1 所展示的系数估计揭示了如下两个资产价格数据的性质，它们能够帮助我们思考如何在资产定价领域应用机器学习方法。首先，数据中的信噪比非常低。虽然图 3-1 所汇报的有关收益率预测的系数估计与在传统资产定价文献中十分一致，但是从方差分解的角度说，收益率中可预测的部分仅占很小的一部分[22]。以上述收益率预测模型为例，滞后 12 个月中每个月收益率上升一个标准差则会预示 2% 左右的年化预测收益率，而经市场收益率调整后的个股收益率的年化标准差一般会达到甚至超过 40%，远超过 2%。其次，收益率和协变量之间的非线性关系相当微妙。尽管将历史收益率的平方和三次幂项作为预测变量只是粗糙地引入了非线性（这一做法忽视了不少其他类型的潜在非线性，例如

21 译者注：这里指的是个股自身在时序上的波动率聚类和它自己的未来收益率在时序上正相关。它和学术研究中发现的股票截面上低波动率异象（即对于给定时刻 t 的不同股票，波动率低的股票在未来的收益率更高）不同。

22 译者注：这一部分表述与时间序列分析中 Wald 分解十分类似，感兴趣的读者可以自行阅读 Hamilton (1994)。对于这一部分，我们将未来收益率分解为：$r_{t+1} = f(\boldsymbol{x}_t) + \varepsilon_{t+1}$，其中 ε_{t+1} 与 $f(\boldsymbol{x}_t)$ 无关。从信号分解的角度，$f(\boldsymbol{x}_t)$ 对于 r_{t+1} 的重要程度（信噪比）可以用 $\mathrm{var}(f(\boldsymbol{x}_t))/\ \mathrm{var}(\varepsilon_{t+1})$ 来衡量。

协变量之间的交互作用），但就这一估计结果而言，我们并没有发现较强的非线性关系。因此人们必须使用更先进的工具，以求研究非线性关系是否真实存在。

表 3-2 中汇总了模型的预测性能，其中所有数值都是年化后的结果[(1)]。表 3-2 的第二行展示了岭回归的相关情况。作为比较，表中第一行显示了 OLS 的估计结果。我们仅在此讨论模型在 R^2 方面的差异（第 (ii) 和 (iii) 列），本章稍后会讨论其他列的指标。列 (ii) 显示了基于训练数据计算的样本内 R^2。岭回归的样本内 R^2 大约是 OLS 样本内 R^2 的一半左右[23]。列 (iii) 汇总了留一（年）交叉验证法的 R^2，它反映出 OLS 在样本内取得的看似很好的拟合结果实际是源自对噪声的过度拟合：OLS 的交叉验证 R^2 为负，仅为 -1.18%。相比之下，岭回归的交叉验证 R^2 则大于零，取值为 0.84%。这个对比说明正则化对于在样本外取得好的预测性能十分重要。

上述 R^2 的结果再一次强调了股票收益率预测应用中数据的信噪比很低。尽管 1% 左右的交叉验证 R^2 代表了十分重要的经济意义（它反映出年化收益率中可预测部分的标准差大致为 4%）[24]，但可预测的部分仅占收益率总方差的很小一部分。

由于我们以最大化基于验证数据集计算的交叉验证 R^2 为目标来估

(1) 年化 R^2 可以通过月频 R^2 乘以 12 来近似。当可预测的部分仅占收益率总体波动的一小部分时，上述简化处理能够得到年化 R^2 的很好的近似值。

23 译者注：一般而言，收缩模型均以牺牲样本内表现为代价来换取更好的模型泛化效果。

24 译者注：前文提到经市场调整后股票收益率一般的年化标准差为 40% 左右，而这里年化 R^2 为 1%。因此，从标准差看为 $40\% \times \sqrt{1\%} = 4\%$。

表 3-2 通过滞后期收益率多项式进行收益率预测

方法	缩放比例	交叉验证依据	γ (i)	样本内 R^2 (ii)	交叉验证 R^2 (iii)	交叉验证投资组合收益率 r_p 均值 (iv)	交叉验证投资组合收益率 r_p 标准差 (v)	交叉验证投资组合收益率 r_p 夏普比率 (vi)
OLS	相同	不适用	0	5.22	−1.18	4.12	11.60	0.35
岭回归	相同	R^2	2.25	2.63	0.84	4.20	13.85	0.30
岭回归	不同	R^2	1.40	2.69	1.18	4.55	12.47	0.37
岭回归	不同	$\mathbb{E}[r_p]$	3.11	1.75	0.89	4.58	12.94	0.35
Lasso	不同	R^2	0.00028	3.55	0.84	4.25	11.79	0.36

计超参数 γ，表 3-2 中所汇报的交叉验证 R^2 并非是真正的样本外指标。基于测试数据集（既不用于估计也不用于选择超参数）而计算的真实样本内外 R^2 理应比交叉验证 R^2 低一些。在本章的后续部分，我们会讨论样本外 R^2。然而先抛开这个问题不说，另一个需要回答的问题是，在资产定价应用中根据 R^2 来评价预测性能或选择超参数是否合理？我们下面就来讨论这些问题。

3.2 预测性能评价

机器学习应用往往关注最小化预测误差的平方和。相应地，预测误差平方和或其函数，如 R^2，通常被用作评价预测性能的指标。因此，在预测股票收益率的应用中，我们尝试最小化个股收益率的预测误差似乎也合情合理。

但是，这一选择在资产定价领域却不一定是正确的。例如，在资产管理的过程中，人们最终的目的并不是预测个股收益率，而是构建一个能在样本外获得更高风险调整后收益的投资组合。类似地，当学者们研究风险溢价或者市场有效性时，令他们更感兴趣的是聚合了一组资产的投资组合的（而非个股的）风险收益性质。那些提供更加准确的个股收益率预测的模型（即更高的 R^2）未必会产生风险收益特征（例如夏普比率）更优的投资组合。因此，即使从表 3-2 中看来，岭回归比 OLS 回归有着更高的交叉验证 R^2，但是这并不意味着基于岭回归构造的投资组合在验证集上的表现一定会优于基于 OLS 估计构造的投资组合。

关于这一点，从表 3-2 的 (iv) 列中可以一窥端倪。我们以模型预测收益率作为投资权重构建投资组合，并将该投资组合的年化交叉验证收益率均值汇总在列 (iv) 中。在验证集中的每个月份 t，按如下公式计算股票的权重

$$\hat{\boldsymbol{\omega}}_{t-1} = \frac{1}{\sum_{i=1}^{N} |\hat{\mu}_{i,t-1}|} \hat{\boldsymbol{\mu}}_{t-1}, \tag{3-3}$$

即投资权重正比于通过训练集数据得到的模型所给出的预测收益率向量 $\hat{\boldsymbol{\mu}}_{t-1}$。向量 $\hat{\boldsymbol{\mu}}_{t-1}$ 中同时存在正的和负的元素，正数即代表在相应个股上的多头头寸，负数即代表在相应个股上的空头头寸，并且这些元素之和为零[25]。在式 (3-3) 中通过分母中的求和项对权重进行标准化，确保了投资组合中多头和空头的绝对头寸各占资金量的一半。与计算交叉验证 R^2 类似，我们这里依旧使用留一（年）法交叉验证，但取而代之计算投资组合的收益率 $r_{p,t} = \hat{\boldsymbol{\omega}}'_{t-1}\boldsymbol{r}_t$，而非 R^2。通过在时序上取平均[26]，便

25 译者注：由于原著将自变量和因变量均进行了截面去均值处理，因此预测值的均值为零。此外，这里的投资组合为多空对冲投资组合，类似于 Fama and French (1993) 中的 Small-Minus-Big 和 High-Minus-Low 组合。

26 译者注：即把不同验证集上的收益率取平均。

得到了交叉验证投资组合收益率均值。但需要说明的是，在上述过程中，我们依然沿用以最大化交叉验证 R^2 为目标的方式来确定超参数 γ。

正如在列 (iv) 之中看到的，基于岭回归估计所构造的投资组合的交叉验证收益率均值是 4.20%（第二行），略高于基于 OLS 估计对应的结果 4.12%（第一行）。但是，鉴于这两个模型在交叉验证 R^2 上的巨大差异，它们在平均收益率上的差异却出奇得小。换而言之，虽然 OLS 的交叉验证 R^2 为负，但是基于 OLS 回归所构建的投资组合依旧能够在验证集上获得较高的收益率均值。更让人惊讶的是，从列 (v) 中我们可以看到基于 OLS 构建的投资组合在交叉验证数据集上竟然相对岭回归模型有着更低的标准差。因此，基于 OLS 模型所构建的投资组合比基于岭回归模型构造的投资组合有着更高的夏普比率（夏普比率是超额收益率均值与标准差之比）。

为了理解上述代表预测性能的 R^2 和投资组合风险收益特征之间的背离，我们现在以 OLS 回归为例，以求厘清决定相应指标的因素。在下一节中，我们将考查正则化对于这些指标的影响，并进而回答它是否会改变我们在进行超参数调优时应采取的做法。

考虑每一期 N 支股票的收益率服从以下数据生成过程：

$$\begin{aligned} \boldsymbol{r}_t &= \boldsymbol{\mu} + \boldsymbol{\varepsilon}_t, \\ \boldsymbol{\mu} &= \boldsymbol{X}\boldsymbol{g}. \end{aligned} \tag{3-4}$$

式中，$\boldsymbol{r}_t$ 是第 t 期 $N \times 1$ 维收益率向量，$\boldsymbol{X}$ 是 $N \times K$ 维预测变量矩阵，$\boldsymbol{\varepsilon}_t$ 是一个包含 N 个满足独立同分布随机扰动的向量，其协方差矩阵为对角阵 $\boldsymbol{\Sigma} = \boldsymbol{I}_N\sigma^2$。由于我们聚焦于股票收益率的截面差异，因此

假设 $\boldsymbol{r}_t$ 是经市场调整后的收益率，即个股相对于某个市场指数的超额收益率[(2)]。

下面，通过 OLS 将 $t=1$ 到 $t=\tau$ 期的平均收益率 $\bar{\boldsymbol{r}}=\frac{1}{\tau}\sum_{t=1}^{\tau}\boldsymbol{r}_t$ 对含有 K 个协变量的 $\boldsymbol{X}$ 回归，来估计一个收益率预测模型。该模型产生的收益率预测值为 $\hat{\boldsymbol{\mu}}=\boldsymbol{X}(\boldsymbol{X}'\boldsymbol{X})^{-1}\boldsymbol{X}'\bar{\boldsymbol{r}}$，它可以被进一步分解为[27]

$$\hat{\boldsymbol{\mu}}=\boldsymbol{\mu}+\boldsymbol{u},\quad \boldsymbol{u}=\boldsymbol{X}(\boldsymbol{X}'\boldsymbol{X})^{-1}\boldsymbol{X}'\bar{\varepsilon},\tag{3-5}$$

其中 $\bar{\varepsilon}=\frac{1}{\tau}\sum_{t=1}^{\tau}\varepsilon_t$。此外 $\mathbb{E}[\boldsymbol{u}]=\boldsymbol{0}$ 且 $\mathbb{E}[\boldsymbol{u}\boldsymbol{u}']=\frac{1}{\tau}\boldsymbol{X}(\boldsymbol{X}'\boldsymbol{X})^{-1}\boldsymbol{X}'\sigma^2$。[28]

接下来，利用 $t=\tau+1$ 到 $t=T$ 期的验证集数据计算样本外[29] R^2。

(2) 与前述利用历史收益率作为预测变量的实证例子不同，我们在式 (3-4) 的模型中不失一般性地假设预测变量 $\boldsymbol{X}$ 不随时间变化。为了理解这个假设，最简单的例子是考虑只有一个预测变量并且它的取值被转换为其相对排序的情况。这时，我们仅需在每个时刻 t 将该预测变量向量和对应的收益率向量 $\boldsymbol{r}_t$ 中的元素重新排序，使得预测变量向量不随时间变化。但是需要强调的是，如果除预测变量的排序外，预测变量本身的取值也能够改变预期收益率的估计，即哪怕对预测变量进行了重新排序后 $\boldsymbol{\mu}_{t-1}=\boldsymbol{X}_{t-1}\boldsymbol{g}$ 依然是时变的，那么 $\boldsymbol{X}$ 不随时间变化这一假设便不再合适。

27 译者注：$\hat{\boldsymbol{\mu}}$ 来自 OLS 估计。对 $\boldsymbol{r}_t=\boldsymbol{\mu}+\boldsymbol{\varepsilon}_t$ 在时序上取均值有 $\bar{\boldsymbol{r}}=\boldsymbol{\mu}+\bar{\boldsymbol{\varepsilon}}=\boldsymbol{X}\boldsymbol{g}+\bar{\boldsymbol{\varepsilon}}$。将其代入 $\hat{\boldsymbol{\mu}}=\boldsymbol{X}(\boldsymbol{X}'\boldsymbol{X})^{-1}\boldsymbol{X}'\bar{\boldsymbol{r}}$ 可得

$$\begin{aligned}\hat{\boldsymbol{\mu}}&=\boldsymbol{X}(\boldsymbol{X}'\boldsymbol{X})^{-1}\boldsymbol{X}'(\boldsymbol{X}\boldsymbol{g}+\bar{\varepsilon})\\&=\boldsymbol{X}(\boldsymbol{X}'\boldsymbol{X})^{-1}\boldsymbol{X}'\boldsymbol{X}\boldsymbol{g}+\boldsymbol{X}(\boldsymbol{X}'\boldsymbol{X})^{-1}\boldsymbol{X}'\bar{\varepsilon}\\&=\boldsymbol{\mu}+\boldsymbol{u}.\end{aligned}$$

28 译者注：

$$\begin{aligned}\mathbb{E}[\boldsymbol{u}]&=\boldsymbol{X}(\boldsymbol{X}'\boldsymbol{X})^{-1}\boldsymbol{X}'\mathbb{E}[\bar{\boldsymbol{\varepsilon}}]\\&=\boldsymbol{X}(\boldsymbol{X}'\boldsymbol{X})^{-1}\boldsymbol{X}'\boldsymbol{0}\\&=\boldsymbol{0},\\ \mathbb{E}[\boldsymbol{u}\boldsymbol{u}']&=\boldsymbol{X}(\boldsymbol{X}'\boldsymbol{X})^{-1}\boldsymbol{X}'\mathbb{E}[\bar{\varepsilon}\bar{\varepsilon}']\boldsymbol{X}(\boldsymbol{X}'\boldsymbol{X})^{-1}\boldsymbol{X}'\\&=\frac{1}{\tau}\boldsymbol{X}(\boldsymbol{X}'\boldsymbol{X})^{-1}\boldsymbol{X}'\sigma^2\boldsymbol{I}_N\boldsymbol{X}(\boldsymbol{X}'\boldsymbol{X})^{-1}\boldsymbol{X}'\\&=\frac{\sigma^2}{\tau}\boldsymbol{X}(\boldsymbol{X}'\boldsymbol{X})^{-1}\boldsymbol{X}'.\end{aligned}$$

29 译者注：由于原著此处使用 OLS 进行分析，不涉及像岭回归一样需要进行超参数调优的问题，因

在验证集上，平均总收益率和平均扰动分别为

$$\bar{\boldsymbol{r}}_\nu = \frac{1}{T-\tau}\sum_{t=\tau+1}^{T}\boldsymbol{r}_t, \quad \bar{\boldsymbol{\varepsilon}}_\nu = \frac{1}{T-\tau}\sum_{t=\tau+1}^{T}\boldsymbol{\varepsilon}_t, \tag{3-6}$$

我们进而有 $\bar{\boldsymbol{r}}_\nu = \boldsymbol{\mu} + \bar{\boldsymbol{\varepsilon}}_\nu$，且预测误差为 $\bar{\boldsymbol{r}}_\nu - \hat{\boldsymbol{\mu}} = \boldsymbol{\mu} + \bar{\boldsymbol{\varepsilon}}_\nu - \hat{\boldsymbol{\mu}} = \bar{\boldsymbol{\varepsilon}}_\nu - \boldsymbol{u}$。因此，样本外 R^2 为

$$\begin{aligned} R^2_{\text{OOS}} &= 1 - \frac{(\bar{\boldsymbol{\varepsilon}}_\nu - \boldsymbol{u})'(\bar{\boldsymbol{\varepsilon}}_\nu - \boldsymbol{u})}{(\bar{\boldsymbol{\varepsilon}}_\nu + \boldsymbol{\mu})'(\bar{\boldsymbol{\varepsilon}}_\nu + \boldsymbol{\mu})} \\ &\approx 1 - \frac{\frac{1}{T-\tau}\sigma^2}{\frac{1}{N}\boldsymbol{\mu}'\boldsymbol{\mu} + \frac{1}{T-\tau}\sigma^2} - \frac{\frac{1}{\tau}\sigma^2}{\frac{1}{N}\boldsymbol{\mu}'\boldsymbol{\mu} + \frac{1}{T-\tau}\sigma^2}. \end{aligned} \tag{3-7}$$

在以上第二行的近似中我们直接将 $(1/N)\bar{\boldsymbol{\varepsilon}}_\nu'\boldsymbol{u}$、$(1/N)\boldsymbol{u}'\boldsymbol{u}$ 和 $(1/N)\bar{\boldsymbol{\varepsilon}}_\nu'\bar{\boldsymbol{\varepsilon}}_\nu$ 替换为它们的期望值[30]。我们会在本章中反复使用这一近似技巧。

考查式 (3-7) 可发现，由估计误差引起的第三项会对样本外 R^2 产生负面影响，即估计误差越大则样本外 R^2 越小。随着在估计过程中使用的数据增多，这一误差项将趋向于零。但是如果我们仅使用非常少的数据进行估计（τ 很小），则较大的估计误差会很容易造成样本外 R^2 为负，哪怕样本内的 R^2 始终为正。

相对于 R^2，投资者和金融经济学家更关心通过充分利用预期收益率截面差异而构造的投资组合的收益率。下面考虑一个类似于式 (3-3) 所示的投资权重，但此时我们使用了一个不同的缩放系数：

$$\hat{\boldsymbol{\omega}} = \frac{1}{\sqrt{\hat{\boldsymbol{\mu}}'\hat{\boldsymbol{\mu}}}}\hat{\boldsymbol{\mu}}. \tag{3-8}$$

此验证集的数据较用于估计参数 $\boldsymbol{g}$ 的数据来说就是样本外数据。故而，原著中通过训练集数据计算样本外 R^2 的陈述是准确的。

30 译者注：根据大数定理。

这里采用 $1/\sqrt{\hat{\boldsymbol{\mu}}'\hat{\boldsymbol{\mu}}}$ 进行标准化确保了所有股票权重的平方和为 1，因而权重的大小是可解释的。就我们接下来要进行的计算而言，上述处理方法比式 (3-3) 中通过权重绝对值之和进行标准化更加方便，不过在这种计算方式下多空头寸不再严格相等。

鉴于我们假设收益率在截面上是不相关的[31]，均值–方差有效投资组合（即实现最大夏普比率的组合[32]）中股票的权重与它们的预期收益率成正比[(3)]。因此，在这个特殊的情况下，投资权重 $\hat{\boldsymbol{\omega}}$ 同时代表了均值–方差有效投资组合中股票的权重的估计。

根据权重 $\hat{\boldsymbol{\omega}}$ 构建的投资组合的样本外（即 $t > \tau$）单期收益率的期望和方差分别为[33]

$$\mathbb{E}[\hat{\boldsymbol{\omega}}'\bar{\boldsymbol{r}}_\nu \mid \hat{\boldsymbol{\omega}}] \approx \frac{\boldsymbol{\mu}'\boldsymbol{\mu}}{\sqrt{\boldsymbol{\mu}'\boldsymbol{\mu} + \frac{N}{\tau}\sigma^2}}, \quad \operatorname{var}(\hat{\boldsymbol{\omega}}'\bar{\boldsymbol{r}}_\nu \mid \hat{\boldsymbol{\omega}}) = \frac{1}{T-\tau}\sigma^2. \tag{3-9}$$

因此，验证集中夏普比率的平方为

$$\frac{(\mathbb{E}[\hat{\boldsymbol{\omega}}'\bar{\boldsymbol{r}}_\nu \mid \hat{\boldsymbol{\omega}}])^2}{\operatorname{var}(\hat{\boldsymbol{\omega}}'\bar{\boldsymbol{r}}_\nu \mid \hat{\boldsymbol{\omega}})} \approx \left(\frac{T-\tau}{\sigma^2}\right)\frac{(\boldsymbol{\mu}'\boldsymbol{\mu})^2}{\boldsymbol{\mu}'\boldsymbol{\mu} + \frac{N}{\tau}\sigma^2}. \tag{3-10}$$

在这里，由于我们假设了扰动项的协方差矩阵为对角阵，因此夏普比率的平方近似地正比于式 (3-9) 所示的投资组合预期收益率的平方。所以，我们可以将讨论的重点放在式 (3-9) 中的预期收益率上。

---

(3) 在均值–方差有效投资组合中，资产的权重正比于 $\boldsymbol{\Sigma}^{-1}\boldsymbol{\mu}$。如果我们对权重进行缩放使得它们的平方和等于 1，则权重变为 $\frac{1}{\sqrt{\boldsymbol{\mu}'\boldsymbol{\Sigma}^{-2}\boldsymbol{\mu}}}\boldsymbol{\Sigma}^{-1}\boldsymbol{\mu}$。该投资组合即为最大夏普比率（即投资组合预期超额收益率和收益率标准差之比）的投资组合。在本书中，我们将反复谈论这个特殊的投资组合。

31 译者注：由关于收益率数据生成过程的假设 (3-4) 可知，股票单期收益率的不确定性由满足独立同分布的 $\boldsymbol{\varepsilon}_t$ 决定，因此收益率在截面上是不相关的。

32 译者注：更确切地说应该是最大化夏普比率平方的投资组合，见后文及 Kozak, Nagel, and Santosh (2018)。

33 译者注：式 (3-9) 的推导步骤见附录 A。

对比式 (3-7) 和式 (3-9) 可知，和样本外 R^2 一样，投资组合的预期收益率也会受到估计误差的负向影响：预期收益率会随训练集数据量 τ 而增大。这背后的原因是，如果我们仅使用少量数据进行估计，估计误差将会变大，因此用于构建投资组合的 $\hat{\boldsymbol{\mu}}$ 相对于真实的 $\boldsymbol{\mu}$ 有着更高的噪声。这会导致 $\hat{\boldsymbol{\mu}}$ 中元素的绝对值变大。因此，投资组合权重 (3-8) 中的分母 $\sqrt{\hat{\boldsymbol{\mu}}'\hat{\boldsymbol{\mu}}}$ 将变大[34]，进而降低投资组合的预期收益率。其背后的经济学直觉是：当给定了投资组合中多头和空头上的仓位之后，更高的噪声意味着我们将其中的部分仓位用于针对噪声信息（而非真实收益率信号）来进行交易[(4)]。

基于以上分析，一个看上去合情合理的观点是，既然 R^2 和投资组合的预期收益率都会被估计误差减弱，因此 R^2 是一个可以用于评价投资表现的优良指标。但是，一旦我们不再假设 $\boldsymbol{\Sigma} = \boldsymbol{I}_N\sigma^2$，[35]以上观点便可能不再成立。在这种情况下，相较于 R^2，投资组合的夏普比率更加依赖于 $\boldsymbol{\Sigma}$ 的性质。

但是，即使我们暂且不谈 $\boldsymbol{\Sigma}$ 对 R^2 和夏普比率的影响，它们二者还是可能由于其他原因而在模型评估中给出相互矛盾的结论。如表 3-2 中的结果所示，带有正则项的岭回归比起不带正则项的 OLS 来说会对交叉验证 R^2 产生很大的影响，然而施加正则化对平均收益率的提高却很有限。有鉴于此，我们想问：首先，正则化如何影响了这两个预测性能评

(4) 如果我们在前期不对权重进行标准化，而直接采用 $\hat{\boldsymbol{\mu}}$ 作为资产权重，则该投资组合的预期收益率不会受到估计误差的影响，但是其方差将会变得更高，因此夏普比率的平方依然会降低。

34 译者注：原著中此处为 $1/\sqrt{\hat{\boldsymbol{\mu}}'\hat{\boldsymbol{\mu}}}$，是一处勘误。

35 译者注：中文计量经济学文献称之为球形假设。

价指标？其次，能否在资产定价领域直接使用机器学习中现成的正则化手段？一般而言，罚超参数调优的目标是为了最大化交叉验证集的 R^2。但是，改进 R^2 并不一定意味着同样改进了投资组合的表现。出于这个原因，我们接下来首先讨论正则化如何影响投资组合的表现，然后再去研究当 $\boldsymbol{\Sigma}$ 为非对角阵[36]时会产生什么样的结果。

3.3 正则化与投资表现

本节讨论正则化对于基于验证数据集所计算样本外 R^2 和投资组合表现的影响。与上文一致，我们使用岭回归作为例子进行分析，但从分析中获得的经验也可以拓展到诸如 Lasso 等其他形式的罚回归中。

假设我们通过岭回归估计式 (3-4) 中的参数 $\boldsymbol{g}$

$$\hat{\boldsymbol{g}} = (\boldsymbol{X}'\boldsymbol{X} + \gamma \boldsymbol{I}_K)^{-1}\boldsymbol{X}'\bar{\boldsymbol{r}}. \tag{3-11}$$

这时，如果 $\gamma > 0$，那么正则化将通过使参数向零收缩的形式作用于估计中[37]。进一步假设 $\boldsymbol{X}'\boldsymbol{X} = \boldsymbol{I}_K$（例如，我们前期处理数据时将协变量进行了正交化处理）。则式 (3-11) 简化为

$$\hat{\boldsymbol{g}} = \frac{1}{1+\gamma}\boldsymbol{X}'\bar{\boldsymbol{r}}, \tag{3-12}$$

36 译者注：即协方差矩阵 $\boldsymbol{\Sigma}$ 满足非球型扰动项假设。

37 译者注：当 $\gamma = 0$ 时，岭回归将退化为 OLS。

并且[38]

$$\hat{\boldsymbol{\mu}} = \boldsymbol{X}\hat{\boldsymbol{g}} = \frac{1}{1+\gamma}\boldsymbol{X}\boldsymbol{X}'\bar{\boldsymbol{r}} = \frac{1}{1+\gamma}\boldsymbol{\mu} + \frac{1}{1+\gamma}\boldsymbol{u}, \tag{3-13}$$

其中

$$\boldsymbol{u} = \boldsymbol{X}\boldsymbol{X}'\bar{\boldsymbol{\varepsilon}}. \tag{3-14}$$

由于正则化产生的收缩作用，此时基于验证数据集计算的 R^2 是在式 (3-7) 的基础上的一个改进

$$\begin{aligned} R^2_{\text{OOS}} \approx & 1 - \frac{\frac{1}{T-\tau}\sigma^2}{\frac{1}{N}\boldsymbol{\mu}'\boldsymbol{\mu} + \frac{1}{T-\tau}\sigma^2} - \left(\frac{\gamma^2}{(1+\gamma)^2}\right)\frac{\frac{1}{N}\boldsymbol{\mu}'\boldsymbol{\mu}}{\frac{1}{N}\boldsymbol{\mu}'\boldsymbol{\mu} + \frac{1}{T-\tau}\sigma^2} \\ & - \left(\frac{1}{(1+\gamma)^2}\right)\frac{\frac{1}{\tau}\sigma^2}{\frac{1}{N}\boldsymbol{\mu}'\boldsymbol{\mu} + \frac{1}{T-\tau}\sigma^2}. \end{aligned} \tag{3-15}$$

我们可以利用式 (3-15) 来讨论收缩作用如何影响样本外 R^2。式中的最后一项源自估计误差，它对 R^2 的影响是负面的。但是 $\gamma > 0$ 所导致的收缩作用削弱了这一项的影响，从而提升了样本外 R^2。然而另一方面，正则项的存在使得 $\hat{\boldsymbol{\mu}}$ 与真实 $\boldsymbol{\mu}$ 之间出现偏差，从而导致了式 (3-15) 中的第二项。更强的正则化作用会加剧第二项的影响，进而降低样本外 R^2。正则项对于 R^2_{OOS} 的综合影响（提升或降低）取决于 γ、$\frac{1}{N}\boldsymbol{\mu}'\boldsymbol{\mu}$ 和 $\frac{1}{\tau}\sigma^2$ 的大小。噪声方差 $\frac{1}{\tau}\sigma^2$ 相对于信号方差 $\frac{1}{N}\boldsymbol{\mu}'\boldsymbol{\mu}$ 越大，以最大化 R^2_{OOS} 为目标所得到的最优罚参数 γ 也越大。

38 译者注：式 (3-13) 的推导为

$$\begin{aligned} \boldsymbol{X}\boldsymbol{X}'\bar{\boldsymbol{r}} &= \boldsymbol{X}\boldsymbol{X}'(\boldsymbol{\mu} + \bar{\boldsymbol{\varepsilon}}) \\ &= \boldsymbol{X}\boldsymbol{X}'(\boldsymbol{X}\boldsymbol{g} + \bar{\boldsymbol{\varepsilon}}) \\ &= \boldsymbol{X}\underbrace{\boldsymbol{X}'\boldsymbol{X}}_{\boldsymbol{I}_K}\boldsymbol{g} + \boldsymbol{X}\boldsymbol{X}'\bar{\boldsymbol{\varepsilon}} \\ &= \boldsymbol{X}\boldsymbol{g} + \boldsymbol{u} \\ &= \boldsymbol{\mu} + \boldsymbol{u}. \end{aligned}$$

但是，投资者可能并不会直接关注样本外 R^2。对于使用 $\hat{\boldsymbol{\mu}}$ 且依照式 (3-8) 所构造的投资组合来说，正则项如何影响它在样本外的投资表现呢？从式 (3-13) 可见，正则化后的 $\hat{\boldsymbol{\mu}}$ 相当于没有正则化的 $\hat{\boldsymbol{\mu}}$ 直接乘以常数 $1/(1+\gamma)$，因此对投资组合权重 $\hat{\boldsymbol{\omega}} = \frac{1}{\sqrt{\hat{\boldsymbol{\mu}}'\hat{\boldsymbol{\mu}}}}\hat{\boldsymbol{\mu}}$ 而言没有任何影响。所以，该投资组合的预期收益率、方差以及夏普比率的平方均不会有任何改变[5]。这是一个很重要的结论：即便样本外 R^2 提升了，也无法保证投资组合在样本外的表现同样会提升。

即便是在回归扰动项相互独立这一简单假设下，样本外 R^2 的提升也不一定能带来投资组合表现的提升。因此，样本外 R^2 与投资组合表现表现之间的分歧不仅仅是因为样本外 R^2 在度量预测性能时忽视了预测误差之间的协方差所致。事实上，对于一个一般的协方差矩阵 $\boldsymbol{\Sigma}$，样本外 R^2 与投资组合表现依旧会有差异。这时，均值–方差有效投资组合中资产的权重为 $\hat{\boldsymbol{\omega}} = \frac{1}{\sqrt{\hat{\boldsymbol{\mu}}'\boldsymbol{\Sigma}^{-2}\hat{\boldsymbol{\mu}}}}\boldsymbol{\Sigma}^{-1}\hat{\boldsymbol{\mu}}$。通过收缩将 $\hat{\boldsymbol{\mu}}$ 乘以一个常数并不会改变 $\hat{\boldsymbol{\omega}}$ 本身，因而不会影响投资组合的风险收益特征指标。

以上分析能够帮助我们理解为什么表 3-2 中 OLS 和岭回归的交叉验证 R^2 存在巨大差异，但是二者投资组合的风险收益特征的差异却不大。我们在上述分析中使用了标准化后的协变量，这也意味着这些协变量不存在异方差的问题。此外，协变量之间也不存在很高的相关性。这代表着，在表 3-2 所考虑的实证设定中，$\boldsymbol{X}'\boldsymbol{X}$ 近似地正比于单位矩阵——正如我们在本节的分析中所使用的假设那样。在这种情况下，岭回归对

(5) 如果我们使用未经标准化的权重，$\hat{\boldsymbol{\omega}} = \hat{\boldsymbol{\mu}}$，该投资组合的预期收益率和标准差都会下降同样的幅度，因此夏普比率的平方依然不会改变。

所有参数的收缩程度大体一样。这么做虽然能改善 R^2 但是却并不会改善投资组合的预期收益率以及夏普比率。为了使正则化能够对改进投资组合表现切实发挥作用，对于参数估计的收缩应该以一种更微妙的方式进行，而非仅仅对所有参数采用同一个收缩比例。在我们考虑的情况下，即 $\boldsymbol{X}'\boldsymbol{X}=\boldsymbol{I}_K$，收缩虽然降低了估计误差在资产权重中的比例，但是也按同一程度降低了真实预期收益率信号在资产权重中的比例。

为了使参数收缩能真正改进投资组合的表现，$\boldsymbol{X}'\boldsymbol{X}$ 需满足的条件是它与单位矩阵不成正比。现在考虑如下的情况

$$\boldsymbol{X}=\boldsymbol{Q}_K\boldsymbol{\Lambda}_K^{\frac{1}{2}} \tag{3-16}$$

其中 $\boldsymbol{Q}_K$ 是 $N\times K$ 维矩阵，$\boldsymbol{\Lambda}_K$ 是以 λ_j 为对角线元素的对角阵。为了保持数学符号的简洁性，我们仍然假设预测变量已经被正交化处理，但是允许它们在截面上有不同的标准差。在这个设定下，$\boldsymbol{Q}_K$ 是正交阵，即 $\boldsymbol{Q}'_K\boldsymbol{Q}_K=\boldsymbol{I}_K$，但是 $\boldsymbol{X}'\boldsymbol{X}=\boldsymbol{\Lambda}_K$，因此 $\boldsymbol{\Lambda}_K$ 的对角线元素决定了相应协变量在截面上的方差。与 $\boldsymbol{X}'\boldsymbol{X}=\boldsymbol{I}_K$ 的情况不同，我们现在考虑了输入协变量存在异方差的情况。

此时，OLS 估计量以及收益率预测值分别为 $\hat{\boldsymbol{g}}_{\mathrm{OLS}}=\boldsymbol{\Lambda}_K^{-\frac{1}{2}}\boldsymbol{Q}'_K\bar{\boldsymbol{r}}$ 以及 $\hat{\boldsymbol{\mu}}_{\mathrm{OLS}}=\boldsymbol{X}\hat{\boldsymbol{g}}_{\mathrm{OLS}}$。而通过岭回归得到的收益率预测值为

$$\begin{aligned}\hat{\boldsymbol{\mu}}&=\boldsymbol{X}(\boldsymbol{\Lambda}_K+\gamma\boldsymbol{I}_K)^{-1}\boldsymbol{\Lambda}_K^{\frac{1}{2}}\boldsymbol{Q}'_K\bar{\boldsymbol{r}}\\&=\boldsymbol{X}\left(\boldsymbol{I}_K+\gamma\boldsymbol{\Lambda}_K^{-1}\right)^{-1}\hat{\boldsymbol{g}}_{\mathrm{OLS}}.\end{aligned} \tag{3-17}$$

和 $\hat{\boldsymbol{\mu}}_{\mathrm{OLS}}$ 相比，岭回归（当 $\gamma>0$ 时）对不同的协变量参数施加了不同程度的收缩，其大小取决于 $\boldsymbol{Q}_K$ 第 j 列所对应的 λ_j。[39]对那些截面方差较

39 译者注：作者对 $\boldsymbol{X}'\boldsymbol{X}$ 进行了特征分解，因此 $\boldsymbol{Q}$ 和 $\boldsymbol{\Lambda}$ 分别对应了矩阵 $\boldsymbol{X}'\boldsymbol{X}$ 的特征向量和特征

小（对应的 λ_j 较小）的预测变量来说，它们在矩阵 $\boldsymbol{\Lambda}_K^{-1}$ 中相应的元素更大。因此，与那些方差较大（对应的 λ_j 较大）的预测变量相比，这些变量的参数将会受到更大程度的收缩。由于它们自身的截面变化较小，因而它们对预期收益率的影响难以被估计。因此，给予它们更大程度的收缩或许是有益的，因为它们贡献了很多的估计误差。一旦降低估计误差所带来的好处胜过因削弱该协变量所包含的预测信息而造成的损失，那么参数收缩就能够提高投资组合的表现。

在当前假设的情况下，由于所有参数并非被按照同一比例缩放，因此收缩也许能够提高验证集上的夏普比率。再次假设 $\boldsymbol{\Sigma} = \boldsymbol{I}_N\sigma^2$ 并以 $\hat{\boldsymbol{\omega}} = \frac{1}{\sqrt{\hat{\boldsymbol{\mu}}'\hat{\boldsymbol{\mu}}}}\hat{\boldsymbol{\mu}}$ 作为权重，该投资组合的预期收益率和方差分别为[40]

$$\mathbb{E}[\hat{\boldsymbol{w}}'\bar{\boldsymbol{r}}_\nu \mid \hat{\boldsymbol{w}}] \approx \frac{\boldsymbol{g}'\boldsymbol{\Lambda}_K\left(\boldsymbol{I}_K+\gamma\boldsymbol{\Lambda}_K^{-1}\right)^{-1}\boldsymbol{g}}{\sqrt{\boldsymbol{g}'\boldsymbol{\Lambda}_K\left(\boldsymbol{I}_K+\gamma\boldsymbol{\Lambda}_K^{-1}\right)^{-2}\boldsymbol{g}+\frac{1}{\tau}\sigma^2\operatorname{tr}\left(\left(\boldsymbol{I}_K+\gamma\boldsymbol{\Lambda}_K^{-1}\right)^{-2}\right)}},$$

$$\operatorname{var}(\hat{\boldsymbol{w}}'\bar{\boldsymbol{r}}_\nu \mid \hat{\boldsymbol{w}}) = \frac{1}{T-\tau}\sigma^2. \tag{3-18}$$

我们也可以将以上预期收益率改写为[41]

$$\mathbb{E}[\hat{\boldsymbol{w}}'\bar{\boldsymbol{r}}_\nu \mid \hat{\boldsymbol{w}}] \approx \frac{\sum_{j=1}^K \frac{g_j^2\lambda_j}{1+\gamma\lambda_j^{-1}}}{\sqrt{\sum_{j=1}^K \frac{g_j^2\lambda_j}{\left(1+\gamma\lambda_j^{-1}\right)^2}+\frac{1}{\tau}\sigma^2\sum_{j=1}^K\frac{1}{\left(1+\gamma\lambda_j^{-1}\right)^2}}}. \tag{3-19}$$

上式分母中的第二项反映了估计误差的影响[42]。当 $\gamma > 0$ 时，正则化通过收缩降低了这一项的影响。然而，正则化同样会收缩式 (3-19) 的分子。究

值。

40 译者注：式 (3-18) 的推导步骤见附录 A。

41 译者注：式 (3-19) 的推导只使用了 $\boldsymbol{\Lambda}_K$ 以及 $\boldsymbol{I}_K + \gamma\boldsymbol{\Lambda}_K^{-1}$ 是对角阵的性质，读者可自行推导。

42 译者注：这一项的来源是 $\boldsymbol{u}$。此外，由于正则项并不影响方差，如式 (3-18) 所示，因此分析预期收益率等同于分析夏普比率。

竟参数收缩对于预期收益率的影响是改善还是削弱最终取决于 $\boldsymbol{g}$ 和 $\boldsymbol{\Lambda}_K$ 的性质。当某些 λ_j 非常小的时候，增大 γ 会进一步降低分母中预测误差项的大小[43]。这是由于对那些 λ_j 很小的协变量来说，岭回归会将它们对应的系数施以最大程度的收缩，从而降低估计误差。不过随之而来的代价是损失了分子中所包含的一部分预测信息。但是，如果 $g_j^2\lambda_j$（与该协变量相关的可预测收益率成分的方差）比较小，那么代价也并不会很大。在这种情况下，以很少的预测信息的损失换来因估计误差降低而带来的好处是值得的。

由于投资组合收益率的方差不会受到参数收缩的影响，因此预期收益率的任何改进皆能转化为夏普比率的提升。所以，在股票收益率满足在截面上同方差和不相关且协变量相互正交的设定下，如果想通过正则化来获得相对于 OLS 而言更好的投资组合表现，协变量的截面方差则必须不同。只有在这个情况下岭回归才会对不同的回归系数施以不同程度的收缩，进而改进投资组合的风险收益特征。

更一般地说，只要不同预测变量对于预期收益率和估计误差的贡献存在异质性，岭回归便能改进投资组合的表现。不过，我们尚未就如此的异质性如何影响投资组合的风险展开讨论。若要想改进投资表现，参数收缩对不利因素（如估计误差，风险）的影响程度必须高于它对有利因素（如预期收益率）的影响程度。

对于 Lasso 而言，我们也可以得到类似的结论。但是当使用 Lasso 时，真实参数 g_j 取值高低的差异性是正则化能够影响投资组合表现的另

43 译者注：在这种时候 OLS 的满秩条件往往无法满足，因此估计误差会非常大。

一个原因。即使协变量满足截面同方差假设，对于那些 OLS 估计系数接近零的协变量，Lasso 仍然会将它们的系数直接估计为零（回顾 2.2.1 节中讨论的 Lasso 收缩）。因此，真实参数 g_j 本身的异质性会导致 Lasso 对不同协变量施加不同程度的收缩，从而改进投资组合表现。

再回到岭回归的情况，截止到目前的分析依然不能给我们足够的指引。某些协变量的截面方差低于其他协变量，这到底意味着什么？在典型的资产定价应用中，我们可以任意地对预测变量进行尺度缩放[44]。比如，预测变量通常被转化为排序分位数，亦或者会被标准化使其截面上的标准差为 1。我们在表 3-2 的收益率预测回归问题中正是预先对预测变量进行了方差标准化。标准化后，每个预测变量的截面方差均一样。如果预测变量还进一步满足在截面上是不相关的，那么岭回归将会对所有协变量的参数施以同等程度的收缩，因而对于投资组合的夏普比率不会有任何影响。但是，为什么要选择将所有协变量标准化到同方差的缩放方式，而不是别的什么方式呢？

通常，岭回归和 Lasso 回归的统计工具包会默认在进行估计之前先对变量进行标准化处理。我们上述的讨论说明，这个数据预处理步骤并非是百分之百合理的，因为这一标准化过程会影响正则化对参数的收缩。如果协变量的二阶矩矩阵是对角阵[45]，那么一旦对协变量进行了标准化，则无论是否在 OLS 的基础上施加正则化都不会影响投资组合的风险收益特征。由此可见，标准化的具体方式能够对估计结果产生实质性的影响。

44 译者注：因此其截面方差具有随意性。

45 译者注：即如果输入变量之间是不相关的。

更一般而言，一旦对协变量进行尺度缩放，岭回归的结果以及基于该结果的投资组合构造均会发生变化。在不改变资产预期收益率的前提下，我们依然可以通过改变式 (3-16) 中的协变量和系数，使得岭回归结果发生变化。比如，在前面的例子中，如果将回归系数重新定义为 $\boldsymbol{\Lambda}_K^{\frac{1}{2}}\boldsymbol{g}$、将协变量重新定义为 $\boldsymbol{X}\boldsymbol{\Lambda}_K^{-\frac{1}{2}}=\boldsymbol{Q}_K$，则岭回归产生的收益率预测值变为

$$\hat{\boldsymbol{\mu}}=\boldsymbol{Q}_K\left(\boldsymbol{I}_K+\gamma\boldsymbol{I}_K\right)^{-1}\boldsymbol{Q}_K'\bar{\boldsymbol{r}}=\frac{1}{1+\gamma}\boldsymbol{X}\hat{\boldsymbol{g}}_{\mathrm{OLS}}, \tag{3-20}$$

其中 $\hat{\boldsymbol{g}}_{\mathrm{OLS}}=\boldsymbol{\Lambda}_K^{-\frac{1}{2}}\boldsymbol{Q}_K'\bar{\boldsymbol{r}}$ 是将 $\bar{\boldsymbol{r}}$ 对原始协变量矩阵 $\boldsymbol{X}$ 回归时的 OLS 估计量。因此，我们又回到了最早先的情况[46]，即对所有协变量系数施加相同程度的收缩。在这种情况下，不论 γ 取值如何都对基于 $\hat{\boldsymbol{\mu}}$ 而构造的投资组合的预期收益率和夏普比率没有任何影响。

既然任意地对协变量进行尺度缩放会影响岭回归中收缩的作用，那么我们又该如何进行这一操作呢？为了解决这个问题，引入有关数据性质的先验知识十分必要。如果对于预测来说，某些协变量不如另一些协变量重要，且它们的存在更容易带来预测误差而非收益率预测信号，我们就可以对其进行有针对性的缩放处理，使它们变换后的截面方差较那些重要的协变量而言更低[47]。

有鉴于此，让我们回顾一下 2.4 节的讨论，在那里岭回归被视为一个带有正态分布先验的贝叶斯回归。如果回归系数的先验协方差矩阵以及随机扰动的协方差矩阵均正比于单位矩阵，岭回归便等价于这个特殊

46 译者注：作者指的是回到了 3.3 节一开始讨论的情况，即对所有回归系数施加相同比例的收缩，即式 (3-12)。

47 译者注：由前文论述可知，协变量截面方差变小会造成岭回归对其回归系数施加更强的收缩程度，从而降低该变量对收益率预测的影响。

的贝叶斯回归。换句话说，当我们使用标准岭回归时，相当于认可了这个关于 $\boldsymbol{g}$ 的先验分布，即 $\boldsymbol{g}$ 中所有元素先验分布相同。因此，在岭回归中，对协变量的尺度缩放应该以上述关于 $\boldsymbol{g}$ 的先验的隐含假设成立为前提来进行。换句话说，基于对预测问题和数据的了解，我们应该通过缩放预测变量使得它们的系数大小基本一致。根据我们的先验，如果一些变量对预测的贡献度不如其他变量，则应该降低其截面方差，以使得其回归系数的大小与其他重要协变量的回归系数大小处于同一水平。

以上述收益率预测的应用为例，我们并不确定历史收益率与未来收益率之间是否存在非线性的关系。这种怀疑会让我们重新缩放式 (3-2) 中历史收益率的二次幂和三次幂项，使得它们的截面标准差小于一阶项的截面标准差。为了展示重新缩放的效果，我们在上述收益率预测问题中加入了一步额外缩放：在所有协变量被标准化之后，再将历史收益率的二次幂项除以 2，将历史收益率的三次幂项除以 4。诚然，如此选择缩放系数带有一定的随意性，但是我们的目标仅仅是说明额外的缩放将会影响预测性能。

表 3-2 的第三行（其缩放比例列被标注为“不同”以反映协变量被施加了不同尺度的缩放）展示了在进行上述额外缩放后的结果。相对于第二行的结果而言，额外的收缩在很大程度上降低了最优的罚超参数 γ。当协变量被缩放成具有不同的截面方差之后，我们仅需要较小的收缩程度便可以实现交叉验证 R^2 的最大化。而且随之出现的是，缩放后样本内 R^2 从第二行的 2.63% 上升至了第三行的 2.69%。但是更重要的是，交叉验证 R^2 从此前的 0.84% 上升至 1.18%（上升幅度超过 1/3），且投资

组合的风险收益特征也得到了提升：收益率均值从 4.20% 上升至 4.50%，并且夏普比率从 0.30 上升至 0.37。很显然，我们关于二次幂和三次幂项对预测收益率作用不大的猜测在数据中得到了验证。

最后，我们不禁要问，既然在验证集中 R^2 和投资组合的表现存在不一致性，那么为什么还要使用 R^2 作为超参数调优的目标呢？如果我们希望最优化投资组合的表现，为什么不直接以它作为调参依据呢？表 3-2 的第四行展示了以最优化投资组合表现为目标来调参的结果，此外我们依旧对二次幂和三次幂项施加了额外的尺度缩放。在这个版本的岭回归中，罚超参数调优的目标是最大化投资组合在交叉验证集上的收益率均值，而非 R^2。结果十分有趣。第四行的罚超参数 γ 为 3.11，相较于第三行最大化 R^2 时所得到的 γ 要高出不少。这造成的结果是，无论是样本内还是交叉验证 R^2，第四行的结果都比第三行对应的结果低了不少。然而，第四行中投资组合的收益率均值为 4.58%，确实稍微高于第三行的 4.55%。但是，第四行的夏普比率却仅有 0.35，略低于第三行的 0.37。不过，如果我们想要最大化夏普比率，则可以在超参数调优时直接以它而非收益率均值为目标。总体来说，以上实证结果表明，直接使用投资组合表现指标而非 R^2 作为调参目标对于改善投资组合的表现作用有限（起码就表 3-2 这个简单的例子而言）。不过这些结果也再一次说明，使用 R^2 作为评价投资组合表现的指标可能会产生很大的误导。

本节的阐述所传递出的核心观点是，协变量的尺度收缩决定着正则化如何影响验证数据上的 R^2 以及投资组合表现。为了使正则化发挥作用，我们需要使用关于协变量不同预测能力的先验知识。但这同时也带来了另一个问题，即我们如何形成合理的先验从而对协变量进行适当的尺度缩放？正如下一节所示，关于这个问题，金融经济学家们的答案是基于协方差和预期收益率之间的关联，这些关联将帮助我们确定如何有效地应用正则化。

3.4 预期收益率与协方差的关联

第 2.4 节讨论的贝叶斯回归框架允许我们有效解决协变量缩放的问题，其背后的核心是该框架展示了从经济学原理而来的预期收益率和协方差之间的关系如何影响正则化。回想一下，对于一个参数满足先验分布 $\boldsymbol{g} \sim \mathcal{N}(\mathbf{0}, \boldsymbol{\Sigma}_g)$ 的截面回归模型 $\bar{\boldsymbol{r}} = \boldsymbol{X}\boldsymbol{g} + \bar{\varepsilon}$，其中 $\bar{\boldsymbol{r}}$ 和 $\bar{\varepsilon}$ 分别为 $\boldsymbol{r}_t$ 和 $\boldsymbol{\varepsilon}_t$ 在长度为 τ 的样本区间内的均值且 $\boldsymbol{\Sigma} = \mathrm{var}(\boldsymbol{\varepsilon}_t)$，参数 $\boldsymbol{g}$ 的后验均值为

$$\hat{\boldsymbol{g}} = \left(\boldsymbol{X}'\boldsymbol{\Sigma}^{-1}\boldsymbol{X} + \frac{1}{\tau}\boldsymbol{\Sigma}_g^{-1}\right)^{-1} \boldsymbol{X}'\boldsymbol{\Sigma}^{-1}\bar{\boldsymbol{r}}. \tag{3-21}$$

基于以上框架下，我们接下来探寻富有经济学含义的 $\boldsymbol{X}$ 特征和 $\boldsymbol{g}$ 的先验分布。为此，我们同时需要选择一个更加符合现实的随机扰动协方差矩阵。之前使用的假设 $\boldsymbol{\Sigma} = \boldsymbol{I}_N\sigma^2$ 虽然便于说明问题，但是却不符合现实中收益率的性质。在下文中，我们假设 $\boldsymbol{\Sigma}$ 是任意的，而非正比于单位矩阵。和之前一样，我们仍旧假设 $\boldsymbol{\Sigma}$ 是已知的，因此不需要去估计它。

经济学理论推理指出，能够预测未来收益率的协变量应该也与股票收益率的协方差矩阵相关。特别地，收益率和协方差之间的关联应满足如下性质：如果基于某协变量构造的多空对冲投资组合具备可观的平均

收益率，那么该投资组合的波动率也应该较大。例如，如果小市值的公司能够在未来获得更高的收益率，那么一个做多小市值股票、做空大市值股票的投资组合应该具有较高的波动性。这相当于给股票收益率的协方差矩阵施加了一些限制：小市值股票内部与大市值股票内部的协同性相较于小市值和大市值之间的协同性更强。组内的强协同性会使得即使分散投资也无法降低系统性风险，因而造成多空组合的波动率依旧较高。正如 Kozak, Nagel, and Santosh (2018) 所讨论的那样，预期收益率和协方差之间的联系普遍存在于资产定价模型之中，上至理性投资者模型，下至资产需求被投资者情绪或行为偏差扭曲的非理性投资者模型。如果预期收益率和协方差之间不存在上述关联，那么市场中将会出现和经济学理论相悖的近似无风险套利机会。

为了得到一个清晰的结论，我们对收益率预测变量与协方差之间的关联施加一个较强的假设，即令 K 个协变量向量等于协方差矩阵 $\boldsymbol{\Sigma}$ 的特征向量中的 K 个。为此，对 $\boldsymbol{\Sigma}$ 进行特征分解得到 $\boldsymbol{\Sigma}=\boldsymbol{Q}\boldsymbol{\Lambda}\boldsymbol{Q}'$，并从正交矩阵 $\boldsymbol{Q}$ 中选出 K 列构成矩阵 $\boldsymbol{Q}_K$。[48]进一步假设 $\boldsymbol{X}=\boldsymbol{Q}_K$，因此有 $\boldsymbol{X}'\boldsymbol{X}=\boldsymbol{I}_K$。诚然，上述令协变量等于特征向量是一个十分强的假设，但通过这个假设能够得到一些非常明确的结果。

由于投资组合的权重取决于收益率协方差矩阵的特征向量，也即协方差矩阵的主成分，因此我们在下文中称它们为主成分投资组合。K 个主成分投资组合的预期收益率和方差分别为[49]

$$\mathbb{E}[\boldsymbol{Q}_K'\boldsymbol{r}_t]=\boldsymbol{g},\quad \operatorname{var}(\boldsymbol{Q}_K'\boldsymbol{r}_t)=\boldsymbol{\Lambda}_K, \tag{3-22}$$

48 译者注：因此 $\boldsymbol{Q}_K$ 是 $N\times K$ 维的。

49 译者注：假设 $\boldsymbol{Q}_K$ 中第 k 列为 $\boldsymbol{q}_k\in R^{N\times 1}$。由于 $\boldsymbol{Q}_K$ 来自单位正交阵，因此 $\boldsymbol{q}_k'\boldsymbol{q}_{k'}=0$ 对于

其中 $\boldsymbol{\Lambda}_K$ 是包含 $\boldsymbol{Q}_K$ 这 K 个特征向量所对应特征值 λ_j 的对角阵。

接下来，我们基于经济学理论讨论 $\boldsymbol{g}$ 的先验分布。对于上述 K 个主成分投资组合而言，与它们的收益率 $\boldsymbol{r}_p = \boldsymbol{Q}'_K \boldsymbol{r}_t$ 对应的夏普比率为 $\boldsymbol{\Lambda}_K^{-1/2}\boldsymbol{g}$。从经济理论（下一章将会具体阐述）出发，一个合理的假设是，夏普比率高的主成分投资组合也应该具有更高的波动率[50]。由于主成分投资组合 j 的方差为 λ_j，上述假设意味着，夏普比率向量 $\boldsymbol{\Lambda}_K^{-1/2}\boldsymbol{g}$ 中取值幅度较高的元素所对应的 λ_j 也更高。先验分布

$$\boldsymbol{g} \sim \mathcal{N}\left(\boldsymbol{0}, \gamma^{-1}\boldsymbol{\Lambda}_K^2\right), \quad 0 < \gamma < 1, \tag{3-23}$$

则可以满足上述推理，因为在上述关于 $\boldsymbol{g}$ 的先验分布下，夏普比率向量的先验分布满足 $\boldsymbol{\Lambda}_K^{-1/2}\boldsymbol{g} \sim \mathcal{N}(\boldsymbol{0}, \gamma^{-1}\boldsymbol{\Lambda}_K)$。对于以矩阵 $\boldsymbol{Q}_K$（或 $\boldsymbol{X}$）中的每一列为资产权重构造的投资组合 $\boldsymbol{r}_p = \boldsymbol{Q}'_K \boldsymbol{r}_t$ 而言，该先验分布实现了我们的意图，即夏普比率更高[51]的投资组合有着更高的波动率 λ_j。

按照以上论断，超参数 γ 的经济学意义可以被解读为，它控制了先

所有的 $k \neq k'$ 均成立，且 $\boldsymbol{q}'_k\boldsymbol{q}_k = 1$，此外

$$\begin{aligned}
\mathbb{E}[\boldsymbol{Q}'_K\boldsymbol{r}_t] &= \boldsymbol{Q}'_K\mathbb{E}[\boldsymbol{r}_t] = \boldsymbol{Q}'_K\boldsymbol{X}\boldsymbol{g} = \boldsymbol{Q}'_K\boldsymbol{Q}_K\boldsymbol{g} = \boldsymbol{g} \\
\mathrm{var}(\boldsymbol{Q}'_K\boldsymbol{r}_t) &= \boldsymbol{Q}'_K\boldsymbol{\Sigma}\boldsymbol{Q}_K \\
&= \boldsymbol{Q}'_K\boldsymbol{Q}\boldsymbol{\Lambda}\boldsymbol{Q}'\boldsymbol{Q}_K \\
&= \boldsymbol{Q}'_K\begin{bmatrix}\boldsymbol{Q}_K & \boldsymbol{Q}_{\not K}\end{bmatrix}\begin{bmatrix}\boldsymbol{\Lambda}_K & \boldsymbol{0} \\ \boldsymbol{0} & \boldsymbol{\Lambda}_{\not K}\end{bmatrix}\begin{bmatrix}\boldsymbol{Q}'_K \\ \boldsymbol{Q}'_{\not K}\end{bmatrix}\boldsymbol{Q}_K \\
&= \begin{bmatrix}\boldsymbol{I}_K & \boldsymbol{0}\end{bmatrix}\begin{bmatrix}\boldsymbol{\Lambda}_K & \boldsymbol{0} \\ \boldsymbol{0} & \boldsymbol{\Lambda}_{\not K}\end{bmatrix}\begin{bmatrix}\boldsymbol{I}'_K \\ \boldsymbol{0}\end{bmatrix} = \boldsymbol{\Lambda}_K
\end{aligned}$$

50 译者注：见 Kozak, Nagel, and Santosh (2018) 关于这一观点的讨论。

51 译者注：原著中用的是 *greater magnitude (positive or negative) of Sharpe ratios*，即夏普比率取值（可正可负）的幅度更大，或者夏普比率的绝对值更大。这背后的原因是以特征向量为权重构造的投资组合的收益率可正可负，因此夏普比率也可正可负。如果基于某个特征向量构造的投资组合的预期收益率为负，只需要通过将该组合中的权重乘以 -1 实现多空头寸对调，即可使其预期收益率为正，且特征向量本身乘以 -1 依然还是特征向量。所以，在译文中为了避免因负的夏普比率造成的困扰，我们将其译为夏普比率更高。

验分布中预期夏普比率平方的大小。为了理解这一点，我们注意到通过 N 个资产所构造的最大夏普比率平方[52]为 $\boldsymbol{g}'\boldsymbol{Q}_K'\boldsymbol{\Sigma}^{-1}\boldsymbol{Q}_K\boldsymbol{g}$。在先验分布下求期望可得

$$\mathbb{E}[\boldsymbol{g}'\boldsymbol{Q}_K'\boldsymbol{\Sigma}^{-1}\boldsymbol{Q}_K\boldsymbol{g}] = \mathbb{E}[\boldsymbol{g}'\boldsymbol{\Lambda}_K^{-1}\boldsymbol{g}] = \frac{1}{\gamma}\operatorname{tr}(\boldsymbol{\Lambda}_K). \tag{3-24}$$

上式说明先验参数 γ 控制了在先验分布下最大预期夏普比率的平方。如果在先验分布 (3-23) 中选择了一个更高的 γ，则意味着我们认为通过投资这些资产所能够获得的最大夏普比率较低。根据这种先验观点，由于过度拟合噪声的问题，我们会倾向认为从实证数据中估计得到的夏普比率是高于真实夏普比率的有偏估计。因此，在贝叶斯回归中，经验夏普比率将会被向零收缩。此外，当给定 γ 时，若 K 个主成分投资组合的方差（即 $\operatorname{tr}(\boldsymbol{\Lambda}_K)$）较大，那么最大预期夏普比率平方同样会更高。

在先验分布 (3-23) 下，式 (3-21) 所示的将 $\bar{\boldsymbol{r}}$ 对 $\boldsymbol{X} = \boldsymbol{Q}_K$ 进行贝叶斯回归估计量变为

$$\begin{aligned}\hat{\boldsymbol{g}} &= \left(\boldsymbol{\Lambda}_K^{-1} + \frac{\gamma}{\tau}\boldsymbol{\Lambda}_K^{-2}\right)^{-1}\boldsymbol{\Lambda}_K^{-1}\boldsymbol{Q}_K'\bar{\boldsymbol{r}} \\ &= \left(\boldsymbol{I}_K + \frac{\gamma}{\tau}\boldsymbol{\Lambda}_K^{-1}\right)^{-1}\boldsymbol{Q}_K'\bar{\boldsymbol{r}},\end{aligned} \tag{3-25}$$

其中 $\boldsymbol{Q}_K'\bar{\boldsymbol{r}}$ 是 $\boldsymbol{g}$ 的 OLS 估计。回顾式 (3-22)，我们可以将 $\hat{\boldsymbol{g}}$ 解读为主成分投资组合的收益率预测值。和 OLS 估计相比，贝叶斯回归将收益率预测值向零收缩。对于那些方差更低的主成分投资组合，在 $\boldsymbol{\Lambda}_K$ 中与之对应的元素较小（换句话说，在 $\boldsymbol{\Lambda}_K^{-1}$ 中与之对应的元素较大），因此它们

---

52 译者注：对于预期超额收益率为 $\boldsymbol{\mu}$、协方差矩阵为 $\boldsymbol{\Sigma}$ 的 N 个资产而言，通过投资所能获得的最大夏普比率平方为 $\boldsymbol{\mu}'\boldsymbol{\Sigma}^{-1}\boldsymbol{\mu}$。在上下文中，$N$ 个股票的预期收益率向量为 $\boldsymbol{X}\boldsymbol{g} = \boldsymbol{Q}_K\boldsymbol{g}$、协方差矩阵为 $\boldsymbol{\Sigma}$，代入上式即得到 $\boldsymbol{g}'\boldsymbol{Q}_K'\boldsymbol{\Sigma}^{-1}\boldsymbol{Q}_K\boldsymbol{g}$。

被收缩的程度就会更大。如此的收缩传递出了如下的先验信念，即那些低方差的投资组合很难具备较高的夏普比率[53]。

在现实世界中，我们在上述讨论中所使用的假设，即协变量与 $\boldsymbol{\Sigma}$ 的 K 个特征向量相同，基本上是不可能成立的。虽然我们可以预期协变量 $\boldsymbol{X}$ 与 $\boldsymbol{\Sigma}$ 的特征向量之间会存在某种程度的联系（正是因为这种联系，基于协变量构造的多空组合最终会暴露于协方差风险），但是很难想象两者之间的联系会如上文所假设的那样密切。即便如此，这个简单的例子依然清晰地说明了如何通过贝叶斯方法将来自经济学理论的先验引入到分析之中，并为收缩参数赋予经济学含义。

一旦将回归置于贝叶斯框架之中，我们便同时消除了协变量缩放时的任意性。如果我们希望重新缩放协变量，则为了保证关于 $\boldsymbol{\mu}=\boldsymbol{X}\boldsymbol{g}$ 的先验不发生改变，便需要对 $\boldsymbol{g}$ 的先验分布做出相应的调整。比如，如果我们令协变量 j 除以某个常数 c，则必须在先验中为相应的 g_j 乘以 c，这意味着在其先验分布中将其方差乘以 c^2。最终我们会发现，$\boldsymbol{\mu}$ 的后验均值将不会受到上述协变量尺度缩放的影响。下一章将会在一个更一般的框架下讨论协变量尺度缩放问题。该框架将允许我们以一种经验上更合理的方式选择先验分布。

53 译者注：这一结论正是来源于 Kozak, Nagel, and Santosh (2018) 的精彩论断。

3.5 通过构建投资组合估计协方差矩阵[54]

相比于其他典型的机器学习应用，预测误差之间的协方差在资产定价中的影响更大。如果我们的目标是基于收益率预测模型构建高夏普比率的投资组合，那么收益率中不可预测部分的协方差矩阵则显得尤其重要。

到现在为止，我们一直假设该协方差矩阵是已知的，但在现实中需要对其进行估计。这会引入额外的预测误差，进而会对投资组合的构造带来很大的麻烦。极端情况下，如果我们想尝试基于上千支股票股构建均值-方差有效投资组合，则需要估计的协方差矩阵中的参数将多达上百万个。如若不对该矩阵的参数形式施加任何限制或者不施加任何收缩，我们基本不可能完成这项估计任务。此外，典型的股票收益率数据集是非平衡的面板数据，这增加了估计协方差矩阵的难度。最后，对于一个横跨数十年的数据集而言，随着时间的推移，个股特征会逐渐变化，因此股票收益率之间的协方差性质也并非一成不变。

由于个股收益率之间的协方差矩阵难以估计，因此先利用收益率预测模型的协变量将个股聚合成不同的投资组合也许是更合理的做法。如果用于构建投资组合的公司特征与股票的协方差暴露联系紧密，那么这些投资组合之间的协方差会比个股之间的协方差要稳定得多。此外，当协变量的数量小于资产的数量（即 $K < N$）时，通过构建投资组合将有

54 译者注：原著中，本节的标题为 *Return Covariances and Portfolio Aggregation*，直译为“收益率协方差与将个股聚合成投资组合”。本节讨论的内容是直接估计个股协方差矩阵不切实际且误差很高，而如果首先将它们聚合成不同的投资组合，再来估计投资组合的协方差矩阵则是更好的做法。为此，本书没有选择拗口的直译，而是使用“通过构建投资组合估计协方差矩阵”作为本节标题。

助于更准确地估计协方差矩阵。

那么，在怎样的理想条件下，我们能够享受到因将个股聚合为投资组合而带来的协方差矩阵估计方面的好处，但却不必因此牺牲潜在的投资机会呢，即我们最终获得的最大夏普比率平方不会因此而降低。具体而言，假设股票收益率的生成过程如式 (3-4) 所示，即 $\boldsymbol{r}=\boldsymbol{X}\boldsymbol{g}+\boldsymbol{\varepsilon}$，其中可预测的部分为 $\boldsymbol{\mu}=\boldsymbol{X}\boldsymbol{g}$。接下来，考虑以协变量 $\boldsymbol{X}$ 为权重的投资组合，它们的已实现收益率为 $\boldsymbol{r}_p=\boldsymbol{X}'\boldsymbol{r}$，预期收益率为 $\boldsymbol{\mu}_p=\boldsymbol{X}'\boldsymbol{\mu}=\boldsymbol{X}'\boldsymbol{X}\boldsymbol{g}$，以及协方差矩阵为 $\boldsymbol{\Sigma}_p=\boldsymbol{X}'\boldsymbol{\Sigma}\boldsymbol{X}$。在上述设定下，本自然段一开始的问题变为：如果要使通过个股和通过投资组合所能够获得的最大夏普比率平方相同，那么协变量 $\boldsymbol{X}$ 和收益率协方差矩阵之间需要满足怎样的关系呢？

在数学上，上述问题转化为寻找合适的条件，使得 $\boldsymbol{\mu}'\boldsymbol{\Sigma}^{-1}\boldsymbol{\mu}=\boldsymbol{\mu}_p'\boldsymbol{\Sigma}_p^{-1}\boldsymbol{\mu}_p$，即，

$$\boldsymbol{g}'\boldsymbol{X}'\boldsymbol{\Sigma}^{-1}\boldsymbol{X}\boldsymbol{g}=\boldsymbol{g}'\boldsymbol{X}'\boldsymbol{X}\left(\boldsymbol{X}'\boldsymbol{\Sigma}\boldsymbol{X}\right)^{-1}\boldsymbol{X}'\boldsymbol{X}\boldsymbol{g}. \tag{3-26}$$

根据 Amemiya (1985) 中的定理 6.1.1，上式成立的充要条件是，存在矩阵 $\boldsymbol{\Psi}$、$\boldsymbol{\Phi}$ 以及 $\boldsymbol{U}$，使得协方差矩阵 $\boldsymbol{\Sigma}$ 满足如下形式：

$$\boldsymbol{\Sigma}=\boldsymbol{X}\boldsymbol{\Psi}\boldsymbol{X}'+\boldsymbol{U}\boldsymbol{\Phi}\boldsymbol{U}'+\sigma^2\boldsymbol{I}_N, \tag{3-27}$$

其中 $\boldsymbol{U}$ 满足 $\boldsymbol{U}'\boldsymbol{X}=\boldsymbol{0}$。[55]对于寻求均值–方差最优化的投资者来说，只有当 $\boldsymbol{X}$ 满足式 (3-27) 时，以 $\boldsymbol{X}$ 中的列向量为权重所构建的投资组合才不会有损他们的投资机会。直观上说，若协方差矩阵 $\boldsymbol{\Sigma}$ 可以被写成形如式 (3-27) 的形式，则意味着协变量 $\boldsymbol{X}$ 具备以下特征：(1) $\boldsymbol{X}$ 不仅能捕捉

55 译者注：关于式 (3-26) 和式 (3-27) 之间等价性的证明见附录 A。

股票预期收益率的截面差异，而且还包含了个股在部分系统性因子上的风险暴露的信息，这些因子造成了股票收益率的时序变化（如式 (3-27) 中的第一项所示）；（2）除上述因子外，股票在其他任何造成股票收益率时序变化的系统性因子（如式 (3-27) 中的第二项所示）上的暴露 $\boldsymbol{U}$ 均与 $\boldsymbol{X}$ 正交[56]；（3）最后，除上述两部分之外的任何风险都必须是异质性的（如式 (3-27) 中的第三项所示）。

当我们使用了大量的协变量后，式 (3-27) 所列的条件可被认为近似成立。比如，假设 $\boldsymbol{\Sigma}$ 中存在 L 维的因子结构，即 $\boldsymbol{\Sigma}=\boldsymbol{G\Omega G}'+\sigma^2\boldsymbol{I}_N$，其中 $\boldsymbol{G}$ 是 $N\times L$ 维因子载荷[57] 矩阵而 $\boldsymbol{\Omega}$ 是可逆矩阵[58]。对于典型的股票收益率数据集而言，我们可以使用少数个因子（比如 $L\leqslant 20$）捕捉股票协方差矩阵中的大部分信息。如果 $\boldsymbol{X}$ 含有许多有关股票因子载荷信息的公司特征，则 $\boldsymbol{G}$ 应被 $\boldsymbol{X}$ 近似张成[59]，即存在矩阵 $\boldsymbol{B}$ 使得 $\boldsymbol{G}\approx\boldsymbol{XB}$。这时，$\boldsymbol{\Sigma}\approx\boldsymbol{XB\Omega B}'\boldsymbol{X}'+\sigma^2\boldsymbol{I}_N$，即我们近似地得到式 (3-27) 的一个特殊形式。换而言之，如果个股收益率的协方差可以归结为有限几个因子，且我们使用了大量与股票在这些因子上的暴露有关的协变量，那么基于以协变量为权重所构成的投资组合（而非个股）来投资并不会明显地削弱投资机会。

另一方面，上面所陈述的这些结果是针对总体矩而言的。它们假设

56 译者注：这是因为 $\boldsymbol{U}$ 和 $\boldsymbol{X}$ 满足 $\boldsymbol{U}'\boldsymbol{X}=\boldsymbol{0}$。

57 译者注：也可称为因子暴露矩阵。

58 译者注：$\boldsymbol{\Omega}$ 是 $L\times L$ 维的，且正定。

59 译者注：即我们将 $\boldsymbol{G}$ 的列向量投影到 $\boldsymbol{X}$ 的列向量所张成的空间上。以 $\boldsymbol{g}_i$ 代表 $\boldsymbol{G}$ 的第 i 列向量，以 $\boldsymbol{X}_j$ 代表矩阵 $\boldsymbol{X}$ 的第 j 列向量。我们用线性组合 $\sum_j \boldsymbol{X}_j B_{j,i}$ 近似 $\boldsymbol{g}_i$，其中 $B_{j,i}$ 是矩阵 $\boldsymbol{B}$ 第 j 行、第 i 列的元素。

个股真实的预期收益率和协方差矩阵对投资者来说是已知的。一旦我们意识到，在现实中投资者需要从数据中估计这些参数，则将个股聚合成投资组合会带来一个额外的好处，即当协变量的个数（即投资组合的数量）小于个股的数量时，估计投资组合的协方差矩阵在现实中往往是可行的且有更低的估计误差。

在下一章中，我们将沿用上述将个股聚合为投资组合的做法。这使我们能够在使用贝叶斯回归方法的同时，将协方差矩阵的估计问题纳入考量，并将先验分布与经济学理论更好地结合在一起。

3.6 非线性

非线性关系在许多机器学习应用中十分重要。由于能够从数据中习得复杂的非线性关系，神经网络模型与决策树模型得到了广泛的应用。与此相反，在本章早些时候讨论过的使用历史收益率预测未来收益率的应用中，加入二次幂和三次幂项似乎并没有显著提升收益率的可预测性。反之，对协变量进行必要的尺度缩放，使得岭回归降低非线性项的回归系数[60]（对比表 3-2 中的第三、四行）反而能改进预测性能。当然，这个简单的例子并不能全盘否定非线性在收益率预测中的作用。但是它依然具有启发意义，即资产价格数据中的非线性关系并不像其他领域的机器学习应用中那样明显。

与单一预测变量自身的非线性变换的叠加相比，不同预测变量之间的交互作用也许是收益率预测模型中更有可能的非线性关系来源。比如，

60 译者注：在岭回归中，二次幂和三次幂项的回归系数被向零收缩的程度更高。

对于市值较小或者流动性较差的股票，某些收益率可预测性模式似乎更加明显。这类协变量之间的交互作用是无法被一个纯加性模型所捕捉的[61]。类似地，可能存在一些变量表明某些股票的收益率会格外受到投资者情绪或宏观经济风险的影响。这同样是交互作用。

越来越多的实证证据显示这种交互作用可能确实是存在的。利用一系列公司特征作为股票收益率和其二阶矩的预测变量，Chen, Pelger, and Zhu (2019) 训练了一个深度神经网络模型。他们发现非线性关系主要以特征之间的交互作用的形式存在。类似地，Gu, Kelly, and Xiu (2020) 则通过神经网络和回归树模型发现了同样的现象，即非线性的主要形式为交互作用，而非单一变量自身非线性变换的叠加。Bryzgalova, Pelger, and Zhu (2019) 通过决策树模型将股票依照一系列公司特征划分为不同的树节点，并研究了树节点对应的投资组合。利用决策树，该文捕捉到了特征之间的高阶交互作用，并发现这些交互作用在解释股票之间收益率的差异以及风险的差异时十分重要。Moritz and Zimmermann (2016) 发现，即使将预测变量限制在股票自身的历史收益率的函数时（正如本章此前提到的例子[62]），交互作用依然存在。他们发现，加入了不同滞后期历史收益率之间的交互项能够效提升模型的预测性能。为了与上述文献中强调交互作用的证据保持一致，我们在下一章中将会考虑公司特征之间的交互作用。

---

61 译者注：在加性模型或可加模型（*additive model*）中，预测变量满足可加和假设，即它们对因变量的影响是独立的。因此，这类模型无法考虑变量之间的交互作用。

62 译者注：如历史收益率的二次幂和三次幂项。

3.7 稀疏性

稀疏统计方法在许多机器学习的应用中都获得了成功。在这些应用中，仅使用少数预测变量即可获得稳健且良好的预测效果。研究资产定价的学者们也很自然地遵循了这一做法。许多将机器学习方法引入资产定价的尝试主要集中在使用类似 Lasso 这类允许稀疏性的方法，比如 Chinco, Clark-Joseph, and Ye (2019)，DeMiguel, Martin-Utrera, Nogales, and Uppal (2020)，Feng, Giglio, and Xiu (2020) 以及 Freyberger, Neuhierl, and Weber (2020)。但是就像我们在本章伊始讨论的，在资产定价领域中直接使用稀疏的先验假设似乎并没有那么合理。

表 3-2 的最后一行汇报了 Lasso 回归（如同式 (2-8)）在使用历史收益率预测未来收益率这个问题中的表现。特别地，在应用 Lasso 回归前，我们对已被标准化后的二次幂和三次幂项进行了额外的缩放，即分别再缩放 2 倍和 4 倍。上述做法和表 3-2 中第三、四行中的岭回归对协变量的尺度缩放方式相同。此时，由于回归系数估计值的绝对值均远远小于 1，造成 Lasso 罚项中参数的绝对值之和远大于岭回归罚项中参数的平方和，因此 Lasso 回归中的最优罚参数要比岭回归中的最优罚参数小得多。大体而言，Lasso 使用更小的罚超参即可达到类似岭回归中对参数的收缩效果。从模型拟合度来看，Lasso 回归的样本内 R^2 为 3.55%，高于第三行中的岭回归样本内 R^2。但是，Lasso 的交叉验证 R^2 却低于岭回归（0.84% vs. 1.18%）。因此，就它们各自通过交叉验证调参所达到的最优预测性能而言，Lasso 的表现逊于岭回归。

如果我们关注表 3-2 中汇报的投资组合的风险收益特征指标，会发现 Lasso 获得的收益率均值不如岭回归，但相应的投资组合的标准差也更低，因此通过 Lasso 得到的夏普比率要稍高于岭回归[63]。上述结果又一次说明了基于 R^2 和基于投资组合表现来评价模型可能会得出截然不同的结论。虽然 Lasso 可以获得与岭回归类似的夏普比率，但因 Lasso 带来的稀疏性却并没有显著提升投资表现。总的来说，上述结果为如下的观点提供了些许证据：和其他机器学习应用相比，稀疏性对改善资产定价中的预测性能并没有太大的帮助。

将预测变量进行同样的尺度缩放后，图 3-2 对比了 Lasso（用点表示）和岭回归（用叉表示）给出的每个预测变量的参数估计值。总体而言，除了那些直接被估计为零的参数，Lasso 相对于岭回归而言对参数施加的收缩程度更弱。图 3-2(a) 展示了一阶项的参数估计，仅有少部分的 Lasso 估计为零。这一结果和我们此前关于此收益率预测问题所表达的看法一致，即我们并没有足够的先验理由来认为该预测问题满足稀疏性假设。

作为对比，从图 3-2(b) 和图 3-2(c) 中的估计结果来看可知，绝大多数被估计为零的系数均是二次幂和三次幂项的系数。对于二次幂和三次幂项来说，岭回归的估计值和零十分接近，而 Lasso 直接将它们中的许

63 译者注：观察表 3-2 中结果可知，若以最大化交叉验证 R^2 为调参依据，Lasso 的交叉验证夏普比率并不优于岭回归的结果（二者分别为 0.36 和 0.37，岭回归更高）。只有当 Lasso 和第四行的岭回归结果相比时，其交叉验证夏普比率才优于岭回归。但该对比并非公平，因为第四行的岭回归是以最大化验证集中投资组合的收益率均值 $\mathbb{E}[r_p]$ 为调参依据，而非交叉验证 R^2。考虑到上述事实，译者认为原著的表达并不准确。更合理的表述应该是，Lasso 较岭回归而言，其投资组合的平均收益率略低，但其标准差也较低，因而两种方法得到的夏普比率基本一致。

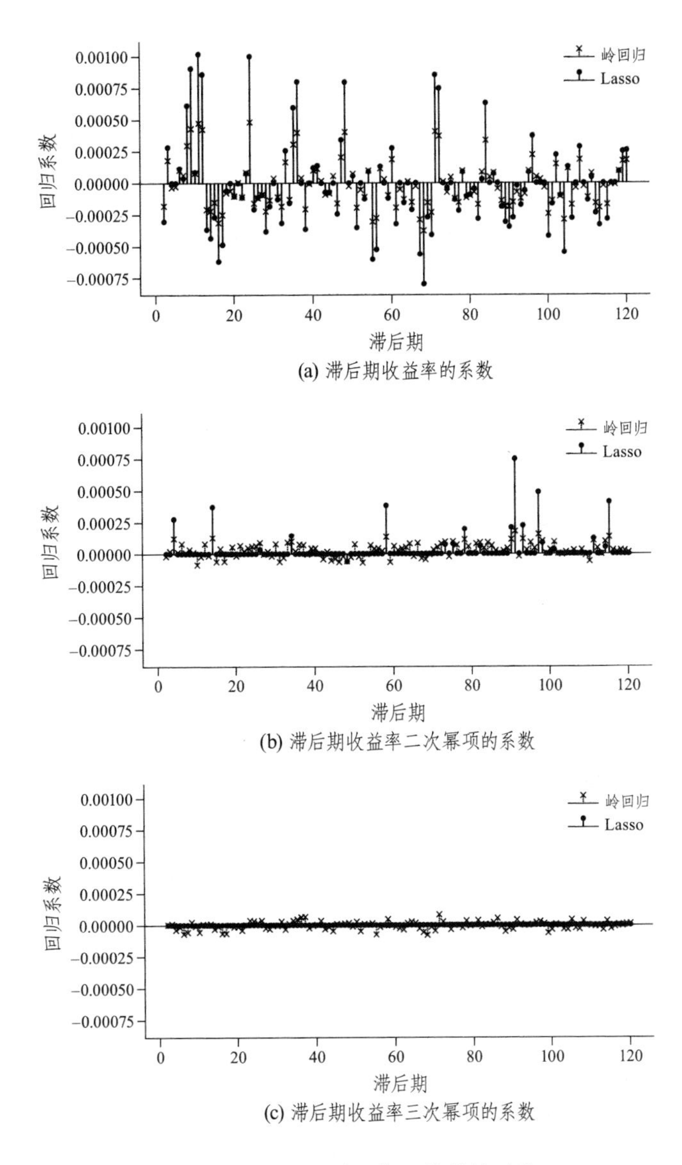

(a) 滞后期收益率的系数

(b) 滞后期收益率二次幂项的系数

(c) 滞后期收益率三次幂项的系数

图 3-2　Lasso 和岭回归系数估计对比

多估计成零。因此，Lasso几乎完全抛弃了模型之中的非线性项。这个例子又一次说明了，在这样一个信噪比很低且我们没有足够的先验理由认为存在可加非线性关系的问题中，加入单个预测变量的非线性变换也并不能更好地解释数据。无论是将这些二次幂和三次幂项的参数设成零还是和非常接近零的数值，对预测性能的影响并不大。

基于以上讨论，我们可以得到一个初步的结论：不应想当然地认为稀疏性假设有助于提高资产定价问题中的预测性能。下一章还会再次讨论稀疏性。

3.8 结构性变化

资产定价领域和其他机器学习应用领域的最大区别之一大概要数金融市场中的数据生成过程可能在经历持续的结构性变化了。结构性变化背后的原因是多种多样的。首先，整体经济本身就在不断经历结构性变化。在过去的数十年间，生产技术、监管政策、以及制度环境均发生了巨大的变化。很难想象在如此背景下，公司特征和未来收益率之间能能够保持稳定的关系。其次，就如本章开头讨论的，投资者会从数据中学习。任何在过去发现的收益率可预测现象都可能改变投资者的投资行为，进而使得此前存在的预测关系不再成立。历史数据中存在过的可预测性在未来可能无法以同样的形式出现。

在机器学习文献中，结构性变化这一现象被称为概念漂移（*concept drift*）[64]。为了解决这个问题，人们开发了许多方法来允许参数随时间变

64 译者注：在机器学习领域，概念指的是模型要预测的目标变量，概念漂移则指这个目标变量本身

化，以便适应数据中的结构性变化。比如，为实现上述目标，我们可以在训练模型的算法中赋予近期的数据更高的权重。最为简单的例子就是滚动窗口估计方法，它将超过一定期限的数据直接抛弃，不用于估计过程。此外，以指数[65]加权方式对过去数据赋权可以慢慢的降低更久远数据的重要性。虽然在数据处理方面存在一些实用方法来应对结构变迁，但是它们在资产定价领域还没有得到广泛的应用，各种处理方法孰优孰劣也无从谈起。

我们将滚动窗口估计方法应用于图 3-1 所示的以历史收益率作为协变量预测未来收益率的例子当中。图 3-3 展示了样本内和样本外的预测准确性。在具体实施中，我们使用 20 年的滚动窗口、通过岭回归来估计滞后收益率、收益率二次幂以及收益率三次幂项的回归系数。在每个长度为 20 年的滚动窗口内，依旧使用留一（年）法来调节罚超参数。在这个例子中，我们使用了自 1926 年以来的全部 CRSP 数据，并在实证研究中遵循了和图 3-1 同样的规则（即最小价格要求和市值分位数要求）。基于每个滚动窗口内的参数估计结果，我们进而对该窗口外的第一个月的股票收益率进行预测。由于选择了 20 年的滚动估计窗口，以及预测变量需要用到滞后 10 年之内的历史收益率数据，因此在上述设定下能够预测的第一个月份是 1959 年 1 月，即 CRSP 数据库起始时间之后的 30 年。得到预测后，我们记录这个月的样本外 R^2，然后将 20 年的滚动估计窗口整体前移一个月并重复上述过程。

的内涵随着时间的推移而发生了改变。概念漂移又分为急性（sudden，迅速且又不可逆）、慢性（incremental gradual）以及临时性（temporary）漂移。

65 译者注：递减。

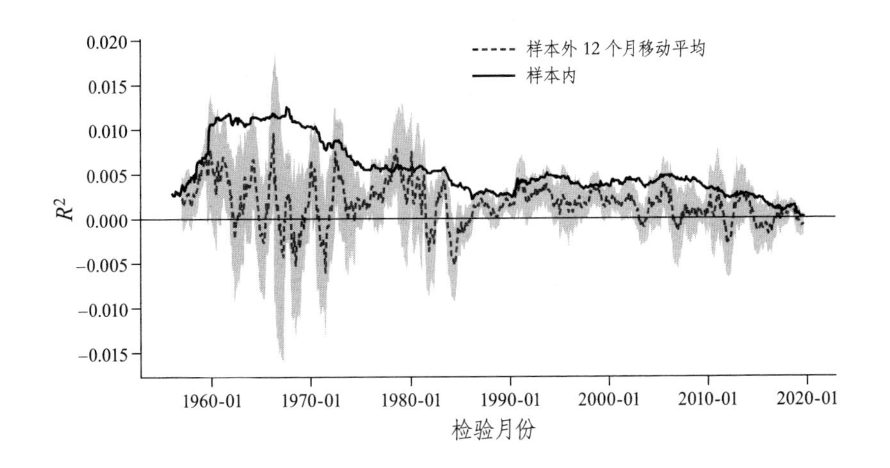

图 3-3 样本外向前滚动预测的 R^2

图 3-3 绘制了样本外 R^2的 12 个月移动平均[66] 的时间序列。作为对比，图中同时绘制了每个月 t 的样本内 R^2（基于最后月为 t 的 20 年滚动窗口计算）。我们从图 3-3 中能够发现几点值得注意的信息。首先，样本外 R^2 几乎处处小于样本内 R^2。因此，即使岭回归所实施的正则化有利于防止模型过拟合，交叉验证的样本内 R^2 依旧是样本外 R^2 的向上有偏估计。其中部分原因是因为我们使用了交叉验证来调节罚超参数。由于调参的目标是最大化[67]交叉验证 R^2，因此它依旧存在过拟合的问题。然而，结构性变化则很有可能是导致样本外 R^2 相对样本内 R^2 衰减的另一个重要原因。部分存在于历史数据中的协变量与预期收益率之间的关系也许只是随着时间的推移消失了。从图 3-3 中可以发现与这一猜测相吻

66 译者注：由于信噪比非常低，因此每个月的样本外 R^2 的波动非常大。因此原著并没有直接展示样本外 R^2 的时间序列，而是先将其取 12 个月的移动平均，然后再绘制该移动平均的时间序列，以便和样本内 R^2 对比。

67 译者注：原著中使用的是 *minimize it*，是一处勘误。

合的现象：样本内和样本外的 R^2 都有着不断下降到零的趋势。在过去 10 到 15 年的样本中，平均样本外 R^2 已经和零十分接近。

如果不采用简单的滚动窗口估计，而是通过逐渐降低更久远数据的权重的方法，我们也许能够在跟踪时变参数方面做得更好。比如，基于针对回归系数服从随机游走的稳态卡尔曼滤波（如 Hamilton 1994），我们可以使用指数递减加权函数。由于指数加权允许在每期 t 递归更新回归系数的估计值，因此它在计算上也十分方便。此外，递归更新算法也适用于岭回归。为了说明这一点，将式 (3-11) 中的 $\bar{\boldsymbol{r}}_t$ 替换为指数加权平均，

$$\hat{\boldsymbol{g}}_t = \left(\boldsymbol{X}'\boldsymbol{X} + \gamma \boldsymbol{I}_K\right)^{-1} \boldsymbol{X}' \left(\sum_{s=1}^{t} \boldsymbol{r}_s (1-\phi)^{t-s}\phi\right), \tag{3-28}$$

其中 $0<\phi<1$。我们假设样本数据足够长，因而有 $\sum_{s=1}^{t}(1-\phi)^{t-s}\phi \approx 1$。此时，估计量 $\hat{\boldsymbol{g}}_t$ 的时间下标 t 意味着，随着新的收益率数据的出现，其给出的估计值也会发生变化。式 (3-28) 使用的指数加权有一个很好的计算性质，即我们可以将估计量 $\hat{\boldsymbol{g}}_t$ 写成如下递归更新的形式：

$$\hat{\boldsymbol{g}}_t = (1-\phi)\hat{\boldsymbol{g}}_{t-1} + \phi\left(\boldsymbol{X}'\boldsymbol{X} + \gamma \boldsymbol{I}_K\right)^{-1} \boldsymbol{X}'\boldsymbol{r}_t. \tag{3-29}$$

这意味着为了得到最新一期的估计值，我们不用重新基于全部数据再进行一次估计。取而代之的是，仅需要使用最新一期的收益率数据计算出式 (3-29) 中的第二项，并用它来更新前一期 $\boldsymbol{g}$ 的估计值[68]。

68 译者注：这里 ϕ 可以被理解为学习率。式 (3-29) 可以被改写为

$$\hat{\boldsymbol{g}}_t = \hat{\boldsymbol{g}}_{t-1} + \phi \underbrace{\left[\left(\boldsymbol{X}'\boldsymbol{X} + \gamma \boldsymbol{I}_K\right)^{-1} \boldsymbol{X}'\boldsymbol{r}_t - \hat{\boldsymbol{g}}_{t-1}\right]}_{\text{误差}}.$$

我们使用此前估计的误差更新参数，学习率为 ϕ。

滚动窗口、指数加权、或是其他相关的手段对资产定价来说并不陌生。但是当我们使用机器学习方法处理高维数据时，实施正则化这一操作会给引入上述手段带来额外的困难。在类似于岭回归和 Lasso 这类正则化方法中，问题不仅在于如何跟踪预测模型参数的结构性变化，还在于是否以及如何随时间调整罚超参数的取值。以式 (3-29) 中的岭回归为例，我们选择了罚参数 γ 不变，但事实上并没有理由认为它能够一直不随时间变化。然而，如果它是时变的，我们则需要一个数据驱动模型来估计它如何随时间变化。但是，直接在每一期使用重叠或不断扩大的滚动窗口重新估计会导致巨大的计算成本。在大数据的情况下，计算负担将会尤其巨大。为了规避这个问题，Monti, Anagnostopoulos, and Montana (2018) 提出了一种递归更新超参数的方法。对于资产定价应用来说，这也是一个大有前景的研究方向。

结构性变化也对使用交叉验证方法进行模型验证和超参数调优的这一做法提出了挑战。典型的 k-折交叉验证法假设验证集和训练集之间的时间先后顺序对训练模型来说没有影响。因此，验证数据集可能在时序上早于训练数据集。在数据满足平稳性的情况下，这一做法没有问题。但如果数据中存在结构性变化，人们就必须弄清楚验证数据在时间上先于全部或部分训练数据是否合适。时间的方向性很重要。哪怕一个模型在早于训练集的验证集中表现良好，也不代表它能在未来的数据中也会表现良好。这是在资产定价领域使用机器学习方法时的一个重要问题，但目前为止并没有多少研究尝试解决它。本书第 5 章会再次审视这一问题。

3.9 结束语

本章讨论了在资产定价领域使用监督学习方法时会遇到的几项根本问题。机器学习方法在很多方面的确适用于学术界资产定价研究和金融业界量化投资管理中的预测问题。本章着重讨论了截面资产收益率的预测问题，但是监督学习方法在资产定价领域的其他问题中也能发挥很大的作用。比如，这些问题包括预测资产现金流而非收益率、预测信贷风险以及寻找近似完美的风险对冲策略。

本章的讨论想强调的是，尽管机器学习技术很有帮助，但人们必须仔细思考如何使机器学习方法适应资产定价应用中的特定条件；如若只是生硬照搬现成的方法，则难以产生好的结果。在许多方面，资产定价领域的预测问题都与机器学习方法擅长处理的其他预测问题有很大的差异。有时，一些看上去平淡无奇的问题（例如如何在数据预处理中对预测变量进行尺度缩放）都会对监督学习算法的预测性能产生很大影响。不同机器学习法方法之间的选择隐含地决定了我们通过估计所能够发现的数据模式，例如稀疏性或非线性的程度和类型。鉴于典型资产定价问题中信噪比非常低的特点，想尝试不施加任何假设，仅仅依靠数据发声并以完全自动和数据驱动的方式解决上述问题是不切实际的。

因此，在将机器学习方法应用于资产定价问题时，我们需要一个能够将必要的经济学推理引入机器学习方法使用过程之中的分析框架。下一章将要介绍的方法在这个方向上取得了一些有益的进展。与本章所考查的历史收益率作为预测变量这个简单例子不同，下一章会使用更广泛的公司特征作为预测变量。根据本章讨论的要点，下一章将会考虑到协方差矩阵对投资组合风险收益特征的影响以及特征之间的交互作用。最重要的是，该方法是构建在贝叶斯分析框架之上的，这一分析框架允许我们将经济学推理融入参数估计和正则化的过程之中[69]。

69 译者注：这一方法可至少追溯到 Black and Litterman (1992) 模型。

此译者注中包含的补充参考文献：

Black, F. and R. Litterman (1992). Global portfolio optimization. *Financial Analysts Journal 48*(5), 28–43.

第 4 章　机器学习与截面资产定价

在上一章中，我们勾勒了几个将机器学习技术应用于收益率预测和投资组合最优化时遇到的关键问题。本章则介绍一个能够解决其中部分（虽然不是全部）问题的方法。和上一章一样，本章的基础分析框架是贝叶斯回归。

第一，本章会使用一组更广泛的协变量。在上一章中，收益预测变量集仅仅局限于股票自身历史收益率的函数。在本章中，我们将使用更多的个股特征，它们均曾作为预测变量出现在实证资产定价的研究中。在机器学习技术得到应用之前，传统文献孤立地分析这些特征，或每次仅选取其中的很小一部分进行分析。在这一章中，我们通过一个监督学习方法同时考查这些股票特征。

第二，基于第 3.5 节讨论的动机，我们以（经排序变换和标准化之后的）股票特征为权重将个股聚合成投资组合。在接下来的分析中，这些依特征而建的投资组合[1] 将作为基础资产，基于它们便构成了全部可投资范围。

---

1 译者注：在下文中将称它们为特征投资组合（*characteristics portfolios*）。

第三，以上将个股聚合为投资组合，我们在先验分布和估计过程中充分考虑这些特征投资组合的协方差矩阵。虽然我们对该协方差矩阵不做任何特殊的结构性约束，但在协方差和预期收益率之间的关系上施加了结构性假设。

第四，为了向协方差与预期收益之间的关系施加经济学约束，本章将从随机贴现因子[2]模型的角度进行论述。每个特征投资组合都是随机贴现因子中的候选风险因子，而我们要估计的参数正是这些候选因子的风险价格系数[3]。这些风险因子在随机贴现因子中的权重等价于某个均值–方差有效投资组合中资产的权重。对估计随机贴现因子系数而言，一个传统的方法是将资产的平均收益对资产和候选因子之间的协方差矩阵回归。但是由于风险因子数量众多，以上传统方法很容易造成虚假的过拟合结果。在我们的贝叶斯回归框架中所采用的信息先验则会防止过拟合，进而确保模型在样本外的预测性能。

第五，我们基于基本的资产定价理论来构建先验分布。众多资产定价模型都暗示着同一推论：候选因子收益率的若干个特征值最高（即方差最大）的主成分贡献了随机贴现因子的大部分方差。因此，如果一个因子拥有较高的预期收益率，那么它的方差也会较高。正如 Kozak, Nagel, and Santosh (2018) 讨论的那样，以上推论不仅适用于理性预期模型（其中宏观风险会被定价），而且在合理的约束下同样适用于非理性模型（其

2 译者注：也即基于无套利定价理论。随机贴现因子也被称为随机定价核。

3 译者注：此处，风险价格（*price of risk*）指的是风险因子在多大程度上通过导致随机贴现因子的变化来帮助资产定价（Kozak, Nagel, and Santosh 2020）。在本节使用的基本资产定价框架下，风险价格即为随机贴现因子表达式中的系数 $\boldsymbol{b}$。

中有偏的投资者信念导致了个股收益率的截面差异)。我们的方法中使用的先验分布反映了这些经济学考虑。与朴素的普通最小二乘(OLS)估计量相比，贝叶斯后验将随机贴现因子中的系数向零收缩，且对不同系数施加的收缩力度并不一样。相反，后验对与低特征值主成分相关的随机贴现因子的系数施加了更大力度的收缩。

第六，我们也尝试回答是否存在一个关于随机贴现因子的稀疏表达：仅利用少部分个股特征组合就可以充分刻画有效投资机会[4]。这种稀疏的随机贴现因子在实证资产定价文献中十分流行(比如 Fama and French 1993 三因子模型，Hou, Xue, and Zhang 2015 使用四个因子，Fama and French 2015 使用五个因子，以及 Barillas and Shanken 2018 所主张的六因子模型)。如果我们仅使用基本的贝叶斯分析，则相当于使用了 L^2 范数罚项进行正则化，它仅仅将随机贴现因子的系数向零收缩，而不会把它们直接估计为零。因此，为了充分考虑到稀疏随机贴现因子的可能，我们在估计过程中另外加入 L^1 范数作为罚项，这与弹性网模型类似。

最后，我们使用了一种简单方法分析了公司特征的非线性效应。为此，我们在原始公司特征的基础上加入它们各自的二次幂与三次幂项，以及不同公司特征之间的一阶交互作用。仅关注少量特征的经典实证资产定价研究一般通过双重排序法[5]捕捉特征和收益率之间的非线性关系，而上述一阶交互作用允许我们捕捉与之相似的非线性。例如，通过把股

---

4 译者注：即可以达到差不多大小的最大夏普比率平方。

5 译者注：双重排序法是常见的实证资产定价研究方法，由 Fama and French (1993) 三因子模型发扬光大。双重排序又分为独立双重排序和条件双重排序，其中前者的应用更加广泛。在独立双重排序中，将股票分别按照两个变量排序，划分为 n_1 和 n_2 个投资组合，然后它们两两取交集，得到 $n_1 \times n_2$ 个投资组合，并以此为基准考查变量和收益率之间的非线性关系。

票独立地依照两个维度——例如市值和过去一年的累计收益率（动量）——进行排序并划分成投资组合，我们便能够考虑这两个特征和预期收益率以及协方差之间的非线性关系。特征与特征之间的一阶交互项的原理与上述方式类似，但是它可以用来处理大量的公司特征。总体而言，将原始特征集加以非线性变换将产生数以千计个特征。

本章的内容是以 Kozak, Nagel, and Santosh (2020) 为基础，经精简和改编而成的。

4.1 基于公司特征因子的资产定价

我们接下来介绍基本资产定价框架，它为基于公司特征的因子模型提供了基础。以下首先从总体矩的角度描述这个框架，暂且不考虑其估计问题。在此基础之上，我们会进一步描述相应的估计问题以及如何使用监督学习来解决估计中面临的高维数问题。

对于任一时间点 t，令 $N \times 1$ 维向量 $\boldsymbol{r}_t$ 代表 N 支个股的超额收益率向量。每支股票有 K 个公司特征，将它们按个股排序罗列起来，用 $N \times K$ 维矩阵 $\boldsymbol{X}_t$ 表示。与前文使用的将个股汇聚为投资组合的做法保持一致，我们使用个股特征作为权重构建 K 特征投资组合，它们也被称为因子投资组合。这里 K 因子的收益率为 $\boldsymbol{f}_t = \boldsymbol{X}_{t-1}'\boldsymbol{r}_t$。因此，我们始终可以找到一个风险价格向量 $\boldsymbol{b}$ 使得以下随机贴现因子[6]

$$M_t = 1 - \boldsymbol{b}'(\boldsymbol{f}_t - \mathbb{E}[\boldsymbol{f}_t]) \tag{4-1}$$

6 译者注：原著第 4、5 两章中的不同公式分别使用 $\mathbb{E}$、$\mathbb{E}(.)$ 以及 $\mathbb{E}[.]$ 代表期望运算，例如 $\mathbb{E}\boldsymbol{f}_t$、$\mathbb{E}(\boldsymbol{f}_t)$ 和 $\mathbb{E}[\boldsymbol{f}_t]$ 表示的含义相同。在中文版中，为了符号的统一性且为了避免因不同符号造成不必要的困惑，我们统一使用 $\mathbb{E}[.]$。

满足无条件定价方程：

$$\mathbb{E}[M_t \boldsymbol{f}_t] = \boldsymbol{0}, \tag{4-2}$$

其中因子 $\boldsymbol{f}_t$ 同时作为我们希望解释的收益率，以及随机贴现因子中的被定价的因子。随机贴现因子中的风险价格向量 $\boldsymbol{b}$ 同时也是以这些因子投资组合为资产所构造的均值-方差有效（MVE）投资组合中资产的投资权重[7]。

在实证分析中，我们将 $\boldsymbol{X}_{t-1}$ 进行逐列去均值处理，因此 $\boldsymbol{f}_t$ 中的所有因子都是多空零额投资组合的收益率。文献中典型的基于公司特征的多因子模型通常会加上一个市场因子以捕捉市场风险溢价水平，而用多空对冲的公司特征因子来解释资产预期收益率的截面差异。在研究中，我们关注的是这些截面上的差异。因此，我们并没有直接加入市场因子，而是将各个特征因子对市场因子进行了正交化处理。从对定价误差的影响来说，上述操作相当于在随机贴现因子中加入了市场因子[8]。出于这个

7 译者注：随机贴现因子可以为任意资产定价。在约束 (4-2) 中，作者巧妙地将用于构造随机贴现因子的风险因子同时作为检验随机贴现因子定价能力的测试资产。由下文求解矩条件而得到的解 (4-3) 可知，风险定价的表达式是 $\boldsymbol{b} = \boldsymbol{\Sigma}^{-1}\mathbb{E}[\boldsymbol{f}_t]$，这个表达式和 Markowitz (1952) 均值-方差最优化问题的无约束解一致。这也正是 $\boldsymbol{b}$ 同时等于以因子投资组合为资产所构造的 MVE 投资组合中资产的投资权重的原因。

此译者注中包含的补充参考文献：

Markowitz, H. (1952). Portfolio selection. *Journal of Finance* 7(1), 77–91.

8 译者注：对于这一部分，作者希望从随机贴现因子的定价误差的角度来解释。假设未变换的随机贴现因子为 $\tilde{M}_t$，原始的因子收益率为 $\tilde{\boldsymbol{f}}_t$；正交化后的因子收益率为 $\boldsymbol{f}_t$，对应的随机贴现因子为 M_t。我们可以将 $\tilde{\boldsymbol{f}}_t$ 表示为 $\tilde{\boldsymbol{f}}_t = \boldsymbol{f}_t + r^e_{m,t}\boldsymbol{B}$，其中 r^e_m 代表了市场超额收益率，即市场因子。则未变换的随机贴现因子的定价误差为 $\mathbb{E}[\tilde{M}_t\tilde{\boldsymbol{f}}'_t]$。利用互协方差（cross-covariance）运算的代数性质、$\mathbb{E}[\tilde{M}_t] = 1$、并假设市场超额收益率能被 $\tilde{M}_t$ 完全定价，可得

$$\begin{aligned}\mathbb{E}[\tilde{M}_t\tilde{\boldsymbol{f}}'_t] &= \mathbb{E}[\tilde{\boldsymbol{f}}'_t] + \operatorname{cov}(\tilde{M}_t, \tilde{\boldsymbol{f}}_t)\\ &= \mathbb{E}[\tilde{\boldsymbol{f}}'_t] + \operatorname{cov}(\tilde{M}_t, \boldsymbol{f} + r^e_{m,t}\boldsymbol{B})\\ &= \mathbb{E}[\tilde{\boldsymbol{f}}'_t] + \operatorname{cov}(\tilde{M}_t, r^e_{m,t}\boldsymbol{B}) + \operatorname{cov}(\tilde{M}, \boldsymbol{f}_t)\end{aligned}$$

原因，将 $\boldsymbol{f}_t$ 中的每一个元素都视为已被正交化的因子是有帮助的。在接下来的实证分析中，我们也会使用已经对市场收益率正交化之后的因子。

如果我们已经知道了总体矩的信息，则可以直接利用式 (4-1) 和 (4-2) 求解出随机贴现因子中的风险价格系数[9]

$$\boldsymbol{b} = \boldsymbol{\Sigma}^{-1}\mathbb{E}[\boldsymbol{f}_t], \tag{4-3}$$

其中 $\boldsymbol{\Sigma} \equiv \mathbb{E}[(\boldsymbol{f}_t - \mathbb{E}[\boldsymbol{f}_t])(\boldsymbol{f}_t - \mathbb{E}[\boldsymbol{f}_t])']$。当我们将上式重新表述为

$$\boldsymbol{b} = (\boldsymbol{\Sigma}\boldsymbol{\Sigma})^{-1}\boldsymbol{\Sigma}\mathbb{E}[\boldsymbol{f}_t] \tag{4-4}$$

便可以发现，若把 K 个因子的预期收益率作为待被随机贴现因子定价的预期收益率，并把它们对 K 个因子自身的协方差矩阵回归，则随机贴现因子中的系数恰好等于这个特殊的截面回归的系数[10]。

$$\begin{aligned}
&= \mathbb{E}[\boldsymbol{f}_t'] + \underbrace{\mathbb{E}[r^e_{m,t}\boldsymbol{B}'] + \operatorname{cov}(\tilde{M}_t, r^e_{m,t}\boldsymbol{B})}_{=\boldsymbol{0}'} + \operatorname{cov}(\tilde{M}_t, \boldsymbol{f}_t) \\
&= \mathbb{E}[\boldsymbol{f}_t'] + \operatorname{cov}(\tilde{M}_t, \boldsymbol{f}_t) \\
&= \mathbb{E}[\boldsymbol{f}_t'] + \operatorname{cov}(M_t, \boldsymbol{f}_t) \\
&= \mathbb{E}[M_t\boldsymbol{f}_t']
\end{aligned}$$

其中第四行中 $\mathbb{E}[r^e_{m,t}\boldsymbol{B}'] + \operatorname{cov}(\tilde{M}_t, r^e_{m,t}\boldsymbol{B}) = \mathbb{E}[\tilde{M}_t]\mathbb{E}[r^e_{m,t}\boldsymbol{B}'] + \operatorname{cov}(\tilde{M}_t, r^e_{m,t}\boldsymbol{B}) = \mathbb{E}[\tilde{M}_t(r^e_{m,t}\boldsymbol{B}')] = \boldsymbol{0}'$，而 $\operatorname{cov}(\tilde{M}_t, \boldsymbol{f}_t) = \operatorname{cov}(M_t, \boldsymbol{f}_t)$ 是由于 $\boldsymbol{f}_t$ 与市场因子正交。最终，$\mathbb{E}[\tilde{M}_t\tilde{\boldsymbol{f}}_t'] = \mathbb{E}[M_t\boldsymbol{f}_t']$，即两种情况下的定价误差相等。

9 译者注：由于因子 $\boldsymbol{f}_t$ 为零成本投资组合的收益率（即超额收益率），因此有 $\mathbb{E}[M_t\boldsymbol{f}_t'] = \boldsymbol{0}'$。由式 (4-1) 可知，$M_t = 1 - \boldsymbol{b}'(\boldsymbol{f}_t - \mathbb{E}[\boldsymbol{f}_t])$，即

$$\begin{aligned}
\boldsymbol{0}' &= \mathbb{E}[(1 - \boldsymbol{b}'(\boldsymbol{f}_t - \mathbb{E}[\boldsymbol{f}_t]))\boldsymbol{f}_t'] \\
&= \mathbb{E}[\boldsymbol{f}_t]' - \mathbb{E}[\boldsymbol{b}'(\boldsymbol{f}_t - \mathbb{E}[\boldsymbol{f}_t])\boldsymbol{f}_t'] \\
&= \mathbb{E}[\boldsymbol{f}_t]' - \mathbb{E}[\boldsymbol{b}'(\boldsymbol{f}_t - \mathbb{E}[\boldsymbol{f}_t])(\boldsymbol{f}_t - \mathbb{E}[\boldsymbol{f}_t])'] \\
&= \mathbb{E}[\boldsymbol{f}_t]' - \boldsymbol{b}'\boldsymbol{\Sigma}
\end{aligned}$$

最终有 $\mathbb{E}[\boldsymbol{f}_t]' = \boldsymbol{b}'\boldsymbol{\Sigma}$，即 $\boldsymbol{b}' = \mathbb{E}[\boldsymbol{f}_t]'\boldsymbol{\Sigma}^{-1}$ 或 $\boldsymbol{b} = \boldsymbol{\Sigma}^{-1}\mathbb{E}[\boldsymbol{f}_t]$，即式 (4-3)。

10 译者注：由于 $\boldsymbol{\Sigma}$ 是对称阵，因此式 (4-4) 等号右侧又可以写作 $(\boldsymbol{\Sigma}'\boldsymbol{\Sigma})^{-1}\boldsymbol{\Sigma}'\mathbb{E}[\boldsymbol{f}_t]$，这个表达式恰好是以 $\mathbb{E}[\boldsymbol{f}_t]$ 为因变量、以 $\boldsymbol{\Sigma}$ 为协变量矩阵的截面回归的 OLS 解，即 K 个因子的预期收益率对 K 个因子的协方差矩阵截面回归的回归系数。

但是事实上，我们其实并不知道数据的总体矩，如果直接使用样本数据进行上述截面回归来估计随机贴现因子中的系数，除非 K 比较小，否则会造成对数据噪声的过拟合，进而不会有好的样本外表现。由于随机贴现因子系数也是 MVE 投资组合的投资权重，当 K 较大时，估计随机贴现因子系数这一难题等同于在可投资产数量巨大时估计 MVE 投资组合权重这一难题。本章将要使用的监督学习则正是为了应对这一难题而生的。

已有有关基于特征的多因子模型的文献大多仅关注很少个因子，以此绕开上述高维数问题。我们将这一做法称为特征稀疏模型。本章的实证分析想要回答的关键问题是：对伴随着大量公司特征的股票收益率截面而言，这类特征稀疏模型是否能很好地估计随机贴现因子。

Kozak, Nagel, and Santosh (2020) 指出，我们并没有充足的经济学理由认为随机贴现因子仅仅是少部分特征的函数。然而，我们或许能够通过将特征因子进行旋转，进而近似地得到随机贴现因子的一个稀疏表达。Kozak, Nagel, and Santosh (2018) 论证了市场中不存在近似无风险套利机会（即不存在夏普比率极高的投资机会）意味着，可以赚取较高风险溢价的因子一定也是股票共同运动的主要来源。这个结论是在非常宽松的假设下得出的，对于“理性”模型和“行为”模型同样适用。此外，对于典型的测试资产而言，它们的收益率具有较强的结构性特征，且由少数几个方差最高的主成分所主宰。在上述两个条件下，一个仅以少数几个方差较大的主成分作为风险因子的随机贴现因子应能够解释股票预期收益率截面差异的绝大部分。受这一理论结论启发，我们从实证层面考查是否一个由稀疏主成分因子构造的随机贴现因子足以描绘预期收益率的截面差异，此外我们还将它和由稀疏特征因子构造的随机贴现因子进行比较，考查二者在定价表现方面的差异。

为了构造主成分因子，我们对特征因子的协方差矩阵进行特征分解：

$$\boldsymbol{\Sigma}=\boldsymbol{Q}\boldsymbol{\Lambda}\boldsymbol{Q}' \quad \text{其中} \quad \boldsymbol{\Lambda}=\operatorname{diag}\left(\lambda_1,\lambda_2,\ldots,\lambda_H\right), \tag{4-5}$$

其中 $\boldsymbol{Q}$ 是 $\boldsymbol{\Sigma}$ 的特征向量矩阵，$\boldsymbol{\Lambda}$ 是对角阵，其对角线元素为 $\boldsymbol{\Sigma}$ 的特征值按从大到小的顺序排列。利用特征向量作为投资组合权重，即可得到主成分因子

$$\boldsymbol{p}_t=\boldsymbol{Q}'\boldsymbol{f}_t. \tag{4-6}$$

利用所有主成分因子并假设已知数据的总体矩，我们可以将随机贴现因子表示为[11]

$$M_t=1-\boldsymbol{b}_P'\left(\boldsymbol{p}_t-\mathbb{E}[\boldsymbol{p}_t]\right), \quad \text{其中} \quad \boldsymbol{b}_P=\boldsymbol{\Lambda}^{-1}\mathbb{E}[\boldsymbol{p}_t]. \tag{4-7}$$

11 译者注：从式 (4-1) 出发并利用 $\boldsymbol{Q}$ 是正交矩阵的性质，式 (4-7) 的证明如下：

$$\begin{aligned}
M_t&=1-\boldsymbol{b}'\left(\boldsymbol{f}_t-\mathbb{E}[\boldsymbol{f}_t]\right)\\
&=1-\boldsymbol{b}'\boldsymbol{Q}\left(\boldsymbol{Q}'\boldsymbol{f}_t-\mathbb{E}[\boldsymbol{Q}'\boldsymbol{f}_t]\right) && (\text{利用}\boldsymbol{Q}\boldsymbol{Q}'=\boldsymbol{I})\\
&=1-\boldsymbol{b}'\boldsymbol{Q}\left(\boldsymbol{p}_t-\mathbb{E}[\boldsymbol{p}_t]\right) && (\text{利用}\boldsymbol{p}_t=\boldsymbol{Q}'\boldsymbol{f}_t)\\
&=1-\boldsymbol{b}_P'\left(\boldsymbol{p}_t-\mathbb{E}[\boldsymbol{p}_t]\right)
\end{aligned}$$

其中最后一行 $\boldsymbol{b}_P'=\boldsymbol{b}'\boldsymbol{Q}$ 的推导如下。由 $\boldsymbol{b}=\boldsymbol{\Sigma}^{-1}\mathbb{E}[\boldsymbol{f}_t]$ 有 $\boldsymbol{b}'\boldsymbol{Q}=(\mathbb{E}[\boldsymbol{f}_t])'(\boldsymbol{\Sigma}^{-1})'\boldsymbol{Q}$。利用 $\boldsymbol{\Sigma}=\boldsymbol{Q}\boldsymbol{\Lambda}\boldsymbol{Q}'$ 以及 $\boldsymbol{Q}'=\boldsymbol{Q}^{-1}$ 可知 $\boldsymbol{\Sigma}^{-1}=\boldsymbol{Q}'\boldsymbol{\Lambda}^{-1}\boldsymbol{Q}$。将其代入 $(\mathbb{E}[\boldsymbol{f}_t])'(\boldsymbol{\Sigma}^{-1})'\boldsymbol{Q}$ 并进行简单代数运算有 $\boldsymbol{b}'\boldsymbol{Q}=(\mathbb{E}[\boldsymbol{f}_t])'\boldsymbol{Q}\boldsymbol{\Lambda}^{-1}=(\boldsymbol{Q}'\mathbb{E}[\boldsymbol{f}_t])'\boldsymbol{\Lambda}^{-1}=(\mathbb{E}[\boldsymbol{p}_t])'\boldsymbol{\Lambda}^{-1}=\boldsymbol{b}_P'$。因此 $\boldsymbol{b}_P'=\boldsymbol{b}'\boldsymbol{Q}$。此外，$\boldsymbol{b}_P=\boldsymbol{\Lambda}^{-1}\mathbb{E}[\boldsymbol{p}_t]$ 还有明确的经济学含义。由于 $\boldsymbol{p}_t$ 是通过特征向量构造的主成分投资组合的收益率，因此 $\boldsymbol{\Lambda}$ 即为它们的协方差矩阵。所以 $\boldsymbol{b}_P=\boldsymbol{\Lambda}^{-1}\mathbb{E}[\boldsymbol{p}_t]$ 完美地对应着原始 $\boldsymbol{b}=\boldsymbol{\Sigma}^{-1}\mathbb{E}[\boldsymbol{f}_t]$。

4.2 监督学习视角

我们现在描述如何使用监督学习方法来估计随机贴现因子中的参数向量 $\boldsymbol{b}$（或者是当我们使用主成分因子时，随机贴现因子中的 $\boldsymbol{b}_P$）。以下介绍的方法是之前第 2 章和第 3 章中所讨论的贝叶斯回归的变体。

假设样本长度为 T。记

$$\bar{\boldsymbol{\mu}} = \frac{1}{T}\sum_{t=1}^{\mathrm{T}} \boldsymbol{f}_t, \tag{4-8}$$

$$\overline{\boldsymbol{\Sigma}} = \frac{1}{T}\sum_{t=1}^{\mathrm{T}} (\boldsymbol{f}_t - \bar{\boldsymbol{\mu}})(\boldsymbol{f}_t - \bar{\boldsymbol{\mu}})'. \tag{4-9}$$

对于式 (4-1) 中 $\boldsymbol{b}$ 而言，一个虽然朴素但十分自然的估计量可以通过使用样本矩条件来得到，样本矩条件为

$$\bar{\boldsymbol{\mu}} - \frac{1}{T}\sum_{t=1}^{\mathrm{T}} \boldsymbol{f}_t = \boldsymbol{0}, \tag{4-10}$$

$$\frac{1}{T}\sum_{t=1}^{\mathrm{T}} M_t(\hat{\boldsymbol{b}}, \bar{\boldsymbol{\mu}})\boldsymbol{f}_t = \boldsymbol{0}. \tag{4-11}$$

求解以上方程即可得 $\hat{\boldsymbol{b}}$，即式 (4-3) 所对应的样本矩版本：

$$\hat{\boldsymbol{b}} = \overline{\boldsymbol{\Sigma}}^{-1}\bar{\boldsymbol{\mu}}. \tag{4-12}$$

然而，除非因子维度 K 相对于样本长度 T 而言非常小，否则这一朴素估计量将产生非常不准确的 $\boldsymbol{b}$ 的估计值。其中不准确的主要来源是由于对于 $\boldsymbol{\mu}$ 的估计充满了不确定性。事实上，我们可以将上述朴素估计量表示为一个 OLS 回归估计量 $\hat{\boldsymbol{b}} = \left(\overline{\boldsymbol{\Sigma}}\overline{\boldsymbol{\Sigma}}\right)^{-1}\overline{\boldsymbol{\Sigma}}\bar{\boldsymbol{\mu}}$，即把因子预期收益率对因子之间的协方差进行截面回归。与估计预期收益率的一般情况一样，哪怕

我们使用相当长的收益率样本数据，因子预期收益率估计值依然不会十分精确。在高维情形下，即 K 十分大时，截面回归则面临着太多的解释变量。这也将导致截面回归将会虚假地拟合因子预期收益率估计值中巨大的噪声分量，导致依照 $\hat{\boldsymbol{b}}$ 计算出的估计值非常不准确以及非常糟糕的样本外表现。针对协方差矩阵的估计也存在估计不确定性，它将会使得上述问题更为严重。但是，Kozak, Nagel, and Santosh (2020) 的详尽讨论表明，上述问题的主要原因仍然在于因子预期收益率，而非协方差矩阵。

为了避免虚假过拟合，我们在模型中为因子预期收益率引入富有经济学理论含义的先验分布。如果这一先验分布有足够的理论支持且确实包含有用信息，它将会减少我们在估计随机贴现因子参数 $\boldsymbol{b}$ 过程中所面临的（后验）不确定性。换而言之，使用先验信息会有效地将估计问题正则化，使得估计值更加稳健且具有更好的样本外预测效力。接下来，我们首先通过将随机贴现因子的系数向先验分布收缩（但不强加任何稀疏性假设），使之偏离朴素估计量 (4-12)。随后，我们将会对这一分析框架进行拓展以考虑一定程度的稀疏性。

4.2.1 收缩估计量

为了聚焦于因子预期收益率估计中的不确定性，这即是造成估计量 (4-12) 脆弱的最重要的因素，我们在下面的分析中假设 $\boldsymbol{\Sigma}$ 已知。我们进一步假设 K 个因子的预期收益率服从以下先验分布[12]

12 译者注：Kozak, Nagel, and Santosh (2020) 原著使用的先验分布为 $\boldsymbol{\mu} \sim \mathcal{N}\left(\mathbf{0}, \frac{\kappa^2}{\tau}\boldsymbol{\Sigma}^{\eta}\right)$，其中 η 为一个实数（不一定为整数）。

$$\boldsymbol{\mu} \sim \mathcal{N}\left(\mathbf{0}, \frac{\kappa^2}{\tau}\boldsymbol{\Sigma}^2\right), \tag{4-13}$$

其中 $\tau = \mathrm{tr}(\boldsymbol{\Sigma})$，而 κ 是一个常数[13]，用以和 τ 以及 K 一起控制 $\boldsymbol{\mu}$ 的“尺度”。

为了进一步阐述先验分布 (4-13) 的经济学含义，我们可以借助 4.1 节中引入的主成分投资组合 $\boldsymbol{p}_t = \boldsymbol{Q}'\boldsymbol{f}_t$，其中 $\boldsymbol{\Sigma} = \boldsymbol{Q\Lambda Q}'$。透过主成分投资组合视角，先验 (4-13) 可以被表示为[14]

$$\boldsymbol{\mu}_P \sim \mathcal{N}\left(\mathbf{0}, \frac{\kappa^2}{\tau}\boldsymbol{\Lambda}^2\right). \tag{4-14}$$

这些主成分投资组合夏普比率的先验分布服从

$$\boldsymbol{\Lambda}^{-\frac{1}{2}}\boldsymbol{\mu}_P \sim \mathcal{N}\left(\mathbf{0}, \frac{\kappa^2}{\tau}\boldsymbol{\Lambda}\right). \tag{4-15}$$

因此，这一先验分布意味着高特征值对应的主成分投资组合，即那些暴露于股票收益率协方差主要来源的投资组合，应有着更高的夏普比率[15]。相反，对那些低特征值对应的主成分投资组合，即主要暴露于个股特质性风险的投资组合，它们的夏普比率则可能趋近于零。

---

13 译者注：κ 是一个超参数。

14 译者注：由于 $\boldsymbol{p}_t = \boldsymbol{Q}'\boldsymbol{f}_t$，因此 $\boldsymbol{\mu}_p = \boldsymbol{Q}'\boldsymbol{\mu}$。由于 $\boldsymbol{\mu}$ 服从正态分布，因此 $\boldsymbol{\mu}_p$ 也服从正态分布，其均值为 $\mathbb{E}[\boldsymbol{\mu}_p] = \boldsymbol{Q}'\mathbb{E}[\boldsymbol{\mu}] = \mathbf{0}$，协方差矩阵为

$$\begin{aligned}
\mathrm{cov}(\boldsymbol{\mu}_p) &= \boldsymbol{Q}'\,\mathrm{cov}(\boldsymbol{\mu})\boldsymbol{Q} \\
&= \frac{\kappa}{\tau}\boldsymbol{Q}'\boldsymbol{\Sigma}^2\boldsymbol{Q} \\
&= \frac{\kappa}{\tau}\boldsymbol{Q}'\boldsymbol{Q}\boldsymbol{\Lambda}^2\boldsymbol{Q}'\boldsymbol{Q} \\
&= \frac{\kappa}{\tau}\boldsymbol{\Lambda}^2
\end{aligned}$$

我们在倒数第二个等式中利用了 $\boldsymbol{\Sigma} = \boldsymbol{Q\Lambda Q}'$，因而 $\boldsymbol{\Sigma}^2 = \boldsymbol{Q\Lambda Q}'\boldsymbol{Q\Lambda Q}' = \boldsymbol{Q\Lambda}^2\boldsymbol{Q}'$。

15 译者注：原著中使用的是 *big magnitudes of Sharpe ratios*，指的是夏普比率的绝对值更大。但是，出于和第 3 章译者注 51 同样的原因，我们在此处以及本章后文中其他出现 *big magnitudes of Sharpe ratios* 或 *high magnitudes of Sharpe ratios* 的地方，将它们译为更高的夏普比率。

上述先验分布大致符合各种资产定价模型的理论结果。例如，在理性预期模型中，预期收益率的截面差异主要源于对不同宏观经济风险因子的暴露，而风险溢价通常集中在一个或少许公共的因子上。这意味着低特征值主成分因子的夏普比率应该小于那些高特征值主成分因子的夏普比率，因为后者是风险溢价的主要来源。Kozak, Nagel, and Santosh (2018)表明类似的结果也会出现在行为模型中，在这类模型中投资者具有有偏的信念。他们指出，为了使得行为模型在经济学理论上更为可信，该模型的投资者群体中应包含套利者，并且在模型中应该为信念有偏的投资者（他们可能没那么专业）设定符合现实的仓位限制约束（例如杠杆限制或卖空限制）。因此，只有当有偏的信念在截面上与高特征值的主成分因子相关时，它们才会对截面资产定价产生重大影响，否则，套利者会发现信念有偏投资者留下的机会太有吸引力，因而激进地选择与他们相反的投资策略，最终使得有偏信念无法对资产价格产生重大影响。在一定程度上，错误定价主要通过高特征值主成分因子的风险价格而出现在随机贴现因子之中。因此，在以上两类资产定价模型中，我们预计高特征值的主成分因子更有可能出现更高的夏普比率，与设定的先验分布一致。

我们可以从另外一个角度来思考这些先验分布：想象一个投资者正在分析历史数据，以期构造均值-方差最优的投资组合。当市场中存在一些能防止极端错误定价出现的主动套利者时，该投资者应该事先预期到，任意资产在上述最优投资组合中的权重都不应该太极端（即很大的多头或空头仓位）。由于理性投资者的最优投资组合权重和随机贴现因子系数之间存在等价关系，这意味着随机贴现因子系数的平方和 $\boldsymbol{b}'\boldsymbol{b}$ 应保持在某个范围以内，不应出现极值。为了使这一点成立，需要满足的最低要求是 $\mathbb{E}[\boldsymbol{b}'\boldsymbol{b}]$ 是有界的（对于任意给定的 K 而言）。基于先验分布 (4-13) 可得[16]

$$\mathbb{E}[\boldsymbol{b}'\boldsymbol{b}] = \frac{\kappa^2}{\tau}K, \tag{4-16}$$

上式不依赖于 $\boldsymbol{\Lambda}$，且一旦我们使用了合适的 κ，就能够让 $\mathbb{E}[\boldsymbol{b}'\boldsymbol{b}]$ 保持在一个适中的水平。Kozak, Nagel, and Santosh (2020) 的讨论指出，如果式 (4-13) 中 $\boldsymbol{\Sigma}$ 的幂 $\eta < 2$ 而非 $\eta = 2$ 时，随机贴现因子中和低特征值主成分相关的系数可能会非常极端，导致 $\mathbb{E}[\boldsymbol{b}'\boldsymbol{b}]$ 很大。这同时暗示着理性投资者的最优投资组合会在最低特征值的主成分上权重过高，但这听上去并不可信。

在式 (4-13) 的假设下，随机贴现因子的系数的先验分布满足独立同分布的正态分布 $\boldsymbol{b} \sim \mathcal{N}\left(\boldsymbol{0}, \frac{\kappa^2}{\tau}\boldsymbol{I}_K\right)$。通过将先验分布结合样本量为 T、样本均值为 $\bar{\boldsymbol{\mu}}$ 的数据，并假设似然函数服从多元正态分布，便可得到系数

16 译者注：由于 $\boldsymbol{b} = \boldsymbol{\Sigma}^{-1}\boldsymbol{\mu}$，因此 $\boldsymbol{b}'\boldsymbol{b} = \boldsymbol{\mu}'\boldsymbol{\Sigma}^{-2}\boldsymbol{\mu}$。式 (4-16) 的推导如下：

$$\begin{aligned}
\mathbb{E}[\boldsymbol{b}'\boldsymbol{b}] &= \mathbb{E}[\mathrm{tr}(\boldsymbol{\mu}'\boldsymbol{\Sigma}^{-2}\boldsymbol{\mu})] \\
&= \mathbb{E}[\mathrm{tr}(\boldsymbol{\Sigma}^{-2}\boldsymbol{\mu}\boldsymbol{\mu}')] \\
&= \mathrm{tr}(\boldsymbol{\Sigma}^{-2}\frac{\kappa^2}{\tau}\boldsymbol{\Sigma}^2) \\
&= \mathrm{tr}\left(\frac{\kappa^2}{\tau}\boldsymbol{I}_K\right) \\
&= \frac{\kappa^2}{\tau}K.
\end{aligned}$$

在上述推导中，第一行利用了期望运算和迹运算的可交换性，第二行和第四行利用了迹运算的循环性质。因此，式 (4-16) 得证。

$\boldsymbol{b}$ 的后验均值[17]

$$\hat{\boldsymbol{b}} = \left(\boldsymbol{\Sigma} + \gamma \boldsymbol{I}_K\right)^{-1} \bar{\boldsymbol{\mu}}, \tag{4-17}$$

其中 $\gamma = \frac{\tau}{\kappa^2 T}$。为了将上述估计量和 2.4 节中讨论的式 (2-22) 联系起来，可以将式 (4-12) 中的朴素估计量重新写作 GLS 估计量（$\boldsymbol{\Sigma}$ 已知）：$\left(\boldsymbol{\Sigma}\boldsymbol{\Sigma}^{-1}\boldsymbol{\Sigma}\right)^{-1} \boldsymbol{\Sigma}\boldsymbol{\Sigma}^{-1}\bar{\boldsymbol{\mu}}$。如果我们进一步假设一个带有信息的先验分布 $\boldsymbol{\Sigma}_g = \frac{\kappa^2}{\tau}\boldsymbol{I}_K$，则该 GLS 估计量便完全可以和贝叶斯回归后验均值 (2-22) 以及 (4-17) 对应起来。

通过使用贝叶斯估计，我们能够避免上一章中所讨论的如何针对预测变量进行放缩的问题。比如，如果我们将因子 $\boldsymbol{f}_t$ 通过可逆矩阵转化为 $\boldsymbol{H}\boldsymbol{f}_t$，则很容易证明对转化后的因子而言，与式 (4-17) 对应的系数的后验均值为 $\hat{\boldsymbol{b}}_H = (\boldsymbol{H}')^{-1}\hat{\boldsymbol{b}}$。因此，这时随机贴现因子可以写作 $M_t = 1 - \hat{\boldsymbol{b}}'\boldsymbol{H}^{-1}\left(\boldsymbol{H}\boldsymbol{f}_t - \mathbb{E}[\boldsymbol{H}\boldsymbol{f}_t]\right) = 1 - \hat{\boldsymbol{b}}'\left(\boldsymbol{f}_t - \mathbb{E}[\boldsymbol{f}_t]\right)$，它完全独立于我们对因子所做的变换。

1. 经济学含义

为了给以上估计量的作用提供经济学解释，我们将原有的收益率空间旋转为相应的主成分所构成的线性空间。将随机贴现因子系数估计量 (4-17) 表示为主成分投资组合收益率 $\boldsymbol{p}_t = \boldsymbol{Q}'\boldsymbol{f}_t$ 的方程，并利用 $\hat{\boldsymbol{b}}_p = \boldsymbol{Q}'\hat{\boldsymbol{b}}$，则风险价格向量中的元素可以写为

$$\hat{b}_{P,j} = \left(\frac{\lambda_j}{\lambda_j + \gamma}\right)\frac{\bar{\mu}_{P,j}}{\lambda_j}. \tag{4-18}$$

---

17 译者注：式 (4-17) 的推导步骤见附录 A。

另一方面，在式 (4-12) 所示的恰好识别的广义矩估计估计量[18] 中，我们有

$$\hat{b}^{\text{ols}}_{P,j} = \frac{\bar{\mu}_{P,j}}{\lambda_j}, \tag{4-19}$$

二者相比较可以看出，贝叶斯估计量（令 $\gamma > 0$）将随机贴现因子的系数向零方向收缩，其收缩的强度为 $\lambda_j/(\lambda_j + \gamma) < 1$。最重要的是，这一收缩力度是随着特征值 λ_j 的下降而不断增强的。这里的经济学直觉是，在我们选择的先验分布下，高特征值的主成分因子贡献了随机贴现因子的大部分方差，也即贡献了随机贴现因子的夏普比率平方中的大部分。鉴于这个原因，该估计量对于较低特征值的主成分因子所对应的系数施加了更大力度的收缩。

2. 罚回归估计量形式

正如 2.4 节所讨论的那样，贝叶斯估计量可以和罚回归估计量联系起来。如果我们以最大化截面上收益率均值的解释程度为目标，并且以模型隐含的最大夏普比率平方 $\gamma \boldsymbol{b}'\boldsymbol{\Sigma}\boldsymbol{b}$ 作为罚项，将会得到

$$\hat{\boldsymbol{b}} = \arg\min_{\boldsymbol{b}} \left\{(\bar{\boldsymbol{\mu}} - \boldsymbol{\Sigma}\boldsymbol{b})'(\bar{\boldsymbol{\mu}} - \boldsymbol{\Sigma}\boldsymbol{b}) + \gamma \boldsymbol{b}'\boldsymbol{\Sigma}\boldsymbol{b}\right\}, \tag{4-20}$$

以上优化问题的结果将与式 (4-17) 一致。式 (4-20) 所示的目标函数与岭回归的目标函数十分接近，但二者却有着重要的差异。标准的岭回归罚项一般针对系数的 L^2 范数，即 $\boldsymbol{b}'\boldsymbol{b}$，而式 (4-20) 中的罚项则是 $\gamma \boldsymbol{b}'\boldsymbol{\Sigma}\boldsymbol{b}$。

同样地，我们还可以将式 (4-20) 写作

$$\hat{\boldsymbol{b}} = \arg\min_{\boldsymbol{b}} \{(\bar{\boldsymbol{\mu}} - \boldsymbol{\Sigma}\boldsymbol{b})'\boldsymbol{\Sigma}^{-1}(\bar{\boldsymbol{\mu}} - \boldsymbol{\Sigma}\boldsymbol{b}) + \gamma \boldsymbol{b}'\boldsymbol{b}\}. \tag{4-21}$$

---

18 译者注：针对 $\mathbb{E}[M_t \boldsymbol{f}_t] = \mathbf{0}$ 这一矩条件的估计。由于矩条件的个数恰好等于需要估计的参数个数，因此它被称为恰好识别的广义矩估计量。

在上式中[19]，罚项 $\boldsymbol{b}'\boldsymbol{b}$ 和标准岭回归中的罚项一致，但对损失函数来说，由于它使用了 $\boldsymbol{\Sigma}^{-1}$ 加权，因而更接近 GLS 回归。上述对目标函数的改写将帮助我们引入稀疏性罚项。

4.2.2 稀疏性

到目前为止，我们都是通过将随机贴现因子系数向零收缩的方式应对高维数挑战的，但是这个方法并没有将任何系数直接设成零。换句话说，我们得到的系数估计并不是稀疏的。正如我们在 4.1 节中所讨论的，认为随机贴现因子是公司特征的极端稀疏函数这一想法并没有坚实的经济学理论依据。然而，也不完全排除这种可能，即有些因子就对随机贴现因子的贡献而言确实是冗余的。此外，正像之前已经讨论过的，我们从经济学理论出发可以预期随机贴现因子能够被近似地表达为主成分投资组合的稀疏函数。因此，当我们将主成分投资组合视为构造随机贴现因子的风险因子时，稀疏性假设则可能比较实用。

有鉴于此，我们在罚回归问题 (4-21) 中引入额外的 L[1] 罚项 $\gamma_1 \sum_{j=1}^{H}$

19 译者注：事实上，式 (4-21) 中的第一项是 Hansen and Jagannathan (1997) 中对两个随机贴现因子距离的度量（称为 HJ-距离）。在本章的情形下，将随机贴现因子直接投影到因子上去时，可得到 $M = 1 - \boldsymbol{b}'(\boldsymbol{f} - \mathbb{E}[\boldsymbol{f}]) = 1 - \boldsymbol{\mu}'\boldsymbol{\Sigma}^{-1}(\boldsymbol{f} - \mathbb{E}[\boldsymbol{f}])$。但是，如若 $\boldsymbol{b} \neq \boldsymbol{\Sigma}^{-1}\boldsymbol{\mu}$，则 $\tilde{M} = 1 - \boldsymbol{b}'(\boldsymbol{f} - \mathbb{E}[\boldsymbol{f}])$，HJ-距离定义为 $\mathbb{E}[(\tilde{M} - M)^2]$：

$$
\begin{aligned}
\mathbb{E}[(\tilde{M} - M)^2] &= \mathbb{E}[(\boldsymbol{b} - \boldsymbol{\Sigma}^{-1}\boldsymbol{\mu})'(\boldsymbol{f} - \mathbb{E}[\boldsymbol{f}])(\boldsymbol{f} - \mathbb{E}[\boldsymbol{f}])'(\boldsymbol{b} - \boldsymbol{\Sigma}^{-1}\boldsymbol{\mu})] \\
&= (\boldsymbol{b} - \boldsymbol{\Sigma}^{-1}\boldsymbol{\mu})'\boldsymbol{\Sigma}(\boldsymbol{b} - \boldsymbol{\Sigma}^{-1}\boldsymbol{\mu}) \\
&= (\boldsymbol{\mu} - \boldsymbol{\Sigma}\boldsymbol{b})'\boldsymbol{\Sigma}^{-1}(\boldsymbol{\mu} - \boldsymbol{\Sigma}\boldsymbol{b}),
\end{aligned}
$$

与原著式 (4-21) 中的第一项相同。

此译者注中包含的补充参考文献：

Hansen, L. P. and R. Jagannathan (1997). Assessing specification errors in stochastic discount factor models. *Journal of Finance 52*(2), 557–590.

$|b_j|$。这个做法是受 Lasso 回归和弹性网方法的启发，并且加入 L^1 罚项后某些系数会被估计为零。在结合 L^1 和 L^2 罚项后，待求估计量变为如下问题的最优解[(1)]

$$\hat{\boldsymbol{b}} = \arg\min_{\boldsymbol{b}} (\bar{\boldsymbol{\mu}} - \boldsymbol{\Sigma b})' \boldsymbol{\Sigma}^{-1} (\bar{\boldsymbol{\mu}} - \boldsymbol{\Sigma b}) + \gamma_2 \boldsymbol{b}'\boldsymbol{b} + \gamma_1 \sum_{j=1}^{H} |b_j|. \tag{4-22}$$

这一双重罚项方法不但保留了当只使用 L^2 罚项时所具备的经济学理论含义，还同时具备了可以得到随机贴现因子的稀疏表达的潜力。我们可以通过调整 L^1 罚项的强度从而控制稀疏程度，并通过调整 L^2 罚项的大小从而控制具有经济学意义的收缩程度。

虽然我们最终会使用数据驱动的方法来选择最优的罚参数 γ_1 和 γ_2，但是我们有理由相信完全无视 L^2 罚项而直接使用 Lasso 类型的估计并不能在我们的资产定价框架下取得很好的结果。众所周知，和岭回归以及弹性网相比，Lasso 回归在自变量相关时性能较差（Tibshirani 1996，Zou and Hastie 2005）。正如第 2.2.1 节中讨论的那样，带 L^1 惩罚的估计倾向于从两个相关变量中选择其中之一，而不是取二者的平均。如果两个相关的协变量受到一个具有预测性能的共同因素驱动，而它们不相关的部分为噪声时，上述做法就会损害预测性能。例如，与其仅仅挑选账面市值比作为在随机贴现因子中代表价值效应的唯一特征，我们不如将多个估值乘数（例如账面市值比、价格股息比以及现金流量价格比等）进行加权平均。上述推理也意味着只包含 L^1 罚项的估计可能更适用于将原始特征转变为主成分因子之后的情况[20]。我们会在后文的实证研究部分

(1) 为了求解最优化问题 (4-22)，我们使用 Zou and Hastie (2005) 提出的 LARS-EN 算法。

20 译者注：由于主成分之间相互正交，所以此时 L^1 惩罚不会出现受变量之间相关性影响的问题。

考查这一问题。

4.2.3 数据驱动的超参选择

为了得到式 (4-17) 和 (4-22) 中的估计量，我们需要设置罚超参数 γ、γ_1 以及 γ_2 的值。在仅有 L^2 罚项的估计中，我们遵循先验分布 (4-13) 而设置的罚参数 $\gamma = \frac{\tau}{\kappa^2 T}$ 是具有经济学意义的。在该先验分布下的最大夏普比率平方期望的平方根[21] 为

$$\mathbb{E}[\boldsymbol{\mu}'\boldsymbol{\Sigma}^{-1}\boldsymbol{\mu}]^{1/2} = \kappa. \tag{4-23}$$

这意味着 $\gamma = \frac{\tau}{\kappa^2 T}$ 间接地反映了我们关于最大夏普比率平方的观点。例如，如果我们预期最大夏普比率不会太高，即 κ 较低，则它间接地意味着我们认为 γ 会比较高，即在估计中对系数施加更强的收缩力度。某些学者们对最大夏普比率平方与市场指数的历史夏普比率平方之间可能存在的关系进行了直观的推理，并以此为依据挑选先验分布[(2)]。然而，这些仅仅是直观上的猜测。我们很难通过对投资者的风险厌恶程度、套利者的风险承受能力以及错误定价的程度的更深层次经济分析，来为 κ 的取值提供更合理的依据。出于这个原因，我们选择了数据驱动的方法。但是我们将继续使用式 (4-23)，即从经济学意义上能解释的最大夏普比率平方期望的平方根这一角度出发，来阐释在估计中所采用的 L^2 罚项的强度。

---

(2) 这方面一个最新的例子是 Barillas and Shanken (2018)。此外，之前的 MacKinlay (1995) 和 Ross (1976) 皆有相似的论断。

21 译者注：以 SR 代表夏普比率，为一随机变量。式 (4-23) 表示的是 $\sqrt{\mathbb{E}[\mathrm{SR}^2]}$。

我们使用数据驱动的方式，通过 k-折交叉验证选择 γ 的取值。为此，将历史数据划分为 k 个等长的子样本。然后，对于每个可能的 γ（或是在双重罚项问题中，对每个可能的 γ_1 和 γ_2 配对），使用其中的 $k-1$ 个子样本并通过式 (4-17) 来计算 $\hat{\boldsymbol{b}}$，并将该估计量应用于剩余的那个子样本中，以此评估该模型的样本外拟合度。为了和罚目标函数 (4-20) 保持一致，我们使用以下样本外 R^2 的计算方式

$$R_{\mathrm{OOS}}^2 = 1 - \frac{\left(\bar{\boldsymbol{\mu}}_2 - \overline{\boldsymbol{\Sigma}}_2 \hat{\boldsymbol{b}}\right)' \left(\bar{\boldsymbol{\mu}}_2 - \overline{\boldsymbol{\Sigma}}_2 \hat{\boldsymbol{b}}\right)}{\bar{\boldsymbol{\mu}}_2' \bar{\boldsymbol{\mu}}_2}, \tag{4-24}$$

其中下标 2 表示针对未用于估计的样本外子样本的样本矩。我们重复以上过程 k 次，每次将一个不同的子样本当作样本外数据。然后对全部 k 次估计得到的 R^2 取算术平均，即得到交叉验证 R_{OOS}^2。最终，我们以最大化 R_{OOS}^2 为目标挑选最优的超参数 γ（或 γ_1 和 γ_2）。

出于对 $\hat{\boldsymbol{b}}$ 的估计不确定性以及对样本外协方差矩阵 $\overline{\boldsymbol{\Sigma}}_2$ 的估计不确定性的权衡考虑，我们最终选择 $k=3$。其中，后者的不确定性随着 k 的增加而上升。当我们选择更大的 k 时，被留作样本外数据的子样本变得太短，从而会得到非常不准确的 $\overline{\boldsymbol{\Sigma}}_2$ 的估计，进而扭曲因子预期收益率的拟合值 $\overline{\boldsymbol{\Sigma}}_2\hat{\boldsymbol{b}}$。但是需要指出的是，即便采用稍微更大一些的 k 值，实证结果依然是稳健的。

以上选择罚超参的方式使用了来自整个样本的信息，从而找到能最大化式 (4-24)[22] 所示的 R^2 的罚参数。因此，在最优罚参数下获得的交

22 译者注：原著中此处有两个笔误。第一，原著中的表述为 *minimize the* R^2。由上下文的阐述和交叉验证 R^2 的定义可知，此处不应该是"最小化 R^2"而应该是"最大化 R^2"。第二，原著中此处的表述为 *based on Eq. (30)*。原著提及的式 (30) 指的是 Kozak, Nagel, and Santosh (2020) 一文的式 (30)，对应着原著中的式 (4-24)。

叉验证样本外 R^2 通常是真实样本外 R^2（即使用全新的、未被用于罚参数选择的数据计算的 R^2）的向上有偏估计值（Varma and Simon 2006, Tibshirani and Tibshirani 2009）。由于我们的兴趣集中在正则化的最优强度上，因此在这里仅关心模型在不同程度正则程度下的表现的相对好坏，而不关心样本外 R^2 的绝对大小。在 4.4 节中将通过样本外的数据来评估罚参数的选择，为此我们会把估计得到的随机贴现因子应用于未被用来挑选罚参数的样本外数据。

4.3 实证分析

首先考虑 CRSP 数据库中包含的所有的美国公司数据。我们构建了两组独立的特征集。第一组特征集主要源自文献中常见的“市场异象”。我们采取了 Novy-Marx and Velikov (2016)、McLean and Pontiff (2016)、Kogan and Tian (2015) 以及 Hou, Xue, and Zhang (2015) 中关于异象的定义，并构建了自己的 50 个异象特征。第二组特征集则包含沃顿商学院研究数据服务（WRDS）所定义的 70 个财务比率：WRDS 行业财务比率（WFR）是一个由超过 70 个财务比率所构成的集合，它将这些比率分为以下七类：资本、效率、财务稳健性/偿付能力、流动性、盈利能力、估值水平以及其他相关特征。我们另外分别按照 $t-1$ 月到 $t-12$ 月中的每个月对股票排序，并以此构造了 12 个组合，将其作为财务比率特征的补充。最终，我们为第二组特征集构建了 80 个多空投资组合（在 70 个 WRDS 比率中，有两个变量因时间序列数据太短而被放弃，故而最终只有 68 个比率入选）。Kozak, Nagel, and Santosh (2020) 的线上附录详细描述了两个变量集中所有变量的定义。

为了专注于截面上收益率的可预测性、消除异常值的影响，以及在所有投资组合中使用保持恒定的杠杆水平，我们对用于构造公司特征因子的特征进行了一定的标准化处理。首先，将每个特征变换成个股在该特征上的排序。对于给定时间 t 股票 s 的公司特征 i（记为 $c_{s,t}^i$），将个股依据其各自特征 $c_{s,t}^i$ 的高低，从 1 到 n_t 对它们在截面上（即对所有 s 支股票）进行排序，其中 n_t 是时刻 t 时所有具备该特征的股票的个数(3)。接下来，通过除以 n_t+1 对所有排名进行标准化，以此获得排序变化后的特征的数值[23]

$$rc_{s,t}^i=\frac{\operatorname{rank}\left(c_{s,t}^i\right)}{n_t+1}. \tag{4-25}$$

在得到排序特征 $rc_{s,t}^i$ 后，我们首先对它进行截面去均值处理，然后除以每支股票与均值的绝对偏差之和：

$$x_{s,t}^i=\frac{\left(rc_{s,t}^i-\bar{rc}_t^i\right)}{\sum_{s=1}^{n_t}\left|rc_{s,t}^i-\bar{rc}_t^i\right|}, \tag{4-26}$$

其中 $\bar{rc}_t^i=\frac{1}{n_t}\sum_{s=1}^{n_t}rc_{s,t}^i$。最终得到的以 $x_{s,t}^i$ 为权重的投资组合一定是零额投资的多空对冲投资组合，它不受特征极端取值的影响，且能让我们保持在多头和空头固定的绝对头寸（即杠杆率恒定）。比如，在任何时刻 t 将股票的数量翻倍并不会影响到该策略对特征的总头寸(4)。最后，

(3) 如果两支个股的排名相同，我们将对它们使用二者的平均排名。比如，如果两支股票的特征 c 都是截面中最低的，则将它们的排名均设置为 1.5（即 1 与 2 的均值）。这一操作保留了在这一特征维度上的对称性。

(4) 由于这一投资组合是多空组合，其对特征的净头寸总是为零。

23 译者注：通过式 (4-25)，作者将变量的排序进一步变换到 0 到 1 之间。由于在给定时刻 t，不同特征在截面上对应的股票数目可能存在差异，因此单纯排序后股票在不同特征上排名的取值范围会存在差异。而上述额外的标准化保证了不同特征的排序变化是可比的。

将所有转换后的特征 $x^i_{s,t}$ 罗列起来，并以它们为列构成矩阵 $\boldsymbol{X}_t$。[(5)] 以 $x^i_{s,t}$ 为权重并利用股票收益率，通过 $\boldsymbol{f}_t = \boldsymbol{X}'_{t-1}\boldsymbol{r}_t$ 便得到了所有特征的因子。

为了保证实证结果不受市值极小、流动性很差的股票的影响，我们排除了在构造投资组合时市值低于当时股票市场总市值 0.01% 的小盘股[(6)]。在以下所有的分析中，我们使用了 CRSP 中个股的日频收益率数据。相对于月频数据，使用日频数据使得我们能够更精确地估计二阶矩，进而聚焦于收益率均值的不确定性而忽略协方差估计中的不确定性（除了下文所述情况）。在一个自然月内的每一天，我们调整投资组合中个股的权重，以此来对应每月再平衡的买入持有策略。最后，我们使用所有样本数据估计每个投资组合对市场因子（CRSP 市值加权指数）的暴露，并通过它将投资组合收益率对市场因子进行正交化处理。

4.3.1 50 个异象特征的实证结果

首先考查通过异象变量构造的 50 个投资组合。我们使用的样本是横跨 1973 年 11 月至 2017 年 12 月的日频数据。图 4-1 展示了在双重罚项问题中，样本外 R^2 如何随着 κ（x 轴）和非零随机贴现因子系数的数量（y 轴）而变化[24]。首先来看图 4-1 左侧部分展示的使用 50 个原始异象收益率的情况，未经任何正则化的模型（右上部分）在样本外的表现

(5) 如果某个个股特征 $x^i_{s,t}$ 存在缺失值，我们则将它替换为均值零。

(6) 比如，如果股票市场的总市值是 20 万亿美元，则我们会保留总市值超过 20 亿美元的个股。

24 译者注：注意，在 x 轴上，κ 越大则代表 γ_2 越小，即施加了更小的 L^2 惩罚，也即收缩的程度更小。在 y 轴上，非零系数越大则说明 γ_1 越小，即施加了更小的 L^1 惩罚。因此，图 4-1 的右上方代表了两方面惩罚都很小的情况。

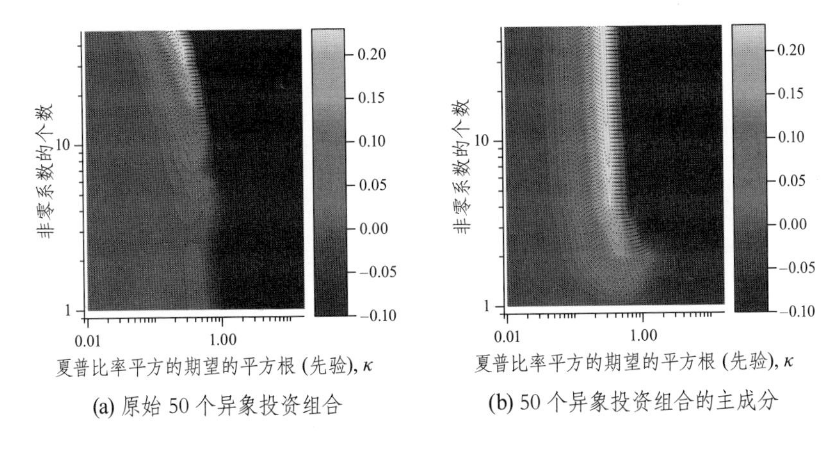

图 4-1　双重罚项下样本外 R^2（50 个异象投资组合）。基于 50 个异象投资组合（图 a）和基于异象投资组合的 50 个主成分（图 b），同时采用 L^1 和 L^2 罚项的一系列模型在样本外的截面 R^2。在 x 轴上，我们通过先验夏普比率平方期望的平方根来定量刻画 L^2 罚项的强度。y 轴显示了随机贴现因子中保留的变量的数量，它定量刻画了 L^1 罚项的强度。两个轴都是对数坐标。

极差（体现为 R^2 明显地小于零）。因此，为了获得良好的样本外预测性能，必须施加一定程度的正则化。此外，我们也可以发现 L^1 和 L^2 罚项之间不存在替代作用。为了获得最大的样本外 R^2，从数据上看，我们需要施加一定程度的 L^2 收缩，而稀疏性对此基本上没有任何帮助。事实上，施加更强的稀疏性[25]，即沿着 y 轴向下，只会造成样本外 R^2 的不断恶化。这也告诉我们，以上 50 个异象之间并不存在太多关于收益率的冗余信息。为了充分捕捉 50 个异象所包含的全部定价信息，我们需要在随机贴现因子中包含几乎全部 50 个异象因子。这也意味着为了实现更好

25 译者注：即 γ_1 越大，非零的系数越少。

的样本外预测，将随机贴现因子的系数向零方向进行收缩是有意义的[26]，但如果为了得到稀疏表达而迫使其中的部分系数为零，则会伤害样本外 R^2。换而言之，一个仅基于少数特征的随机贴现因子难以同时兼顾较好的样本外定价表现。因此，许多异象组合因子都对随机贴现因子的样本外定价能力提供了相当程度的边际贡献。

如果将异象投资组合收益率的主成分作为构造随机贴现因子的基础资产，情况就变得截然不同了（如图 4-1 的右半部分所示）。例如，就样本外 R^2 而言，一个仅依赖于 4 个主成分因子的相对稀疏的随机贴现因子便取得了十分优良的预测效果，而依赖于 10 个主成分因子的随机贴现因子则可以近乎达到最大的样本外 R^2。因此，一个仅基于少数主成分的随机贴现因子可以在样本外取得很好的表现。

图 4-2 为样本外 R^2 提供了一个更为清晰的描述。图 4-2 的左图中，黑色的实线代表了沿着图 4-1 最上方的水平方向上从右至左变化 L^2 收缩程度、但却不施加任何 L^1 惩罚时，样本外 R^2 的变化。如该图所示，样本外 R^2 在 $\kappa \approx 0.3$ 时达到最大。通过基于标准误所描绘的置信区间可以看出，在这一 κ 取值附近的样本外 R^2 在经济上和统计上均显著地大于零。

在 4.2.1 节中，我们基于经济学理论论证了预期收益率先验分布 (4-13) 中的方差与 $\boldsymbol{\Sigma}^2$ 成正比的合理性。然而，我们也需要考查这一经济学动机是否得到了数据的支持。为此，图 4-2 的左图中的点划线描绘了当采用更常见的 Pástor and Stambaugh (2000)先验分布（其中预期收益率

26 译者注：这是因为在收缩可以防止在协变量太多时造成对样本内噪声的过度拟合。

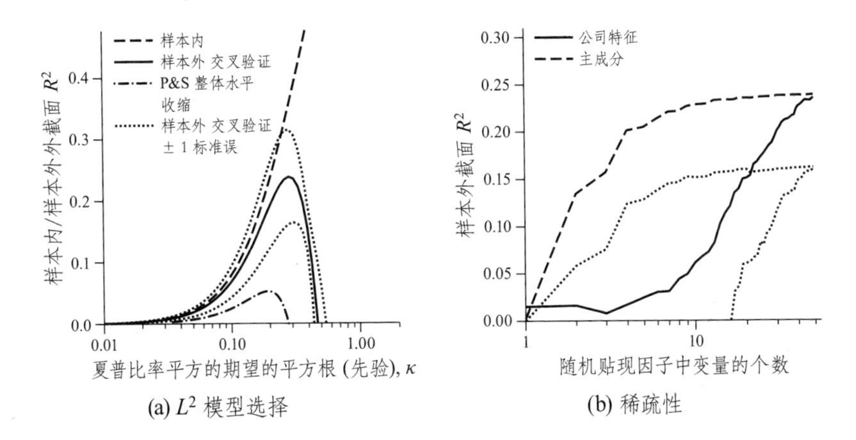

图 4-2　L^2 **惩罚下模型选择和稀疏性（50 个异象组合）。图 a 绘制了样本内截面** R^2 **（长虚线）、基于交叉验证的样本外截面** R^2 **（实线），以及基于 Pástor and Stambaugh (2000) 整体水平收缩的样本外截面** R^2 **（点划线）。图 b 绘制了分别使用原始公司特征投资组合（实线）和主成分（长虚线）时，在不同的因子个数** n **（横坐标）下，不同** L^2 **收缩所能够获得的最大样本外截面** R^2**。图 b 中的短虚线绘制了交叉验证估计量向下一个标准误的边界。**

的先验方差正比于 $\boldsymbol{\Sigma}$ 而非 $\boldsymbol{\Sigma}^2$）时，样本外 R^2 的大小。回顾我们所采用的方法，它不仅对所有系数施加整体水平的收缩，而且还会进一步通过相对更大力度的收缩（扭曲）来削弱低特征值主成分因子的影响。Pástor and Stambaugh (2000) 中的方法则只对所有系数施加整体水平的收缩。可以看到，使用整体水平收缩的最大样本外 R^2 小于 5%（虽然相对于 OLS 的确有所改进），但明显低于我们所使用的方法[7]所达到的 30% 的样本外 R^2。因此，对不同系数采取不同程度的收缩力度贡献了大部分的样本

(7) 对于 Pástor and Stambaugh (2000) 所使用的整体水平收缩估计量，图中的 x 轴显示的是先验下最大夏普比率平方的期望，此时这个值和 κ 不再相同。

外预测表现，而这正是我们所采用的方法的关键。

图 4-2 中的右半部分则沿着图 4-1 的 y 轴，在给定的稀疏性参数下为其选择最优的 L^2 罚参数，并进而绘制了不同稀疏性参数下最优的样本外 R^2。[27]通过图中的实线，我们可以非常清楚地发现基于少数个特征的随机贴现因子的样本外预测表现较差。样本外 R^2 仅在当最低稀疏性水平接近横坐标的最右端时才开始大幅上升[28]。相反，在主成分因子方面，一个非常稀疏的模型便够能获得很好的结果：只基于两个主成分因子的随机贴现因子能够获得最大样本外截面 R^2 的三分之二。一个包含 10 个主成分因子的随机贴现因子实现了几乎最大的样本外 R^2，而一个基于 10 个特征的随机贴现因子的样本外 R^2 却连其最大值的三分之一都不到。

总而言之，以上 50 个异象之间几乎没有信息冗余。因此，希望通过少数几个特征因子来构造一个稀疏的随机贴现因子、并获得优秀的样本外表现是不切实际的。出于这个原因，通过 L^2 罚项而不是仅仅通过 L^1 罚项和稀疏性来应对估计中的高维数问题就显得格外重要。和仅采用 L^1 罚项的 Lasso类方法相比，采用 L^2 罚项能够产生更高的样本外 R^2；对于本节讨论的异象投资组合而言，数据驱动的双重罚项方法则几乎完全抑制了 L^1 罚项的作用[29]。然而，当我们将这些投资组合的收益率转化为其主成分因子后，一个稀疏的随机贴现因子便呈现在我们眼前。这些实

27 译者注：原著直译为对图 4-1 所示的等高线中随 x 轴和 y 轴而变化的最大样本外 R^2 的“山脊”进行了切割，以此绘制图 4-2 中的右图。

28 译者注：即我们需要不断在随机贴现因子中增加特征因子的个数，才能取得很好的样本外 R^2。

29 译者注：最优的 γ_1 接近于零。

证结果与我们在 4.1 节中所表述的观点相符：没有足够的经济学依据相信随机贴现因子是特征的稀疏函数，但是却存在合理的理由认为通过主成分可以获得关于随机贴现因子的一个近似的稀疏表达。

4.3.2 WRDS 财务比例的实证结果

以上 50 个异象都是由已有文献发现的与平均收益率相关的公司特征构成的，从这个意义上说它们是特殊的。我们的方法虽然能够检查它们之间的信息冗余性，但是这些异象的收益率并没有将我们的方法置于从高维数据集中识别全新定价因子的挑战之中。出于这个原因，我们接下来考查基于 WFR 数据集所构建的 80 个因子。实证中使用范围从 1964 年 9 月到 2017 年 12 月的日频样本数据。人们已知 WFR 数据集中的一些特征（例如，多种方法计算的市盈率）与预期收益率有关，但是其他的一些特征则可能不然。因此，这 80 个特征中可能有相当一部分对于定价来说是无关的。我们的方法能否适当地弱化这些与定价无关的因子并避免对它们过度拟合？考查这个问题将会很有意义。

图 4-3 所示的样本外 R^2 的等高线看起来与图 4-1 所示的 50 个异象投资组合时的情形非常相似。未经正则化的模型（右上角）在样本外的预测性能极差，其样本外 R^2 显著小于零。而无论是使用原始投资组合收益率还是主成分因子，仅仅基于 L^2 罚项的模型（图中顶部边缘）都能获得很好的表现。而仅仅基于 L^1 罚项的“Lasso”模型（图中右侧边缘）则在图 4-3 左半部分的原始投资组合收益率情形下表现不佳。

然而，图 4-3 和图 4-1 也存在一些差异。当我们考查图 4-3 右半部

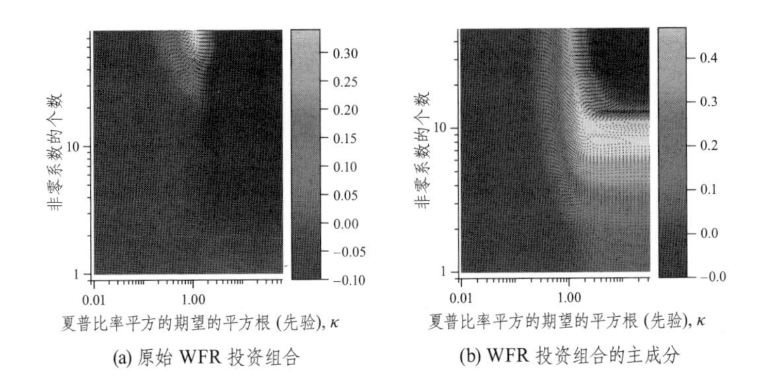

(a) 原始 WFR 投资组合　　(b) WFR 投资组合的主成分

图 4-3　双重罚项下样本外 R^2（WFR 投资组合）。基于 80 个 WFR 投资组合（图 a）和基于 WFR 投资组合的 80 个主成分（图 b），同时采用 L^1 和 L^2 罚项的一系列模型在样本外的截面 R^2。在 x 轴上，我们通过先验夏普比率平方期望的平方根来定量刻画 L^2 罚项的强度。y 轴显示了随机贴现因子中保留的变量的数量，它定量刻画了 L^1 罚项的强度。两个轴都是对数坐标。

分的右侧边缘时，会发现仅包含几个主成分因子的稀疏随机贴现因子不仅在样本外 R^2 方面的表现相当不错，而且即便是在没有太多 L^2 收缩的情况下依旧能够保持良好的样本外表现。对于这一现象，一个可能的解释是以发现样本内显著因子为目标的数据挖掘和发表偏差对异象数据集（即源自被发表的异象）的影响要高于对 WFR 数据集的影响。因此，对于异象数据集来说，需要对随机贴现因子的系数施加更强程度的收缩以防止上述偏差损害样本外的表现，而对于基于 WFR 数据集来说则不需要太强的收缩程度，因为这些投资组合的收益率在样本内外并没有太大的差异。

上述解释还和使得样本外 R^2 最大的 $\kappa \approx 1$ 这样一个经验事实相符，

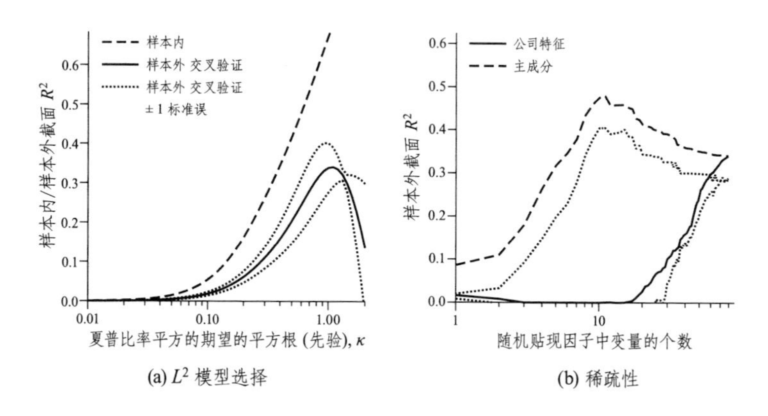

图 4-4　L^2 罚项下模型选择和稀疏性（WFR 投资组合）。图 a 绘制了样本内截面 R^2（长虚线）和基于交叉验证的样本外截面 R^2（实线）。图 b 绘制了分别使用原始公司特征投资组合（实线）和主成分（长虚线）时，在不同的因子个数 n（横坐标）下，不同 L^2 收缩所能够获得的最大样本外截面 R^2。图 b 中的短虚线绘制了交叉验证估计量向下一个标准误的边界。

该最优 κ 值要远远高于使用异象数据集时的最优 κ。图 4-4 的左半部分是通过沿图 4-3 的左半部分等高线图的顶部边缘进行切割所绘制而成的[30]，它更加清晰透明地说明了这一点。其中实线表示样本外 R^2。它的峰值比异象数据集情况下类似的图（图 4-2）更加靠右，这与我们的直觉相符，即和已发表的异象相比，WFR 数据集中的财务比例不太可能发生在样本的早期被数据挖掘的情况，因此不需要太强的收缩。此外，由于 WFR 投资组合和异象相比在时序上的表现更加稳定（后者的表现往往在最新的（尚未被数据挖掘过的）样本中出现显著的衰减（McLean and Pontiff 2016）)，因此基于 WFR 投资组合而构建的随机贴现因子的样本外 R^2 的

30 译者注：图 4-4 展示了在没有任何稀疏性约束时，样本外 R^2 是如何随 κ 变化的。

标准误也要小一些。

图 4-4 中的右半部分是由从下至上沿着图 4-3 所示的等高线中最大样本外 R^2 的“山脊”进行了切割所绘制而成的，即在给定的稀疏性参数下选择最优的收缩程度，并进而绘制了不同稀疏性参数下最优的样本外 R^2。与 50 个异象的情形类似，当我们使用 WFR 特征的投资组合时，随机贴现因子也几乎没有任何特征稀疏性可言。即便如此，当我们使用主成分时，稀疏性则要强得多。一个仅包含六个主成分因子的随机贴现因子模型几乎提供了最大的样本外 R^2。

总而言之，基于对 WFR 数据集的分析表明，我们的方法可以很好地处理一个混合了与定价相关和与定价不相关因子的数据集。当需要稀疏时，中等水平的 L^1 罚项就可以用来去除那些与定价无关的因子，而若以样本外 R^2 为评价准则，仅仅使用 L^2 罚项的模型也能够获得同样优秀的结果。

4.3.3 特征之间的交互作用

为了增加统计上的挑战，我们接下来考虑极高维数据集。我们在以上 50 个异象特征和 80 个 WFR 特征的基础上，补充了原始特征的二次幂和三次幂，以及原始特征之间的两两一阶交互项。这一做法不但在统计上对模型提出了更高的要求，而且它还允许我们放宽特征因子投资组合中资产的权重是（排序后以及标准化之后）特征的线性函数这个相当武断的假设。

事实上，对于像异质波动率等一些异象，众所周知的是其预期收益率效应集中于那些在该特征上取极端值的股票中。Fama and French (2008) 和 Freyberger, Neuhierl, and Weber (2020) 为其他异象的非线性效应提供了实证证据，不过他们的研究方式是投资组合排序法或截面收益率预测性回归，而非估计随机贴现因子。此外，虽然就少数异象而言已有一些交互作用影响的证据（Asness, Moskowitz, and Pedersen 2013、Fama and French 2008），但是在机器学习得以应用之前的资产定价文献中并没有大规模地考虑特征之间的交互作用，这背后的原因可能是伴随着交互项出现的超高维数问题。交互项造成预测变量个数呈指数增长。例如，基于 50 个特征的一阶交互项以及它们的二次幂和三次幂，我们将得到 $\frac{1}{2}n(n+1)+2n=1375$ 个候选因子以及测试资产收益率。而对于 80 个 WFR 特征而言，我们将会得到 3400 个投资组合。

我们按如下方式构造非线性权重以及交互作用。对于时刻 t、股票 s 的任何两个给定的经排序变换后的特征 $x_{s,t}^{i}$ 和 $x_{s,t}^{j}$，我们将两个原始特征的乘积经过式 (4-26) 的方法进行标准化之后的结果定义为一阶交互作用 $x_{s,t}^{ij}$：

$$x_{s,t}^{ij}=\frac{\left(x_{s,t}^{i}x_{s,t}^{j}-\frac{1}{n_t}\sum_{s=1}^{n_t}x_{s,t}^{i}x_{s,t}^{j}\right)}{\sum_{s=1}^{n_t}\left|x_{s,t}^{i}x_{s,t}^{j}-\frac{1}{n_t}\sum_{s=1}^{n_t}x_{s,t}^{i}x_{s,t}^{j}\right|}. \tag{4-27}$$

我们在实证分析中加入了全部的一阶交互作用。除此之外，我们还考虑了每个特征的二次幂和三次幂，它们可以被类似地定义为特征和自身的交互作用。值得一提的是，尽管我们对交互作用或高阶幂项进行了标准化处理，但并没有对它们进行重新排序。例如，任何给定特征的三次幂将会是一个全新的特征，它虽然对那些在原始特征上具有极端取值的股票具有更高的头寸，但却和原始特征一样有着相同的总头寸（杠杆）。Kozak, Nagel, and Santosh (2020) 的线上附录说明了如何用更传统的双重投资组合排序法来理解这种交互作用。

由于在这种情况下基于特征所构建的因子数量非常多，即便我们已经使用了日频数据，前述三折交叉验证方法依然在估计协方差矩阵的逆矩阵过程中遇到了数值不稳定问题。出于这个原因，为了获得更稳定的协方差矩阵估计，我们转而采用二折交叉验证。这个做法为我们提供了更长的样本数据来估计协方差矩阵，样本数据的扩充足以让我们获得稳定的估计(8)。

图 4-5 显示了样本外截面 R^2 的等高线如何随 κ（在 x 轴上）和非零随机贴现因子系数的数量（在 y 轴上）变化。第一行两个图汇总了基于原始特征投资组合收益率的情况，而第二行图则展示了基于相应的主成分因子的情况。首先来看第一行的两个关于原始投资组合收益率的图，可以发现不论是对于异象的情形还是对于 WFR 投资组合的情形，随机贴现因子即便具备相当程度的稀疏性也不会造成样本外 R^2 的损失。哪怕当我们施加 L^1 罚项强度使得随机贴现因子中仅包括 100 个左右因子（对于异象而言，从 1375 个原始特征、特征的高阶幂以及交互作用中选出 100 个左右；对于 WFR 投资组合而言，从 3400 个原始特征、特征的高阶幂以及交互作用中选出 100 个左右），配合与之对应的最优 L^2 罚项后，该稀疏随机贴现因子的样本外 R^2 将不会降低。但是和从前一样，如

(8) 由于部分交互项在样本早期存在数据缺失问题，我们针对异象特征的实证研究样本区间缩短至 1974 年 2 月到 2017 年 12 月，针对 WFR 特征的实证研究样本区间缩短至 1968 年 9 月到 2017 年 12 月。

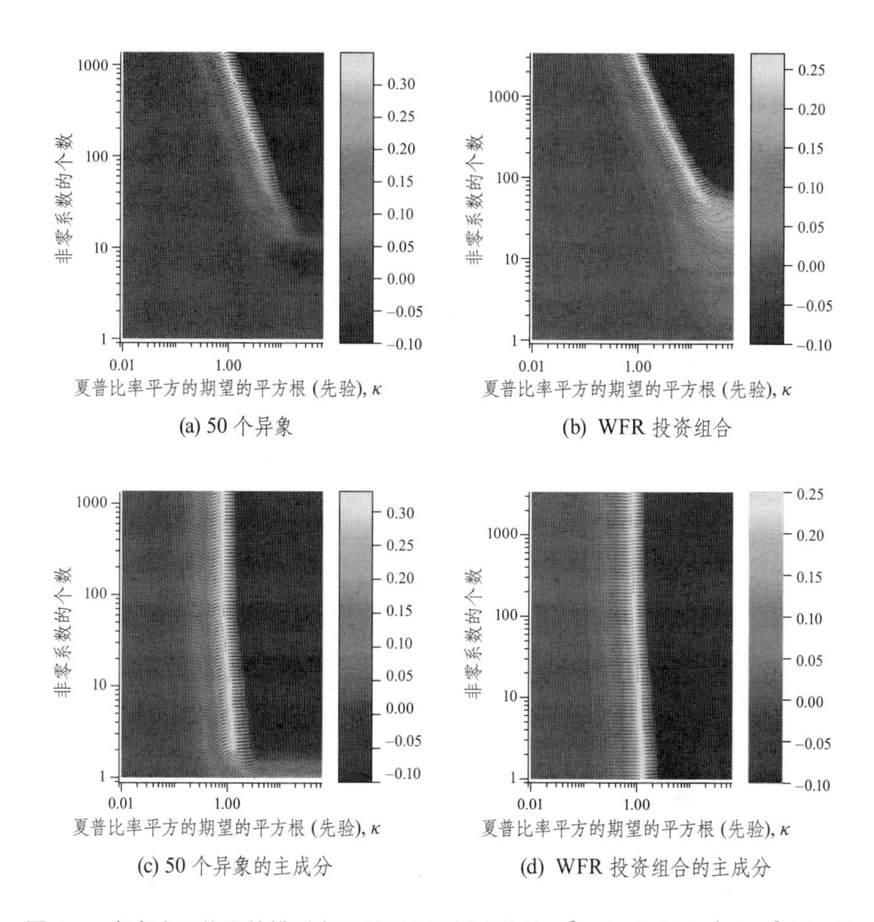

图 4-5 考虑交互作用的模型在双重罚项下样本外的 R^2。同时采用 L^1 和 L^2 罚项的一系列模型在样本外的截面 R^2，其中图 **a** 基于 **50** 个异象的交互项的投资组合收益率，图 **b** 基于 **80** 个 **WFR** 公司特征的交互项投资组合收益率，图 **c** 和 **d** 分别对应图 **a** 和 **b** 中所涉及的投资组合的主成分组合。在 x 轴上，我们通过先验夏普比率平方期望的平方根来定量刻画 L^2 罚项的强度。y 轴显示了随机贴现因子中保留的变量的数量，它定量刻画了 L^1 罚项的强度。两个轴都是对数坐标。

果仅使用 L^1 罚项，只会带来很差的样本外表现。

图 4-5 中的第二行显示了基于主成分因子时样本外 R^2 的等高线。在不损害样本外预测性能为前提下能够施加多强的稀疏性方面，第二行的结果与第一行的结果截然不同。我们仅需要少数主成分因子（甚至是只通过一个）就足以获得较高的样本外解释能力。不过当使用主成分时，稀疏性与最优的 L^2 罚项选择相结合也至关重要。在施加必要的 L^2 收缩的前提下，在随机贴现因子中加入更多的主成分因子不会削弱样本外的表现，不过这么做也并不能提供多少改进空间。

图 4-6 中的两张图依旧是由从下至上沿着等高线图中最大样本外 R^2 的“山脊”进行了切割所绘制而成的，即我们改变稀疏性取值并选择相应的最优收缩程度，以此绘制不同稀疏性参数下最优的样本外 R^2。这些图又一次印证了我们前面的结论，原始特征的高阶幂以及它们之间的交互项并没有在定价方面贡献更多的信息，因而它们之中的大部分都可以被忽略掉。我们发现对于左图的异象特征和右图的 WFR 特征来说，一个仅包含 100 个特征的随机贴现因子就可以达到最大的样本外 R^2。但是，正如图中很宽的标准误范围所显示的那样，估计的统计精度很低。超高维数的投资组合个数将我们的方法推向了它的统计极限。

总的来说，这些实证结果表明，就其定价影响而言，绝大多数的高阶幂和交互项看上去都是多余的。它们之中的很大一部分都可以被排除在随机贴现因子的考虑范围外，而忽略掉它们并不会削弱随机贴现因子在样本外的定价表现。然而，和此前的分析一样，L^2 收缩对于获得优秀的样本外 R^2 十分关键。

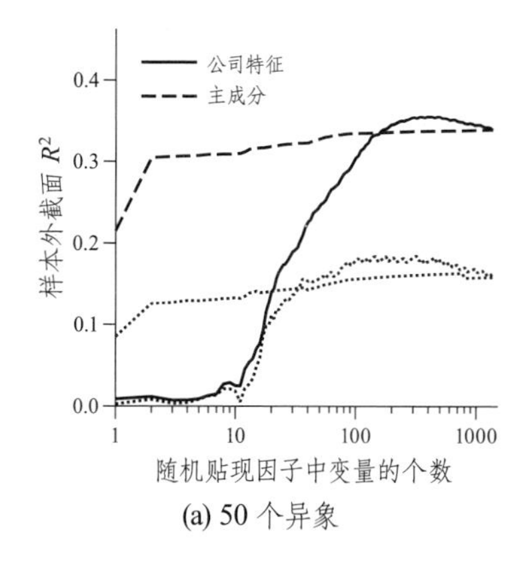

(a) 50 个异象

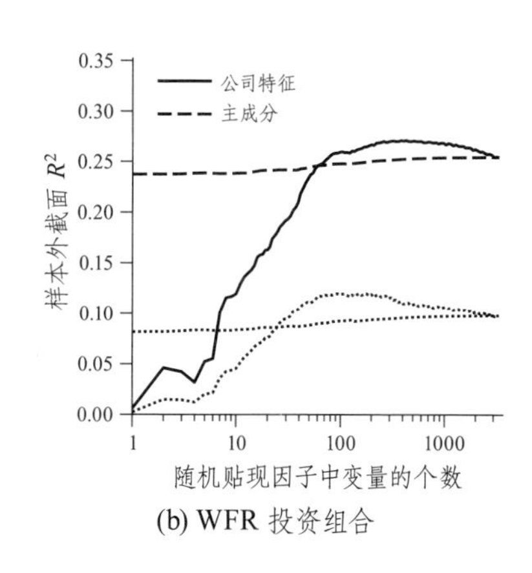

(b) WFR 投资组合

图 4-6　交互项模型的 L² 稀疏性。图中绘制了分别使用原始公司特征投资组合的交互项（实线）和交互项的主成分（长虚线）时，在不同的因子个数 n（横坐标）下，不同 L² 收缩所能够获得的最大样本外截面 R^2。图 a 展示 50 个异象组合的情况。图 b 展示 80 个 WFR 组合的情况。图中的短虚线绘制了交叉验证估计量向下一个标准误的边界。

4.4　样本外资产定价检验

上文所使用的交叉验证方法通过未被用于参与随机贴现因子系数估计的样本数据来评估模型的性能，因此它是一个样本外指标。然而，我们关于正则化（L¹ 和 L² 罚项）强度的选择是基于整个样本数据进行的。对于全新或被保留的、完全没有被用于估计或超参数调节的数据来说，基于另外一个样本的最优罚项也许就不再是最优的。为了解决这个潜在的问题，我们下面利用未被用于模型估计和超参选择的数据进行样本外测试。通过前述 L² 罚项方法，我们使用 2004 年底之前的数据进行包括超参数调节在内的全部估计过程。2004 年之后的数据则完全被排除在估算过程之外。然后，我们利用 2005–2017 年的数据评估通过截至 2004 年底数据所估计出的随机贴现因子的样本外表现。前文曾指出特征稀疏的随机贴现因子无法充分描述股票收益率的截面差异，而这一分析使得我们能够检验上述观点的统计显著性。

这种样本外的分析还有助于剥离已发表研究中的数据挖掘对我们分析的影响，从而得到更稳健的结论。特别是对于 50 个已知的异象来说，整个样本内的平均收益率可能无法代表这些事后挑出的投资组合在事前的预期收益率。到目前为止，我们的分析已经间接地采用了一些防止数据挖掘偏误的措施。对于数据挖掘的虚假异象来说，我们没有充分的理论依据将它们的平均收益率归结为对于高方差主成分因子的暴露。如果它们之间确无关联，那么我们的 L^2 罚项以及双重罚项会大大降低它们对随机贴现因子的贡献。即便如此，为了确保结果并非由数据挖掘出来的异象所致，使用完全未被使用的 2004 年之后的数据进行样本外检验提供了额外的保障。

我们的分析思路与 Barillas and Shanken (2018) 的十分类似，即比较不同多因子模型所隐含的 MVE 投资组合的夏普比率（而非某些“测试资产”在不同模型下的超额收益），不过我们关注的是样本外的结果。我们的检验过程如下。首先，利用基于 2005 年之前的数据所估计得到的市场 β，将因子投资组合收益率对市场收益率进行正交化处理[9]。基于 2005 年之前的数据，使用前文所提及的 L^2 罚项贝叶斯方法估计得到 $\hat{\boldsymbol{b}}$；

(9) 正交化得到的异常收益率为 $F_{i,t} = \tilde{F}_{i,t} - \beta_i R_{m,t}$，其中 $\tilde{F}_{i,t}$ 是投资组合的原始收益率，而 $R_{m,t}$ 是市场组合的收益率。在此前的分析中，我们通过全部样本数据来估计 β_i。

在样本外的 2005 到 2017 年期间，利用 $\hat{\boldsymbol{b}}$ 构建随机贴现因子隐含的 MVE 投资组合收益率 $\hat{\boldsymbol{b}}'\boldsymbol{f}_t$ 的时间序列。我们在构建随机贴现因子时考虑了三组可能的投资组合：50 个异象投资组合、80 个 WFR 特征投资组合，以及基于 50 个异象特征交互作用的特征组合(10)。正如在此前的估计中所采用的那样，我们通过三折交叉验证（对于含有交互作用的情况则使用二折交叉验证）来选择罚参数，但由于此处只使用 2005 年之前的样本进行参数估计和超参选择，因此交叉验证划分出的每个子样本都更短。

接下来，我们使用三个基于特征的基准模型来估计上述样本外 MVE 投资组合的异常收益率，这三个基准是：资本资产定价模型（CAPM）；Fama and French (2016) 的六因子模型（在五个截面因子的基础上加入截面动量因子）；以及我们的双重罚项模型，只不过我们通过控制 L^1 罚项强度使得该模型估计的随机贴现因子中只包含五个基于特征的截面因子。为了在平等的基础上比较模型，我们也为这些基准模型构建了它们各自的 MVE 投资组合[31]。由于候选因子收益率均和市场收益率进行了正交化处理，因此使用 CAPM 模型时的基准预期收益率即为零。当使用 Fama–French 六因子模型为基准时，使用 2005 年以前的数据并利用模型

(10) 我们没有汇报针对 WFR 投资组合交互项情况的结果。背后的原因是基于特征所构造的因子数量太多，而用来估计它们协方差矩阵的样本量太少，因而无法有效估计协方差矩阵。

31 译者注：由于线性随机贴现因子、多因子模型以及均值方差有效（MVE）投资组合之间的等价性，在比较不同多因子模型的定价能力时，一个可行的做法是首先基于每个模型各自包含的因子构造其对应的 MVE 投资组合，然后再考查不同模型的 MVE 投资组合之间是否能够给彼此定价——即在给定的 MVE 投资组合下，其他 MVE 投资组合能否获得超额收益。这正是本节所使用的做法。关于这个方法更详细的讨论以及全面的实证分析，请参考 Baba-Yara, Boyer and Davis (2021)。
此译者注中包含的补充参考文献：
Baba-Yara, F., B. Boyer, and C. Davis (2021). The factor model failure puzzle. Working paper, Brigham Young University, Indiana University.

中除市场因子之外的五个因子[(11)]，[32]估计未经正则化约束的 MVE 投资组合权重 $\hat{\boldsymbol{w}}=\overline{\boldsymbol{\Sigma}}_f^{-1}\bar{\boldsymbol{f}}$。我们接着将上述权重用于样本外区间的五个因子的收益率之上，从而构造该模型下的 MVE 投资组合基准收益率。最后，对于通过双重罚项估计得到的五因子稀疏模型，使用 2005 年前的数据估计 $\hat{\boldsymbol{b}}$，然后将该最优投资组合权重[33]应用于样本外时期的收益率上。如果我们之前的论断是正确的，即随机贴现因子不能被少量基于特征的因子表示，那么对于以上三个稀疏模型基准的 MVE 投资组合[34]来说，通过全部候选因子构造的样本外 MVE 投资组合应该能够产生相对它们的异常收益率。

表 4-1 证实了根据我们所估计的随机贴现因子所构建的 MVE 投资组合在预留的样本外数据中表现良好。该表汇报了将样本外 MVE 投资组合的收益率对基准收益率进行时间序列回归时得到的截距项（超额收益率 α），表中的超额收益率是年化后的结果，单位是%，括号中是对应的标准误。为了便于解释表中数值的大小，我们对 MVE 投资组合的收

(11) 和之前一样，我们将其他五个因子（即 SMB、HML、UMD、RMW 和 CMW）的收益率对市场因子收益率进行正交化处理，其中因子对市场组合的暴露是通过 2005 年之前的数据估计得来的。

32 译者注：原著脚注 11 中的五个因子为 SMB、HML、UMD、RMW 以及 CMA。它们分别是 Small-Minus-Big、High-Minus-Low、Robust-Minus-Weak、Up-Minus-Down 以及 Conservative-Minus-Aggressive 的缩写，代表了规模（小市值）因子、价值因子、截面动量因子、盈利因子以及投资因子。其中除截面动量因子之外的四个因子是出自原始的 Fama and French (2015) 五因子模型，截面动量因子出自 Carhart (1997)。

此译者注中包含的补充参考文献：

Carhart, M. M. (1997). On persistence in mutual fund performance. *Journal of Finance 52*(1), 57–82.

33 译者注：请回顾一下，$\boldsymbol{b}$ 是随机贴现因子中风险因子的风险价格系数。然而，当用于估计随机贴现因子和用来检验随机贴现因子定价能力的资产为同一组资产时，$\boldsymbol{b}$ 恰好也是以这组资产所构造的 MVE 投资组合中资产的权重。

34 译者注：这里作者将 CAPM，Fama–French 六因子模型以及通过双重罚项估计的五因子模型均视为稀疏特征因子模型。

表 4-1　预留样本（2005–2017）中 MVE 投资组合的年化样本外超额收益率

SDF 因子 \ 基准	CAPM	Fama–French 六因子	特征稀疏	主成分稀疏
50 个异象投资组合	12.35	8.71	9.55	4.60
	(5.26)	(4.94)	(3.95)	(2.22)
80 个 WFR 投资组合	20.05	19.77	17.08	3.63
	(5.26)	(5.29)	(5.05)	(2.93)
1375 个异象的交互作用	25.00	22.79	21.68	12.41
	(5.26)	(5.18)	(5.03)	(3.26)

本表格汇报了年化超额收益率（%），计算方式为将通过随机贴现因子构造的样本外 MVE（仅采用 L^2 收缩）投资组合的收益率分别对四个带约束的基准模型进行时序回归。这四个基准模型包括 CAPM、Fama–French 六因子模型、由原始特征构造的最优五因子稀疏模型以及由主成分因子构造的最优五因子稀疏模型。在计算结果时，MVE 投资组合的收益率被按照市场组合的波动率进行了标准化，使其波动率等于市场组合的波动率。表中括号里显示的是超额收益率的标准误。

益率进行了缩放，使它们在样本外和市场指数的收益率具有同样的标准差。表 4-1 的第一列说明，三组候选因子构造的样本外 MVE 投资组合均能产生相对 CAPM 模型巨大的异常收益率。例如，对于使用 50 个异象构造的样本外 MVE 投资组合来说，异常收益率的估计值为 12.35%，尽管样本外用于评估的样本很短，但它相对于零来说依然超过了两个标准误以上的距离。基于其他两组投资组合而产生的异常收益率甚至更高。从表中的第二列可见，对于 Fama–French 六因子模型来说，上述模型的异常收益率在数量级上和以 CAPM 为基准时非常接近，对于三组候选因子中的两组，我们能够在 5% 的显著性水平下拒绝异常收益率为零的原假设。第三列展示了使用双重罚项方法估计得到的稀疏五因子模型为基准的情况，这时异常收益率的结果和以 Fama–French 六因子为基准时几乎相同。总的来说，表中的证据进一步证实了我们的主张，特征稀疏模型不能充分地刻画股票预期收益率的截面差异。

在此前的分析中，我们还发现基于主成分因子的稀疏模型比基于特征因子的稀疏模型在定价方面表现更好。这个结果在样本外分析中依然成立。表 4-1 的最后一列展示了当以通过双重罚项构造的包含五个主成分因子的稀疏模型为基准时，其表现要远远优于其他三个特征稀疏的基准模型。此时，三组构造随机贴现因子的候选投资组合的异常收益率和之前相比都小得多，基于 80 个 WFR 投资组合的异常收益率相对于零的偏离在统计上并不显著，而基于 50 个异象的异常收益率相对于零的偏离仅仅是微弱的显著。

4.5 相关最新研究

将机器学习应用于截面资产定价是当下一个非常活跃的研究领域。最近的一些论文使用了监督学习技术，并提供了与本章讨论的问题有关的见解。

这一系列工作中有一条逻辑主线是在主成分分析（PCA）的基础上，为收益率的一阶矩和二阶矩之间建立具有经济学动机的关联，这与本章对于随机贴现因子的估计类似。Lettau and Pelger (2018)[35] 提出了一种

35 译者注：这篇文章后于 2020 年发表，见 Lettau and Pelger (2020)。

此译者注中包含的补充参考文献：

Lettau, M. and M. Pelger (2020). Factors that fit the time series and cross-section of stock returns. *Review of Financial Studies 33*(5), 2274–2325.

PCA 的变形，在提取主成分时不仅考虑解释资产收益率的共同运动，而且还考虑解释它们收益率均值的差异。Kelly, Pruitt, and Su (2019) 则使用工具变量主成分 (IPCA) 方法对于公司特征空间进行了降维。这种方法通过让资产对隐性因子的暴露取决于公司特征的方式，扩展了投影 PCA 方法（Fan, Liao, and Wang 2016）。IPCA 同时估计了隐性因子以及将公司特征和因子暴露联系在一起的参数。为了顺利地实施该方法，学者们需要预先选定隐性因子的数量。我们可以把预先选择协方差的几个主要来源作为定价因子的做法看作近似地强加了如下的先验信念：高夏普比率更有可能来自协方差的主要来源，而非低特征值对应的主成分。与事前强加主成分稀疏的随机贴现因子表达有所不同，我们在本章中讨论的方法会基于样本外的表现自动确认随机贴现因子的表达中是否应具备稀疏性。

Freyberger, Neuhierl, and Weber (2020)、Han, He, Rapach, and Zhou (2019) 以及 Feng, Giglio, and Xiu (2020) 则专注于带有 L^1 罚项的 Lasso类型的回归。这些研究发现了相当程度的稀疏性，表明股票截面收益率预测变量中存在大量的冗余变量。然而本章的结果表明，为了使用基于公司特征的因子来估计随机贴现因子，单纯通过 L^1 罚项进行因子选择的做法不如同时考虑 L^2 罚项的做法，L^2 罚项将随机贴现因子系数向零施以不同程度的收缩，而无须对系数向量强加稀疏性假设。这一发现与已有统计学文献中的结论相一致：当自变量之间存在相关性时，Lasso方法通常表现不佳，而岭回归（L^2 范数的平方为罚项）或弹性网方法（同时包含 L^1 和 L^2 罚项）在这种情况下的预测表现要优于 Lasso（Tibshirani

1996、Zou and Hastie 2005；另见我们在 2.2.1 节中的相关讨论）。

本章的分析通过特征之间的交互作用以及特征自身的高阶幂研究了简单形式的非线性。另有一些论文探讨了处理非线性的更为复杂的方法。Kozak (2019) 以本章的方法为基础将正则化和经济学约束相联系并进行随机贴现因子估计，不过该文进一步使用了*核技巧方法*（*kernal trick*）将原始特征空间扩展到了由原始特征的非线性函数构成的潜在无穷维的空间。Gu, Kelly, and Xiu (2021)[36]扩展了 Kelly, Pruitt, and Su (2019) 提出的 IPCA 方法，通过使用自编码器神经网络将因子暴露拟合为特征的非线性函数。Feng, Polson, and Xu (2018)、Chen, Pelger, and Zhu (2019) 以及 Gu, Kelly, and Xiu (2020) 同样通过采用神经网络模型的方式考虑了特征的非线性影响。其中后面这两篇论文发现最重要的非线性源自特征之间的交互作用，而非特征自身的非线性变换。这与我们在本章表 4-1 中看到的包含特征交互作用能够带来提升的结果相一致。

Moritz and Zimmermann (2016) 以及 Bryzgalova, Pelger, and Zhu (2019) 则使用基于决策树的方法来处理非线性。决策树模型是对传统依据特征分类的投资组合的一个自然拓展，这一模型不但能充分考虑到特征之间的交互作用，而且还能避免维数灾难。但在资产定价领域应用这些方法将要面临的一个重要问题是如何对决策树进行剪枝处理或以其他方式正则化决策树的生长。在理想情况下，人们希望在实现上述目标时加入从经济学理论上可解释的约束，就像在本章中我们在估计随机贴现因子系数

36 译者注：在原著中，Gu, Kelly, and Xiu (2021) 的年份为 2020，状态为待发表。由于在本书写作时，该文已经发表，因此在中文版中使用了更新后的发表信息。

时加入罚函数一样。类似于这一做法，Bryzgalova, Pelger, and Zhu (2019) 基于均值-方差最优化问题实现了对决策树结构的剪枝和收缩处理，以此解决了上述问题。

为了阐释机器学习方法捕获的收益率的可预测性在经济上的重要性，搞清楚收益率的可预测性中有多少来自小市值且流动性很差的股票是有意义的。从某种程度上来说，我们可以预期可预测性所导致的错误定价程度在不被大型机构的投资经理所关注的小盘股中更加显著。然而，如果基于机器学习方法所构建的投资策略大部分乃至全部利润都来源于小盘股，这一收益率预测在经济上的重要性将大打折扣。这也是本章和以上引用的部分文献都将小市值股票完全排除在分析之外的原因。Avramov, Cheng, and Metzker (2019) 广泛地研究了各种基于机器学习算法构造的投资组合的收益率对交易成本和非流动性的敏感性。另一种处理非流动性和交易成本的方法是在机器学习问题中明确地考虑交易成本优化问题。DeMiguel, Martin-Utrera, Nogales, and Uppal (2020) 发现这样做会使得在带有 L^1 范数罚项的 Lasso类估计框架下，与定价相关的个股特征数量变得更多。

4.6 结束语

本章展示了机器学习方法能够被自然地应用于股票收益率截面的研究中。鉴于大量的公司特征似乎都包含截面预测信息，机器学习方法使得研究人员能够接受这一高维数性质，而不是通过人为施加稀疏性假设进而使用仅含少数因人而异的变量的低维模型。

同时，本章的结果以及其他最新的文献都进一步强调了在截面资产定价中所应用机器学习方法与在其他领域中应用机器学习方法有着很大的不同。在资产定价领域内，非线性作用相比于应用机器学习的其他领域而言要有限得多。使用神经网络和决策树方法的研究都表明特征之间的交互作用是主要的非线性形式，其他类型的非线性则似乎没那么重要。

与其他应用机器学习方法的领域不同，稀疏性在资产定价领域内的作用也似乎很有限。不同公司特征所包含的预测信息之间并没有很多冗余。虽然对于某些数据集（例如在本章中讨论的包含了大量特征交互项和高阶幂的情形中）使用稀疏模型可以消除一些无用的因子，但最终所保留的相关特征数量仍然非常庞大。因此，在实证资产定价文献中，数十年来尝试通过仅包含少数（例如，三、四或五个）基于特征因子的稀疏多因子模型来完全解释股票收益率截面的努力似乎是徒劳的。

鉴于资产收益率数据的低信噪比，一个高度灵活且纯数据驱动的收益率预测方法似乎不太可能成功[37]。在本章的分析中，适当地在估计过程中加入经济学理论推理有助于获得样本外性能更好的估计量。贝叶斯估计框架通过将具有经济学动机的推理化作先验分布的选择，提供了一种很好的将其融入估计过程的方法。我们从一个经济上合理的先验出发引出了估计问题中使用的具体的 L^2 罚项，这个先验的经济学动机是市场中不应存在近似无风险套利的机会，且收益率共同运动的主要来源同时也应该是预期收益率溢价的主要来源。正如 Kozak, Nagel, and Santosh

37 译者注：灵活性高即意味着模型在拟合过程中极易将噪声当作实际信号进行拟合，因此不具备良好的样本外表现。

(2020) 中所详细阐述的那样，将该先验分布修改为缺乏经济学理论考量的版本将会削弱模型样本外的预测性能。因此，留给未来研究的一个有趣的方向是如何根据经济学理论对诸如神经网络、决策树以及随机森林等其他机器学习方法施加正则化和进行超参数选择。

第 5 章　投资者信念形成的机器学习模型

在前面的章节中，我们从统计学家的视角在事后研究了资产价格的历史数据。以构造有用的资产收益率预测为目标，统计学家使用机器学习工具从资产价格数据中挖掘可预测的模式。在这些分析中，我们将资产价格数据视为外生给定的。统计学家仅仅是一个外部观测者，他对市场价格没有任何影响。

如果金融市场数据的外部观测者面临一组高维的潜在预测变量，那么在金融市场中进行交易的投资者（他们的交易行为产生了价格数据）也一定面临类似的高维预测问题。例如，要对一支股票估值，投资者必须预测未来很多年的现金流。而对于预测现金流有帮助的变量集则是巨大的。这一变量集包括会计报表数据、公司定期报告中的文本信息、公司关于计划和项目的公告、行业动态，以及宏观经济变量等。

然而，现有的资产定价模型并未将投资者置于如此复杂的环境之中。事实上，大多数标准模型都假设理性预期，即假设现金流生成模型以及模型的参数对投资者来说是已知的。换句话说，对于投资者来说，不存在需要学习观测到的协变量和未来现金流量之间的预测关系的问题。一旦我们考虑到真实世界中实际的经济主体必须解决的预测问题所处的环境复杂性，那么仍在定价模型中假设投资者已知现金流生成模型及其参数似乎便站不住脚。在一些资产定价和宏观经济学文献中，理性的经济主体从观测数据中学习模型的设定及其参数，乃至其他经济主体的行为。但是，在这些模型中，经济主体面临的学习问题往往是低维的，因而低估了学习问题的难度。

因此，人们也许会问，是否恰恰因为理性信念形成的标准模型中对投资者学习问题过于简化，才导致了投资者预测和决策的现实特征与理性预期模型的理论结果相违背。例如，在上一章我们研究实证截面资产定价时遇到的庞大的"因子动物园"[1]问题中，历史数据中的某些收益率可预测性模式会不会实际上是投资者学习这些变量的预测性内容而产生的结果呢？近几十年来，投资者可观测到的能够预测股票基本面的潜在变量个数的快速增长，与学者们发现的能够预测收益率的变量个数的增长之间是否存在联系（Harvey, Liu, and Zhu 2016）？

我们在前几章中回顾的机器学习方法为在高维环境中对投资者学习建模提供了一个有吸引力的范式。机器学习方法不仅以一种先进的方式处理学习环境的复杂性（而不是人为地将学习问题视为低维问题），而

1 译者注："因子动物园"（英文 *factor zoo*）由前美国金融协会主席 John Cochrane 教授在 2011 年主席演讲中提出（Cochrane 2011）。Cochrane 使用"因子动物园"一词来描绘过去 20 到 30 年的时间里实证资产定价研究中因子（factors）和异象（anomalies）频出的现象，它们对应着本书上下文中提及的大量看上去能够预测收益率的协变量。面对这个问题，Cochrane 提出了三个核心问题：（1）哪些变量对解释预期收益率提供了增量信息？（2）异象变量是否可以被用来构造一个新的因子来解释其他资产？（3）到底有多少因子是重要的？这些问题为之后的实证资产定价研究奠定了基调。

且它们还与专业的量化投资者在现实世界中使用的统计方法有一些相似之处。因此，我们可以让理论模型中的投资者使用机器学习工具来了解世界并为资产定价，而非仅仅通过它们来进行事后数据分析。

在本章中，我将就如何在资产定价模型中考虑投资者高维学习问题给出一些初步的讨论。本章中的材料是 Martin and Nagel (2019)[2] 一文的简化版本。该模型中的投资者使用一组协变量来预测公司现金流，并根据这些预测为股票定价。为了做出预测，投资者必须根据观测到的历史数据估计协变量与未来现金流之间的函数关系。在这个过程中，投资者面临的学习问题对资产价格的性质有着深远的影响。当潜在相关预测变量的数量比产生历史价格数据以供投资者学习的股票的数量大得多的时候，这种影响尤甚。

相对于在现实世界中投资者所面临的学习问题，这个模型中考虑的投资者学习问题在很多方面都得到了极大的简化。例如，对投资者来说，模型假设相关的预测变量集是已知的，协变量和股票现金流之间预测关系的函数形式是线性且已知的（投资者只需要学习并估计模型的参数），并且驱动股票基本面变化的随机过程不随时间变化。此外，该模型中的投资者能够在没有摩擦的情况下最优地消化其可获得的全部信息。为此，投资者使用了我们在前几章中讨论过的贝叶斯回归工具。在研究中保持投资者学习问题足够简单并假设投资者的信念形成在统计上最优，这么做能够最大限度地减小投资者在学习现金流过程中出现的估计误差。

2 译者注：在本书中文版即将出版之际，Martin and Nagel (2019) 已被 *Journal of Financial Economics* 接收并发表。

即便上述经济模型中既不存在风险溢价也不存在行为偏差，当计量经济学家对该模型产生的收益率进行常规可预测性检验时，依然会发现收益率中似乎存在着类似风险溢价或投资者行为偏差的可预测性。这是因为投资者学习问题的高维数特性改变了均衡状态下资产价格的性质。当投资者学习问题是低维的时，从计量经济学家的观点来看，收益率近似于鞅差序列。但在高维数下，情况就发生了变化。

对于研究上述问题来说，假设协变量和现金流之间满足简单的线性关系并假设线性函数已知是一个很好的起点，但这种做法依然留下了许多亟待探索的问题，即投资者如何在更复杂的环境中形成关于基本面变量的信念。通过更适合于非线性环境以及未知函数形式问题的机器学习算法研究投资者学习问题，可能会对金融市场中的资产价格行为提供更多的见解。下一章将提供一些后续研究在探索这些问题时可能尝试的方向。

5.1 资产市场

我首先介绍模型的设定，在这一设定下投资者将学习产生资产现金流的过程。假设市场中有 N 个资产并假设时间是离散的，即 $t \in \{1, 2, \cdots\}$。对每个资产，投资者可观测到 J 个公司特征，我们用 $N \times J$ 维矩阵 $\boldsymbol{X}$ 表示所有资产的全部特征。此外，假设 $\operatorname{rank}(\boldsymbol{X}) = J$，即没有任何公司特征是多余的[3]，并且公司特征被标准化，满足 $\frac{1}{NJ}\operatorname{tr}(\boldsymbol{X}'\boldsymbol{X})$

3 译者注：$\operatorname{rank}(\boldsymbol{X}) = J$ 意味着矩阵 $\boldsymbol{X}$ 是列满秩的，因此没有任何公司特征能够被表示为其他特征的线性函数，即没有任何公司特征是多余的。

$=1$。[4]

模型中，资产支付股息，令向量 $\boldsymbol{y}_t$ 表示 t 期所有资产的股息。进一步假设通过公司特征 $\boldsymbol{X}$ 能够部分预测股息增长 $\Delta\boldsymbol{y}_t=\boldsymbol{y}_t-\boldsymbol{y}_{t-1}$，即：

$$\Delta\boldsymbol{y}_t=\boldsymbol{X}\boldsymbol{g}+\boldsymbol{e}_t,\quad \boldsymbol{e}_t\sim\mathcal{N}(\boldsymbol{0},\boldsymbol{I}_N). \tag{5-1}$$

式中矩阵 $\boldsymbol{X}$ 包含了投资者在预测股息增长时可以使用的所有变量。然而，上述现金流模型在很多方面仍然比现实世界中的投资者必须学习的现金流过程要简单得多。

首先，该模型中现金流增长和公司特征之间的关系是线性的，且我们假设投资者知道二者的关系是线性的。在现实中，协变量与未来现金流量增长之间可能存在非线性关系。但是这一假设并不像它看上去那么局限，这是因为通过在矩阵 $\boldsymbol{X}$ 中加入公司特征的非线性函数，我们便可以将非线性引入到上述模型中。

其次，我们假设矩阵 $\boldsymbol{X}$ 不随时间变化。而实际上，公司特征会随时

4 译者注：这一标准化处理可以理解为对于任一公司特征，我们令其截面非中心二阶矩等于 1，即 $\frac{1}{N}\sum_{i=1}^{N}x_{i,k}^2=1$。此时可得

$$\boldsymbol{X}'\boldsymbol{X}=\begin{bmatrix}\sum_{i=1}^{N}x_{i,1}x_{i,1} & \sum_{i=1}^{N}x_{i,1}x_{i,2} & \cdots & \sum_{i=1}^{N}x_{i,1}x_{i,J}\\ \sum_{i=1}^{N}x_{i,2}x_{i,1} & \sum_{i=1}^{N}x_{i,2}x_{i,2} & \cdots & \sum_{i=1}^{N}x_{i,2}x_{i,J}\\ \vdots & \vdots & \ddots & \vdots\\ \sum_{i=1}^{N}x_{i,J}x_{i,1} & \sum_{i=1}^{N}x_{i,J}x_{i,2} & \cdots & \sum_{i=1}^{N}x_{i,J}x_{i,J}\end{bmatrix}.$$

此时

$$\begin{aligned}\mathrm{tr}(\boldsymbol{X}'\boldsymbol{X})&=\sum_{i=1}^{N}x_{i,1}^2+\sum_{i=1}^{N}x_{i,2}^2+\cdots+\sum_{i=1}^{N}x_{i,J}^2\\&=\sum_{k=1}^{J}\sum_{i=1}^{N}x_{i,k}^2\\&=JN,\end{aligned}$$

即 $\frac{1}{NJ}\mathrm{tr}(\boldsymbol{X}'\boldsymbol{X})=1$，如正文中所述。

间变化。通过构建一系列假想的特征恒定的公司、并令 $\boldsymbol{y}_t$ 代表这些公司的股息向量，便能够在某种程度上使模型满足上述设定。这意味着我们必须在每一期对公司进行重新排序，以便使 $\boldsymbol{y}_t$ 中的每个元素所对应的公司特征保持不变。然而，上述模型不允许 $\boldsymbol{X}$ 中的特征的截面矩随时间变化。例如，对于随机变化的 $\boldsymbol{X}$，可能出现的情况是在某个时期高度相关的两个特征在未来时期不再高度相关。这将大大增加投资者学习和预测问题的难度。

第三，虽然我们考虑一个允许 J 接近 N 的高维环境，但仍然假设 $J < N$。现实世界中的投资者可以获得的特征集合可能非常大，因此 $J \geqslant N$ 也许是合理的。将模型扩充以允许 $J \geqslant N$ 并非难事，但付出的代价是更加复杂的数学表达。在相对简单的 $J < N$ 设定下，我们能够更清晰地看到投资者学习问题如何影响资产价格的性质。

总的来说，我们的模型可能低估了实际投资者在投资决策过程中面临的学习问题的难度。即便如此，正如本章中的分析将要表明的那样，投资者学习会对资产价格的性质产生很大影响。如果将模型扩展以考虑学习问题中现实的其他复杂性，将进一步加剧这些影响。

在我们的分析中，参数向量 $\boldsymbol{g}$ 的性质以及投资者对参数取值的看法起着重要作用。具体地说，$\boldsymbol{g}$ 中元素的取值大小决定了通过 $\boldsymbol{X}$ 所能够预测的现金流增长变化的比例。因此，当投资者从 $\Delta\boldsymbol{y}$ 的历史观测数据中学习 $\boldsymbol{g}$ 时，$\boldsymbol{g}$ 中元素的取值大小决定了 $\Delta\boldsymbol{y}$ 中的信噪比，即 $\boldsymbol{Xg}$ 的方差与 $\boldsymbol{e}$ 的方差之比。

假设向量 $\boldsymbol{g}$ 来自多元正态分布

$$\boldsymbol{g} \sim \mathcal{N}\left(\mathbf{0}, \frac{\theta}{J}\boldsymbol{I}_J\right), \tag{5-2}$$

其中 θ 是一个常数。在经济模型的初期、在任何资产被定价或任何股息被分配之前，我们认为 $\boldsymbol{g}$ 是由自然选择的。自此之后，$\boldsymbol{g}$ 便不随时间变化。式 (5-2) 中假设方差和协方差与 $1/J$ 成正比，这么做保证了信噪比不受 J 取值变化的影响。这是因为，如果投资者掌握参数向量 $\boldsymbol{g}$ 的确切信息，那么他们便可以完全地预测式 (5-1) 所示的 $\Delta \boldsymbol{y}_t$ 中的 $\boldsymbol{Xg}$ 部分。可以证明，这部分的截面方差 $\frac{1}{N}\mathbb{E}[\boldsymbol{g}'\boldsymbol{X}'\boldsymbol{X}\boldsymbol{g}] = \theta$。(1)[5]

5.1.1 投资者

模型中的投资者是同质且风险中性的。我们进一步假设利率为零。这意味着收益率的可预测性不会是由风险溢价或时变利率造成的。通过排除风险溢价，我们有意让计量经济学家能够更容易在模型的设定中检

(1) 应用迹运算，利用其循环性质，并使用前文提到的 $\mathrm{tr}(\boldsymbol{X}'\boldsymbol{X}) = NJ$ 便可推导出这一结果。

5 译者注：原著此处脚注 (1) 的具体推导如下。注意到 $\mathbb{E}[\boldsymbol{g}'\boldsymbol{X}'\boldsymbol{X}\boldsymbol{g}]$ 为标量，利用迹运算和求期望运算可交换，以及迹运算的循环性质，可以得到

$$\begin{aligned}
\mathbb{E}[\boldsymbol{g}'\boldsymbol{X}'\boldsymbol{X}\boldsymbol{g}] &= \mathbb{E}[\mathrm{tr}(\boldsymbol{g}'\boldsymbol{X}'\boldsymbol{X}\boldsymbol{g})] \\
&= \mathbb{E}[\mathrm{tr}(\boldsymbol{X}'\boldsymbol{X}\boldsymbol{g}\boldsymbol{g}')] \\
&= \mathrm{tr}(\mathbb{E}[\boldsymbol{X}\boldsymbol{X}'\boldsymbol{g}\boldsymbol{g}']) \\
&= \mathrm{tr}(\boldsymbol{X}\boldsymbol{X}'\mathbb{E}[\boldsymbol{g}\boldsymbol{g}']) \\
&= \mathrm{tr}(\boldsymbol{X}\boldsymbol{X}'\frac{\theta}{J}) \\
&= \frac{\theta}{J}NJ \\
&= N\theta,
\end{aligned}$$

即 $\frac{1}{N}\mathbb{E}[\boldsymbol{g}'\boldsymbol{X}'\boldsymbol{X}\boldsymbol{g}] = \theta$，如正文中所述。

验市场有效性。由于不存在风险溢价，因此不存在由未知风险定价模型导致的联合假说问题。然而，正如我们将要展示的，投资者学习问题的存在仍然使得解释标准市场有效性检验结果变得棘手。

投资者的同质性假设使问题得到了简化。作为解决这个问题的第一步，我们希望尽可能保持分析的透明性。但这并不是说投资者的异质性不重要。通过适当扩展以允许模型考虑投资者异质性将是有趣且符合现实的，这种异质性可能体现在投资者数据分析方法的差异或者他们所观测到的数据的差异方面。异质性还可能导致投资者不得不学习其他投资者的模型和信念。这种关于内生对象的学习可能会引入其他有趣的资产价格运动规律。然而，在本章的分析中，我们希望首先看看在同质投资者设定下引入学习和高维数时，资产价格的性质会发生多大程度的变化。

5.1.2 定价

为了保持模型中资产估值问题的简单性，我们在研究中聚焦于单期股息票据（即享有获得下一期股息的权利）的定价问题。令向量 $\boldsymbol{p}_t$ 表示为了获得 $t+1$ 时刻的股息而需要在 t 时刻支付的价格。研究单期股息票据并不像它看起来那样有局限性。人们可以把模型中的一期视为很长的一段时间跨度（比如十年），而把单期股息收入看作一支长期存在的股票的多期现金流被压缩成在该股票典型存续期发生的单一现金流。

在投资者风险中性以及零利率假设下，$\boldsymbol{p}_t$ 等于投资者关于下一期股息的期望，

$$\boldsymbol{p}_t = \widetilde{\mathbb{E}}_t[\boldsymbol{y}_{t+1}] = \boldsymbol{y}_t + \widetilde{\mathbb{E}}_t[\Delta \boldsymbol{y}_{t+1}] = \boldsymbol{y}_t + \widetilde{\mathbb{E}}_t[\boldsymbol{X}\boldsymbol{g} + \boldsymbol{e}_{t+1}].$$

本章关注的核心问题就是投资者如何形成期望 $\widetilde{\mathbb{E}}_t[.]$。

作为比较的基准，考虑投资者已知真实 $\boldsymbol{g}$ 的理性预期的情况。在这种情况下，不存在投资者学习问题且股息的期望为常数，即 $\widetilde{\mathbb{E}}_t[\boldsymbol{X}\boldsymbol{g}+\boldsymbol{e}_{t+1}] = \boldsymbol{X}\boldsymbol{g}$。因此，理性预期下的价格是

$$\boldsymbol{p}_t = \boldsymbol{y}_t + \boldsymbol{X}\boldsymbol{g}, \tag{5-3}$$

并且已实现的价格变化（我们在下文中将称其为“收益率”）为

$$\boldsymbol{r}_{t+1} = \boldsymbol{y}_{t+1} - \boldsymbol{p}_t = \Delta\boldsymbol{y}_{t+1} - \boldsymbol{X}\boldsymbol{g} = \boldsymbol{e}_{t+1}. \tag{5-4}$$

我们分析的最终目标是为了搞清楚投资者的信念形成如何影响资产价格的性质。我们尤其感兴趣的是，通过学习产生的信念形成是否会导致收益率的可预测性。在已有资产定价文献中，截面上股票收益率的可预测性通常归因于风险溢价或投资者行为偏差。但在这里，我们想看看投资者在高维环境中的学习是否是产生收益率可预测性的另一种来源。

5.1.3 基于计量经济学的观测者视角

为了实现这个目标，假设一个计量经济学家从外部观测该经济模型中资产的已实现收益率。该计量经济学家对这些收益率进行标准的收益率可预测性回归检验。更准确地说，计量经济学家希望回答是否可以使用公司特征 $\boldsymbol{X}$ 来在截面上预测资产的收益率。通过将已实现收益率对公司特征回归，计量经济学家获得了如下的回归系数向量：

$$\boldsymbol{h}_{t+1} = (\boldsymbol{X}'\boldsymbol{X})^{-1}\boldsymbol{X}'\boldsymbol{r}_{t+1}. \tag{5-5}$$

对于具有如式 (5-4)（即 $\boldsymbol{r}_{t+1} = \boldsymbol{e}_{t+1}$）所示的理性预期的投资者来

说，收益率是不可预测的，且有

$$\boldsymbol{h}_{t+1} = (\boldsymbol{X}'\boldsymbol{X})^{-1}\boldsymbol{X}'\boldsymbol{e}_{t+1}. \tag{5-6}$$

向量 $\boldsymbol{h}_{t+1}$ 的元素相对零的任何偏离仅仅是由于噪声 $\boldsymbol{e}_{t+1}$ 碰巧与 $\boldsymbol{X}$ 中的某些列存在一定的相关性，进而引起的估计误差所致。这正是大量关于市场有效性检验以及股票截面收益率异象的文献所使用的原假设。鉴于 $\boldsymbol{e}_{t+1}$ 的元素满足正态分布 $\mathcal{N}(0,1)$，在此原假设下，使用 OLS 方差公式（且模型误差方差已知）将得到

$$\sqrt{N}\boldsymbol{h}_{t+1} \sim \mathcal{N}\left(\boldsymbol{0}, N(\boldsymbol{X}'\boldsymbol{X})^{-1}\right), \tag{5-7}$$

它为收益率可预测性回归中的标准显著性检验提供了基础。

为了检验 $\boldsymbol{h}_{t+1}$ 的所有元素联合为零的原假设，我们可以构造一个统计量，它在理性预期原假设下满足 χ^2 分布[6]：

$$\boldsymbol{h}'_{t+1}\boldsymbol{X}'\boldsymbol{X}\boldsymbol{h}_{t+1} \sim \chi^2_J. \tag{5-8}$$

同时，该二次型还衡量了一个特殊投资组合的收益率，该投资组合以样

6 译者注：由式 (5-7) 可知，$\boldsymbol{h}_{t+1}$ 服从多元正态分布，其方差为 $(\boldsymbol{X}'\boldsymbol{X})^{-1}$。将 $(\boldsymbol{X}'\boldsymbol{X})^{-1}$ 正交分解为 $\boldsymbol{H}\boldsymbol{\Lambda}\boldsymbol{H}'$，即 $\boldsymbol{X}'\boldsymbol{X} = \boldsymbol{H}'\boldsymbol{\Lambda}^{-1}\boldsymbol{H}$，其中 $\boldsymbol{\Lambda}$ 为对角元素全部为正的对角阵。定义 $\boldsymbol{\xi} \triangleq \boldsymbol{\Lambda}^{-\frac{1}{2}}\boldsymbol{H}\boldsymbol{h}_{t+1}$，则 $\boldsymbol{\xi}$ 为标准多元正态分布：其均值显然为零向量，其协方差矩阵为

$$\begin{aligned}
\mathbb{E}[\boldsymbol{\Lambda}^{-\frac{1}{2}}\boldsymbol{H}\boldsymbol{h}_{t+1}\boldsymbol{h}'_{t+1}\boldsymbol{H}'\boldsymbol{\Lambda}^{-\frac{1}{2}}] &= \boldsymbol{\Lambda}^{-\frac{1}{2}}\boldsymbol{H}(\boldsymbol{X}'\boldsymbol{X})^{-1}\boldsymbol{H}'\boldsymbol{\Lambda}^{-\frac{1}{2}} \\
&= \boldsymbol{\Lambda}^{-\frac{1}{2}}\boldsymbol{H}\boldsymbol{H}'\boldsymbol{\Lambda}\boldsymbol{H}\boldsymbol{H}'\boldsymbol{\Lambda}^{-\frac{1}{2}} \\
&= \boldsymbol{I}_J.
\end{aligned}$$

最终有

$$\begin{aligned}
\boldsymbol{h}'_{t+1}\boldsymbol{X}'\boldsymbol{X}\boldsymbol{h}_{t+1} &= \boldsymbol{h}_{t+1}\boldsymbol{H}'\boldsymbol{\Lambda}^{-1}\boldsymbol{H}\boldsymbol{h}_{t+1} \\
&= \boldsymbol{h}_{t+1}\boldsymbol{H}'\boldsymbol{\Lambda}^{-\frac{1}{2}}\boldsymbol{\Lambda}^{-\frac{1}{2}}\boldsymbol{H}\boldsymbol{h}_{t+1} \\
&= \boldsymbol{\xi}'\boldsymbol{\xi},
\end{aligned}$$

即 J 个不相关的标准正态分布的平方和，也即 χ^2_J 分布。

本内收益率预测值作为股票权重，

$$\boldsymbol{w}_t = \frac{1}{N}\boldsymbol{X}\boldsymbol{h}_{t+1}. \tag{5-9}$$

依据该权重，投资组合的收益率为[7]

$$r_{\mathrm{IS},t+1} = \boldsymbol{w}_t'\boldsymbol{r}_{t+1} = \frac{1}{N}\boldsymbol{h}_{t+1}'\boldsymbol{X}'\boldsymbol{X}\boldsymbol{h}_{t+1}. \tag{5-10}$$

需要强调的重要一点是，上述投资组合是一种样本内交易策略（我们会在之后多次谈及这一点）。由于该投资组合的权重取决于通过 $t+1$ 期的收益率估计得到的回归系数 $\boldsymbol{h}_{t+1}$，因此构造它使用了投资者在 $t+1$ 期初始时刻时还无法拥有的信息。因此，仅能够使用实时数据的决策者在 $t+1$ 期的初始时刻并不能构造上述收益率预测。同样，基于统计量 (5-7) 和 (5-8) 的检验是对样本内而非样本外收益率可预测性的检验。

在理性预期的情况下，分布 (5-8) 意味着，如果计量经济学家反复地从这个经济模型中抽样，那么该投资组合的收益率期望为

$$\mathbb{E}[r_{\mathrm{IS},t+1}] = \frac{J}{N}. \tag{5-11}$$

在理性预期下，价格是一个鞅过程，而收益率无论在样本内还是在样本外都是不可预测的。$r_{\mathrm{IS},t+1}$ 的期望值大于零纯粹是因为对样本内噪声过

7 译者注：由于 $\boldsymbol{h}_{t+1} = (\boldsymbol{X}'\boldsymbol{X})^{-1}\boldsymbol{X}'\boldsymbol{r}_{t+1}$，因此式 (5-10) 中第二个等号的推导如下

$$\begin{aligned}
\boldsymbol{w}'\boldsymbol{r}_{t+1} &= \frac{1}{N}[\boldsymbol{X}(\boldsymbol{X}'\boldsymbol{X})^{-1}\boldsymbol{X}'\boldsymbol{r}_{t+1}]'\boldsymbol{r}_{t+1} \\
&= \frac{1}{N}\boldsymbol{r}_{t+1}'\boldsymbol{X}(\boldsymbol{X}'\boldsymbol{X})^{-1}\boldsymbol{X}'\boldsymbol{r}_{t+1} \\
&= \frac{1}{N}\underbrace{\boldsymbol{r}_{t+1}'X(\boldsymbol{X}'\boldsymbol{X})^{-1}}_{\boldsymbol{h}_{t+1}'}(\boldsymbol{X}'\boldsymbol{X})\underbrace{(\boldsymbol{X}'\boldsymbol{X})^{-1}\boldsymbol{X}'\boldsymbol{r}_{t+1}}_{\boldsymbol{h}_{t+1}}.
\end{aligned}$$

注意，在不同的模型下 $\boldsymbol{r}_{t+1}$ 不一样（例如在理性预期模型中 $\boldsymbol{r}_{t+1} = \boldsymbol{e}_{t+1}$），但这一等式和 $\boldsymbol{r}_{t+1}$ 是如何被决定的没有关系，因此 OLS 学习中的投资组合收益率 (5-18) 和理性预期模型下的收益率 (5-10) 表达式相同。

拟合所致。正如人们需要针对样本内过拟合调整 R^2 一样，为了检验理性预期原假设，人们需要将该投资组合的收益率与 (5-8) 所示的 χ^2 分布进行比较，而不是将其与零进行比较。

如果原假设被类似 (5-8) 所示的检验统计量所拒绝，人们对此的解释通常是存在风险溢价、投资者行为偏差或二者皆有。但是，当投资者不具备关于 $\boldsymbol{g}$ 的确切知识，而必须根据观测到的历史数据对其进行估计时，这种解释是否依然有效尚不明确。为了弄清楚这个问题，需要回答的是：在一个投资者需要通过观测到的历史数据估计 $\boldsymbol{g}$ 的经济模型中，当计量经济学家将收益率可预测性检验应用于资产价格数据时，检验的性质会发生怎样的变化。我们接下来就来分析它。

5.2 投资者学习

投资者采用统计分析手段，以通过历史数据来学习 $\boldsymbol{g}$。在每个时点，他们使用截至当时可得的全部现金流增长数据来估计 $\boldsymbol{g}$。为了实现这个目标，投资者原则上可以选择的统计方法有很多，其中包括前面章节中讨论的机器学习方法。但在这里我们假设投资者已知公司特征 $\boldsymbol{X}$ 和现金流增长之间满足式 (5-1) 所示的线性关系。鉴于此，投资者将通过线性回归来估计 $\boldsymbol{g}$。然而，正如我们将要看到的，即便仅仅是在线性回归方法的范畴内，为了明确说明投资者的信念形成机制，我们仍然需要做出额外的选择。

5.2.1 OLS 学习

作为研究投资者学习问题的一种启发式方法，我们可以假设投资者只需通过 OLS 回归来估计 $\boldsymbol{g}$。由于预测者和分析师在应用统计分析中经常使用 OLS 回归，因此这种方法不仅简单，而且从直觉上是一个颇具吸引力的选择。不过，正如我们将要看到的，在高维环境中，我们需要对 OLS 进行一些改变才有可能获得关于投资者信念形成的合理模型。但是在介绍这些改变之前，OLS 学习是一个很好的研究起点。

由于式 (5-1) 中的现金流增长满足独立同分布，因此全部 t 个时期内的历史数据可以通过样本均值来概括

$$\overline{\Delta \boldsymbol{y}_t} = \frac{1}{t}\sum_{s=1}^{t} \Delta \boldsymbol{y}_s, \tag{5-12}$$

并且现金流增长对 $\boldsymbol{X}$ 的面板回归（同时考虑截面和时序数据）等价于将 $\overline{\Delta \boldsymbol{y}_t}$ 对 $\boldsymbol{X}$ 回归[8]：

$$\tilde{\boldsymbol{g}}_{\mathrm{OLS},t} = \left(\boldsymbol{X}'\boldsymbol{X}\right)^{-1} \boldsymbol{X}'\overline{\Delta \boldsymbol{y}_t}. \tag{5-13}$$

上述学习模型是 Lewellen and Shanken (2002) 和 Timmermann (1993) 所考虑的时序学习模型的截面对应模型。Lewellen-Shanken 模型是我们所考虑的 OLS 学习模型的一个特例；该模型只考虑了单一资产且矩阵 $\boldsymbol{X}$ 简化为标量 1。

如果投资者根据 OLS 估计 $\tilde{\boldsymbol{g}}_{\mathrm{OLS},t}$ 来形成关于现金流增长的期望，则有 $\widetilde{\mathbb{E}}_t \Delta \boldsymbol{y}_{t+1} = \boldsymbol{X}\tilde{\boldsymbol{g}}_{\mathrm{OLS},t}$ 且均衡状态下的价格为

$$\boldsymbol{p}_t = \boldsymbol{y}_t + \boldsymbol{X}\tilde{\boldsymbol{g}}_{\mathrm{OLS},t}, \tag{5-14}$$

8 译者注：这里相当于仅用 $\overline{\Delta \boldsymbol{y}_t}$ 对 $\boldsymbol{X}$ 进行截面回归。

另外已实现收益率为

$$\begin{aligned}\boldsymbol{r}_{t+1} &= \boldsymbol{y}_{t+1} - \boldsymbol{p}_t \\ &= \boldsymbol{X}(\boldsymbol{g} - \tilde{\boldsymbol{g}}_{\mathrm{OLS},t}) + \boldsymbol{e}_{t+1}.\end{aligned} \tag{5-15}$$

在 t 时刻，从投资者的角度来看，$\boldsymbol{g}$ 的期望等于 $\tilde{\boldsymbol{g}}_{\mathrm{OLS},t}$。因此，投资者认为收益率是不可预测的，就像之前讨论的理性预期的情况一样。

然而，从一位可以同时观测 t 期前后数据的计量经济学家的角度来看，式 (5-15) 中的收益率看上去是能够被预测的。可预测性的来源是已实现收益率中由投资者在估计 $\boldsymbol{g}$ 时产生的估计误差 $\boldsymbol{g}-\tilde{\boldsymbol{g}}_{\mathrm{OLS},t}$ 所引起的这一部分。利用[9] $\boldsymbol{X}\tilde{\boldsymbol{g}}_{\mathrm{OLS},t} = \boldsymbol{X}\boldsymbol{g} + \boldsymbol{X}\left(\boldsymbol{X}'\boldsymbol{X}\right)^{-1}\boldsymbol{X}'\bar{\boldsymbol{e}}_t$（其中 $\bar{\boldsymbol{e}}_t = \frac{1}{t}\sum_{s=1}^{t}\boldsymbol{e}_s$），我们可以将已实现收益率写为[10]

$$\boldsymbol{r}_{t+1} = -\boldsymbol{X}\left(\boldsymbol{X}'\boldsymbol{X}\right)^{-1}\boldsymbol{X}'\bar{\boldsymbol{e}}_t + \boldsymbol{e}_{t+1}. \tag{5-16}$$

通过上式，我们可以看出历史平均股息增长中的噪声 $\bar{\boldsymbol{e}}_t$ 如何产生估计误差，并进而影响已实现收益率：即出于巧合，$\boldsymbol{X}$ 中的某些列与 $\bar{\boldsymbol{e}}_t$ 存在一定的相关性。这导致了 $\tilde{\boldsymbol{g}}_{\mathrm{OLS},t}$ 偏离 $\boldsymbol{g}$、资产价格偏离式 (5-3) 中所示的理性预期下的价格、且收益率偏离 $\boldsymbol{e}_{t+1}$。因此，当计量经济学家将 $t+1$ 期的已实现收益率对 $\boldsymbol{X}$ 回归时，得到的回归系数将与式 (5-6) 所示的理

9 译者注：请注意，原著中此表达式等号左侧仅为 $\tilde{\boldsymbol{g}}_{\mathrm{OLS},t}$，遗失了 $\boldsymbol{X}$，是一处勘误。中文版中的表达式是正确的。该表达式的推导如下。由式 (5-1) 和 (5-12) 可知 $\overline{\Delta \boldsymbol{y}_t} = \boldsymbol{X}\boldsymbol{g} + \bar{\boldsymbol{e}}_t$，其中 $\bar{\boldsymbol{e}}_t = \frac{1}{t}\sum_{s=1}^{t}\boldsymbol{e}_s$。将上式右侧代入 OLS 估计量 (5-13) 得到 $\tilde{\boldsymbol{g}}_{\mathrm{OLS},t} = (\boldsymbol{X}'\boldsymbol{X})^{-1}\boldsymbol{X}'(\boldsymbol{X}\boldsymbol{g}+\bar{\boldsymbol{e}}_t)$。最后，上式两边同时左乘 $\boldsymbol{X}$ 可得

$$\begin{aligned}\boldsymbol{X}\tilde{\boldsymbol{g}}_{\mathrm{OLS},t} &= \boldsymbol{X}\left(\boldsymbol{X}'\boldsymbol{X}\right)^{-1}\boldsymbol{X}'(\boldsymbol{X}\boldsymbol{g}+\bar{\boldsymbol{e}}_t) \\ &= \boldsymbol{X}(\boldsymbol{X}'\boldsymbol{X})^{-1}(\boldsymbol{X}'\boldsymbol{X})\boldsymbol{g} + \boldsymbol{X}\left(\boldsymbol{X}'\boldsymbol{X}\right)^{-1}\boldsymbol{X}'\bar{\boldsymbol{e}}_t \\ &= \boldsymbol{X}\boldsymbol{g} + \boldsymbol{X}\left(\boldsymbol{X}'\boldsymbol{X}\right)^{-1}\boldsymbol{X}'\bar{\boldsymbol{e}}_t.\end{aligned}$$

10 译者注：将 $\boldsymbol{X}\tilde{\boldsymbol{g}}_{\mathrm{OLS},t} = \boldsymbol{X}\boldsymbol{g} + \boldsymbol{X}\left(\boldsymbol{X}'\boldsymbol{X}\right)^{-1}\boldsymbol{X}'\bar{\boldsymbol{e}}_t$ 代入 (5-15) 即可。

性预期情况不同。计量经济学家会得到

$$\boldsymbol{h}_{t+1} = -\left(\boldsymbol{X}'\boldsymbol{X}\right)^{-1}\boldsymbol{X}'\bar{\boldsymbol{e}}_t + \left(\boldsymbol{X}'\boldsymbol{X}\right)^{-1}\boldsymbol{X}'\boldsymbol{e}_{t+1}. \tag{5-17}$$

与式 (5-6) 中的理性预期情况相比，式 (5-17) 等号右边多了一项。这个附加项来自已实现收益率 (5-16) 中的估计误差分量。

接下来，和在理性预期情况下类似，让我们再次考虑以 $\boldsymbol{w}_t = \frac{1}{N}\boldsymbol{X}\boldsymbol{h}_{t+1}$ 为权重构造的投资组合，只不过这次资产权重是由通过式回归方程 (5-17) 得到的样本内收益率预测值决定。这时，该投资组合收益率[11]

$$r_{\mathrm{IS},t+1} = \boldsymbol{w}_t'\boldsymbol{r}_{t+1} = \frac{1}{N}\boldsymbol{h}_{t+1}'\boldsymbol{X}'\boldsymbol{X}\boldsymbol{h}_{t+1} \tag{5-18}$$

的期望是

$$\begin{aligned}\mathbb{E}[r_{\mathrm{IS},t+1}] &= \frac{1}{N}\mathbb{E}\left[\bar{\boldsymbol{e}}_t'\boldsymbol{X}\left(\boldsymbol{X}'\boldsymbol{X}\right)^{-1}\boldsymbol{X}'\bar{\boldsymbol{e}}_t\right] + \frac{1}{N}\left[\boldsymbol{e}_{t+1}'\boldsymbol{X}\left(\boldsymbol{X}'\boldsymbol{X}\right)^{-1}\boldsymbol{X}'\boldsymbol{e}_{t+1}\right] \\ &= \frac{J}{tN} + \frac{J}{N}.\end{aligned} \tag{5-19}$$

当计量经济学家从 $\mathbb{E}[r_{\mathrm{IS},t+1}]$ 中减去 J/N 以获得理性预期原假设下的预期收益率时，她将仍然得到 $\frac{J}{tN}$ 这一项。如果 J 相对于 N 来说非常小，那么这一项则可以忽略不计。然而，在高维情况下，当 J 的大小与 N 相当时，计量经济学家会发现该样本内交易策略的预期收益率比理性预期基准要高出许多。因此，如果计量经济学家将 $r_{\mathrm{IS},t+1}$ 的实现值与式 (5-8) 所示的投资组合收益率在理性预期原假设下的 χ^2 分布进行比较，那么她很可能会发现 $r_{\mathrm{IS},t+1}$ 远远处于该分布的尾部。

和理性预期情况不同，在该模型中认为 $\mathbb{E}[r_{\mathrm{IS},t+1}] > J/N$ 意味着存在风险溢价或投资者行为偏差是不正确的。在这个模型中，投资者是风

11 译者注：此投资组合收益率的表达式和理性预期下的表达式 (5-10) 相同，原因见本章译者注 7。

险中性的，因此风险溢价为零。此外，投资者也没有行为偏差（但需要注意的是，我们仍然需要评估 OLS 学习是否是最优的学习方法）。此处的经济学解释既非风险溢价又非投资者行为偏差：式 (5-19) 中的第一项造成了与理性预期基准相比更高的预期收益率，它是投资者学习 $\boldsymbol{g}$ 的结果。

举例来说，当某个公司特征（$\boldsymbol{X}$ 的一列）刚好与截至 t 期投资者观测样本中的 $\bar{\boldsymbol{e}}_t$ 正相关时，那么和理性预期基准相比，投资者便会对在该特征上取值为正的股票过于乐观。这会导致它们的价格过高，而未来的收益率较低。而对于在该特征上取值较低的股票来说，情况正好相反。对于能够利用 $t+1$ 期收益率数据的计量经济学家来说，她可以通过将 $\boldsymbol{r}_{t+1}$ 对该公司特征回归来发现上述样本内收益率的可预测性。

虽然 OLS 学习因 OLS 回归在应用统计和预测中的广泛使用而具有吸引力，但它是一种特设方法[12]。目前还不清楚它是否是投资者在我们模型设定下的最优学习方式。然而，如果它不是最优方法，那么 OLS 学习产生的样本内收益率可预测性是否只是投资者使用了次优方法的结果？

5.2.2 带有信息先验的贝叶斯学习

对于理性投资者来说，学习 $\boldsymbol{g}$ 的最优方式是使用贝叶斯更新。为了实施贝叶斯更新，我们需要指定投资者在观测到任何现金流数据之前对于 $\boldsymbol{g}$ 的分布所持有的先验信念。假设此分布是多元正态分布：

$$\boldsymbol{g} \sim \mathcal{N}(\boldsymbol{0}, \boldsymbol{\Sigma}_g). \tag{5-20}$$

12 译者注：这里可以理解为，当使用 OLS 时，我们并不试图探究投资者采用的真实学习方式，而仅仅是选择了一个最为常见的处理方式。因此称其为一种特设方法。

该参数的先验分布以零为中心，这意味着投资者在看到任何数据之前并不知道哪些公司特征在何种程度以及方向上[13]能够预测现金流增长。这个假设似乎是合理的。然而，先验协方差矩阵 $\boldsymbol{\Sigma}_g$ 又是什么呢？我们假设 $\boldsymbol{\Sigma}_g$ 与单位矩阵成正比，因此从先验来看所有预测变量对于预测现金流增长来说都是平等的。所以，剩下的任务就是指定比例常数。一个保守的假设（保守指的是该假设能够最小化因投资者估计误差导致的收益率中的可预测成分）是投资者的先验在客观上是正确的：我们让投资者已知式 (5-2) 所示的关于 $\boldsymbol{g}$ 的真实分布。因此，投资者对于 $\boldsymbol{g}$ 的先验协方差矩阵为 $\boldsymbol{\Sigma}_g = \frac{\theta}{J}\boldsymbol{I}_J$、而先验分布为

$$\boldsymbol{g} \sim \mathcal{N}\left(\boldsymbol{0}, \frac{\theta}{J}\boldsymbol{I}_J\right). \tag{5-21}$$

由于这个框架中假设参数的不确定性满足正态分布，并假设线性的现金流生成过程，因此在贝叶斯更新下，投资者关于 $\boldsymbol{g}$ 的后验均值等于本书 2.4 节讨论的贝叶斯回归估计量 (2-22)：

$$\tilde{\boldsymbol{g}}_t = \left(\boldsymbol{X}'\boldsymbol{X} + \frac{J}{\theta t}\boldsymbol{I}_J\right)^{-1} \boldsymbol{X}'\overline{\Delta \boldsymbol{y}}_t. \tag{5-22}$$

利用特征分解 $\frac{1}{N}\boldsymbol{X}'\boldsymbol{X} = \boldsymbol{Q}\boldsymbol{\Lambda}\boldsymbol{Q}'$（其中 $\boldsymbol{\Lambda} = \mathrm{diag}(\lambda_1, \cdots, \lambda_J)$ 且 $\boldsymbol{Q}$ 是由特征向量构成的正交矩阵），我们可以将上述后验均值重写为 OLS 估计量被施加了某个收缩矩阵 $\boldsymbol{\Gamma}_t$ 的形式[14]，

$$\tilde{\boldsymbol{g}}_t = \boldsymbol{\Gamma}_t \left(\boldsymbol{X}'\boldsymbol{X}\right)^{-1} \boldsymbol{X}'\overline{\Delta \boldsymbol{y}}_t. \tag{5-23}$$

13 译者注：方向指的是公司特征与现金流增长正相关还是负相关。

14 译者注：从式 (5-22) 出发，可对式 (5-23) 做如下推导：

$$\begin{aligned}\tilde{\boldsymbol{g}}_t &= \left(\boldsymbol{X}'\boldsymbol{X} + \frac{J}{\theta t}\boldsymbol{I}_J\right)^{-1} \boldsymbol{X}'\overline{\Delta \boldsymbol{y}}_t \\ &= \left(\boldsymbol{X}'\boldsymbol{X} + \frac{J}{\theta t}\boldsymbol{I}_J\right)^{-1} (\boldsymbol{X}'\boldsymbol{X})(\boldsymbol{X}'\boldsymbol{X})^{-1}\boldsymbol{X}'\overline{\Delta \boldsymbol{y}}_t\end{aligned}$$

上式中，对称矩阵 $\boldsymbol{\Gamma}_t$ 的表达式为

$$\boldsymbol{\Gamma}_t = \boldsymbol{Q}\left(\boldsymbol{I}_J + \frac{J}{N\theta t}\boldsymbol{\Lambda}^{-1}\right)^{-1}\boldsymbol{Q}'. \tag{5-24}$$

上述收缩是由投资者关于 $\boldsymbol{g}$ 的信息先验造成的。为了弄清楚收缩程度由什么决定，我们注意到 $\left(\boldsymbol{I}_J + \frac{J}{N\theta t}\boldsymbol{\Lambda}^{-1}\right)^{-1}$ 是一个对角阵，其对角线上的元素为

$$\frac{\lambda_j}{\lambda_j + \frac{J}{N\theta t}}.$$

因此，当 t 或 θ 很小、J/N 很大，对那些小特征值对应的主成分来说，收缩程度会较强。在这些情况下，由于观测到的数据相对于先验而言没有足够的信息量，因此先验对后验的影响很大。

上述推导表明了贝叶斯更新的数学机制。然而，在这个方法背后还有一个重要的经济学解释。为保证经济学合理性，信息先验中的先验协方差参数 θ 不应太大，因此 $\boldsymbol{g}$ 的元素不能任意大。特别大的 $\boldsymbol{g}$ 将意味着，现金流增长中可预测部分 $\boldsymbol{Xg}$ 的截面方差相对于不可预测的噪声 $\boldsymbol{e}$ 的方差来说太高。这将意味着公司特征能够预测现金流增长的大部分变

$$\begin{aligned}
&= \left(\boldsymbol{I}_J + \frac{J}{\theta t}(\boldsymbol{X}'\boldsymbol{X})^{-1}\right)^{-1}(\boldsymbol{X}'\boldsymbol{X})^{-1}\boldsymbol{X}'\overline{\Delta\boldsymbol{y}}_t \\
&= \left(\boldsymbol{I}_J + \frac{J}{N\theta t}\boldsymbol{Q}\boldsymbol{\Lambda}^{-1}\boldsymbol{Q}'\right)^{-1}(\boldsymbol{X}'\boldsymbol{X})^{-1}\boldsymbol{X}'\overline{\Delta\boldsymbol{y}}_t \\
&= \left(\boldsymbol{Q}\boldsymbol{Q}' + \frac{J}{N\theta t}\boldsymbol{Q}\boldsymbol{\Lambda}^{-1}\boldsymbol{Q}'\right)^{-1}(\boldsymbol{X}'\boldsymbol{X})^{-1}\boldsymbol{X}'\overline{\Delta\boldsymbol{y}}_t \\
&= \left[\boldsymbol{Q}\left(\boldsymbol{I}_J + \frac{J}{N\theta t}\boldsymbol{\Lambda}^{-1}\right)\boldsymbol{Q}'\right]^{-1}(\boldsymbol{X}'\boldsymbol{X})^{-1}\boldsymbol{X}'\overline{\Delta\boldsymbol{y}}_t \\
&= \underbrace{\boldsymbol{Q}\left(\boldsymbol{I}_J + \frac{J}{N\theta t}\boldsymbol{\Lambda}^{-1}\right)^{-1}\boldsymbol{Q}'}_{\text{(5-24)中的}\boldsymbol{\Gamma}_t}(\boldsymbol{X}'\boldsymbol{X})^{-1}\boldsymbol{X}'\overline{\Delta\boldsymbol{y}}_t.
\end{aligned}$$

化——这并不符合经济的实际情况。出于这个原因，在投资者的先验中，认为 $\boldsymbol{g}$ 的元素的量级不可能太大是具有经济学意义的。

上述讨论也清楚地说明了为什么 OLS 学习在我们的问题中缺乏经济学合理性。OLS 学习可被视为贝叶斯学习的一个特殊情况，即先验是扩散先验（$\theta \to \infty$）的情况。在这时，$\boldsymbol{\Gamma}_t$ 收敛到单位矩阵，而 $\tilde{\boldsymbol{g}}_t$ 收敛到 OLS 估计量。因此，如果让投资者使用 OLS 学习，则意味着我们假设投资者无视现金流增长中存在很大的可预测部分并不符合经济学逻辑这一看法。

在 J/N 非常小的低维环境中，使用 OLS 学习不会有太大的影响。从式 (5-24) 中的表达式可以看出，当 $J/N \to 0$ 时，$\boldsymbol{\Gamma}_t$ 收敛到单位矩阵，因而后验均值收敛到 OLS 估计量。因此，在低维环境中，OLS 学习可能是一个很好的投资者信念更新模型。

但如果 J 的大小和 N 接近，情况就截然不同了。这时，OLS 估计量和式 (5-23) 中的后验均值之间存在很大差异。在这种情况下，OLS 学习不仅缺乏经济学合理性，而且还会导致糟糕的预测表现。图 5-1 说明了这一点。它展示了投资者通过观测并学习单期现金流增长 $\Delta\boldsymbol{y}_{t-1}$ 来预测 $\Delta\boldsymbol{y}_t$ 时的均方误差。在这个例子中，我们令 $J = 900$，$N = 1000$，并假设 $\boldsymbol{X}$ 中的元素[15] 相互独立且服从标准正态分布，且向量 $\boldsymbol{g}$ 由先验分布 (5-21) 决定（其中 $\theta = 0.5$）。图中实线表示当投资者使用不同先验参数 θ 时模型的均方误差

$$\text{mse} = \frac{1}{N}[\Delta\boldsymbol{y}_t - \boldsymbol{X}\tilde{\boldsymbol{g}}_{t-1}(\theta)]'[\Delta\boldsymbol{y}_t - \boldsymbol{X}\tilde{\boldsymbol{g}}_{t-1}(\theta)].$$

15 译者注：即不同的公司特征。

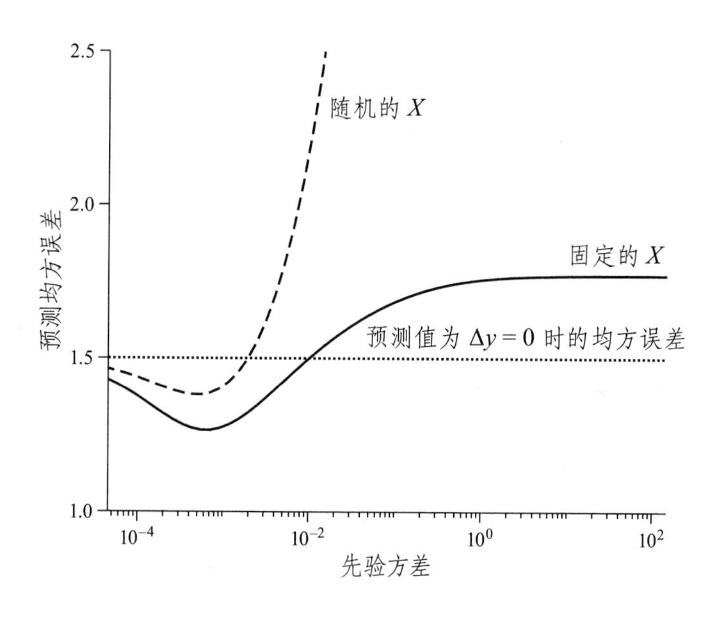

图 5-1　现金流预测问题中的均方误差

投资者在先验分布中使用 $\theta = 0.5$ 的情况代表着他们知道客观正确先验的情况。这时，先验方差 θ/J 约为 5.6×10^{-4}。它是图 5-1 中均方误差取最小值时对应的先验方差。另一方面，OLS 学习则对应着 $\theta \to \infty$、即先验方差趋于无穷大的极限情况。如图 5-1 所示，先验方差趋于无穷大会恶化预测表现。事实上，当投资者的先验方差远高于客观正确的先验方差时，一旦投资者的先验方差超过某个特定取值，模型的均方误差甚至要高于基于随机游走预测的预测误差，在后者中我们简单地将 $\boldsymbol{g}$ 估计为零，因而有 $\Delta \boldsymbol{y}_t = 0$。该随机游走模型的预测误差如图 5-1 中短虚线所示。这个对比说明了，当 J 很大时，基于扩散先验的预测效果能够有多差。

图 5-1 展示了当我们允许 $\boldsymbol{X}$ 随机变化时产生的另一种有趣的情况。在每一期，我们重新抽取 $\boldsymbol{X}$ 中的元素，然后现金流由 $\Delta \boldsymbol{y}_t = \boldsymbol{X}_{t-1}\boldsymbol{g} + \boldsymbol{e}_t$ 决定。投资者通过将 $\Delta \boldsymbol{y}_{t-1}$ 对 $\boldsymbol{X}_{t-2}$ 回归来估计参数 $\boldsymbol{g}$。为了预测 $\Delta \boldsymbol{y}_t$，他们进而将上述估计应用于 $\boldsymbol{X}_{t-1}$。图 5-1 中的长虚线描绘了上述模型的预测均方误差。该均方误差的最小值和当 $\boldsymbol{X}$ 取固定值时的情况一样：预测均方误差在客观正确的先验参数下取得最小值。然而，在这种情况下，先验自身过大的不确定性所导致的预测性能恶化要比 $\boldsymbol{X}$ 取固定值时严重得多。OLS 预测将会产生极其不准确的结果。

直观地说，造成上述结果的原因是，当协变量的数量 J 与观测数据的数量 N 接近时，$\boldsymbol{X}$ 中的许多列（即使它们的元素满足独立同分布）会碰巧高度正相关或负相关[(2)]。对于这些高度相关的协变量配对，它们的 OLS 系数的取值幅度往往很大，以此来抵消二者对 OLS 拟合值的影响程度。关于这些系数，OLS 目标函数几乎是平坦的。取值幅度较小的回归系数，和取值幅度较大但其作用在很大程度上被相互抵消的回归系数，这二者产生的拟合值非常接近。如果协变量矩阵 $\boldsymbol{X}$ 保持不变，则它们对预测值的影响也会在很大程度上因 OLS 回归系数估计值而相互抵消。因此在这种情况下，虽然 OLS 系数中一些取值幅度很高，但这也不会造成太大的危害。然而，如果协变量出现随机变化，则很可能出现的情况是在 $\boldsymbol{X}_{t-2}$ 中仅仅因为偶然而高度相关的两个协变量，在 $\boldsymbol{X}_{t-1}$ 中不再高度相关。因此，当我们把通过对 $\boldsymbol{X}_{t-2}$ 回归得到的巨大的 OLS 系数估计值应用于 $\boldsymbol{X}_{t-1}$ 以进行预测时，将不会再出现抵消效应。这会造

(2) 换句话说，$\frac{1}{N}\boldsymbol{X}'\boldsymbol{X}$ 将有很多取值非常小的特征值。当 $N \to \infty$ 且 J/N 收敛到某个固定常数时，$\frac{1}{N}\boldsymbol{X}'\boldsymbol{X}$ 的特征值分布将渐近满足 Marchenko-Pastur 分布。

成预测被巨大的估计误差所干扰，导致预测表现不佳。

当信息先验接近客观正确的先验时，上述问题会得到改善。这是因为正如我们先前提到的，在 $\frac{1}{N}\boldsymbol{X}'\boldsymbol{X}$ 的主成分之中，向先验更强地收缩会被施加在那些对应特征值较小的主成分上。如果某些公司特征可以被其他特征的线性组合近似，就会出现小的特征值。对于那些其 OLS 估计值存在抵消效果的协变量，其在贝叶斯框架下的参数后验均值将会极大地降低它们在预测中发挥的作用。

对于研究随时间发生随机变化的公司特征来说，上述讨论中使用的不同期 $\boldsymbol{X}$ 之间满足独立同分布的假设可能过于极端，而具有一定程度可持续性的自回归过程则可能是符合现实的。在本章的剩余部分，我们将继续讨论 $\boldsymbol{X}$ 不随时间发生变化的情况。但请记住，随机变化的 $\boldsymbol{X}$ 将会使投资者的预测问题变得更加困难，也将进一步凸显信息先验的重要性。

5.3　收益率可预测性

我们接下来考查当投资者通过源自客观正确信息先验得到的参数后验估计 (5-23) 来为资产定价时，收益率又呈现出何种性质。与 OLS 学习时的收益率 (5-15) 相比，贝叶斯学习下的收益率表达式中存在一个额外项[16]：

---

16 译者注：利用式 (5-23) 以及 $\overline{\Delta \boldsymbol{y}}_t = \boldsymbol{X}\boldsymbol{g} + \bar{\boldsymbol{e}}_t$ 可得：

$$
\begin{aligned}
\boldsymbol{r}_{t+1} &= \boldsymbol{X}\boldsymbol{g} + \boldsymbol{e}_{t+1} - \boldsymbol{p}_t = \boldsymbol{X}\boldsymbol{g} + \boldsymbol{e}_{t+1} - \boldsymbol{X}\tilde{\boldsymbol{g}}_t \\
&= \boldsymbol{X}\boldsymbol{g} + \boldsymbol{e}_{t+1} - \boldsymbol{X}\boldsymbol{\Gamma}_t(\boldsymbol{X}'\boldsymbol{X})^{-1}\boldsymbol{X}'\overline{\Delta \boldsymbol{y}}_t \\
&= \boldsymbol{X}\boldsymbol{g} + \boldsymbol{e}_{t+1} - \boldsymbol{X}\boldsymbol{\Gamma}_t(\boldsymbol{X}'\boldsymbol{X})^{-1}\boldsymbol{X}'(\boldsymbol{X}\boldsymbol{g} + \bar{\boldsymbol{e}}_t) \\
&= \boldsymbol{X}(\boldsymbol{I}_J - \boldsymbol{\Gamma}_t)\boldsymbol{g} - \boldsymbol{X}\boldsymbol{\Gamma}_t(\boldsymbol{X}'\boldsymbol{X})^{-1}\boldsymbol{X}'\bar{\boldsymbol{e}}_t + \boldsymbol{e}_{t+1}.
\end{aligned}
$$

$$\boldsymbol{r}_{t+1} = \boldsymbol{X}(\boldsymbol{I}_J - \boldsymbol{\Gamma}_t)\boldsymbol{g} - \boldsymbol{X}\boldsymbol{\Gamma}_t\left(\boldsymbol{X}'\boldsymbol{X}\right)^{-1}\boldsymbol{X}'\bar{\boldsymbol{e}}_t + \boldsymbol{e}_{t+1}. \tag{5-25}$$

式 (5-25) 右侧第一项的出现是由信息性先验导致的收缩所造成的。当使用扩散先验，即 OLS 学习时，我们会取而代之有 $\boldsymbol{\Gamma}_t = \boldsymbol{I}_J$，因此这一项就会消失。但是在信息先验的情况下，这一项则是非零的。我们可以将这一项理解为由于收缩导致的投资者对 $\boldsymbol{X}$ 中所包含的基本面信息的“反应不足”。

与 OLS 学习的情况一样，上式中第二项体现了噪声对投资者后验均值的影响。通过信息先验引起收缩的目的是为了抑制由噪声导致的估计误差造成的影响。通过 $\boldsymbol{\Gamma}_t$ 收缩减弱了这一项，但代价是引入了式中的第一项。在贝叶斯学习下，$\boldsymbol{\Gamma}_t$ 最优地权衡了这两个部分引起的定价误差。

5.3.1 样本内收益率可预测性

当计量经济学家从经济模型中采样收益率并把如式 (5-25) 所示的收益率对 $\boldsymbol{X}$ 回归时，和收益率类似，回归系数的表达式和 OLS 情况相比也将出现一个额外项：[3]

$$\begin{aligned}\boldsymbol{h}_{t+1} &= \left(\boldsymbol{X}'\boldsymbol{X}\right)^{-1}\boldsymbol{X}'\boldsymbol{r}_{t+1} \\ &= (\boldsymbol{I}_J - \boldsymbol{\Gamma}_t)\boldsymbol{g} - \boldsymbol{\Gamma}_t\left(\boldsymbol{X}'\boldsymbol{X}\right)^{-1}\boldsymbol{X}'\bar{\boldsymbol{e}}_t + \left(\boldsymbol{X}'\boldsymbol{X}\right)^{-1}\boldsymbol{X}'\boldsymbol{e}_{t+1}.\end{aligned} \tag{5-26}$$

上式中右侧的第一项是由收益率表达式 (5-25) 中的第一项造成的。由信息先验引起的收缩产生了收益率中的这个分量，且它和 $\boldsymbol{X}$ 中的某些列

(3) 我们也可以让计量经济学家使用像岭回归这样的收缩方法，达到施加先验的效果，从而使收益率回归中的回归系数不至于太大。如果计量经济学家对系数的先验分布与系数的真实分布大致相符，则使用这种方法会增强样本内收益率的可预测性，但结果不会发生本质的变化。

相关。因此，当把收益率对 $\boldsymbol{X}$ 回归时，这一项便出现在回归系数的表达式中。

现在，让我们再次考虑以 $\boldsymbol{w}_t = \frac{1}{N}\boldsymbol{X}\boldsymbol{h}_{t+1}$（其中 $\boldsymbol{h}_{t+1}$ 来自式 (5-26)）为权重的样本内投资组合策略。在这种情况下，Martin and Nagel (2019) 的结果表明，对于投资组合的收益率[17] $r_{\mathrm{IS},t+1} = \boldsymbol{w}'\boldsymbol{r}_{t+1} = \frac{1}{N}\boldsymbol{h}'_{t+1}(\boldsymbol{X}'\boldsymbol{X})\boldsymbol{h}_{t+1}$ 来说，其期望为[18]

$$
\begin{aligned}
\mathbb{E}[r_{\mathrm{IS},t+1}] &= \frac{1}{N}\mathbb{E}\left[\boldsymbol{g}'(\boldsymbol{I}_J - \boldsymbol{\Gamma}_t)'\boldsymbol{X}'\boldsymbol{X}(\boldsymbol{I}_J - \boldsymbol{\Gamma}_t)\boldsymbol{g}\right] \\
&\quad + \frac{1}{N}\mathbb{E}\left[\bar{\boldsymbol{e}}_t\boldsymbol{X}(\boldsymbol{X}'\boldsymbol{X})^{-1}\boldsymbol{\Gamma}_t\boldsymbol{X}'\boldsymbol{X}\boldsymbol{\Gamma}_t\boldsymbol{X}'\bar{\boldsymbol{e}}_t\right] \\
&\quad + \frac{1}{N}\left[\boldsymbol{e}'_{t+1}\boldsymbol{X}\left(\boldsymbol{X}'\boldsymbol{X}\right)^{-1}\boldsymbol{X}'\boldsymbol{e}_{t+1}\right] \\
&= \frac{1}{N}\sum_{j=1}^{J}\left(\frac{\lambda_j}{t\lambda_j + \frac{J}{N\theta}} + 1\right).
\end{aligned} \tag{5-27}
$$

当 $\theta \to \infty$ 时，上式简化为 OLS 学习情况时投资组合的预期收益率 (5-19)。

为了说明预期收益率的大小，我们注意到，由于 $r_{\mathrm{IS},t+1} = \frac{1}{N}\boldsymbol{h}'_{t+1}\boldsymbol{X}'\boldsymbol{X}\boldsymbol{h}_{t+1}$，因此预期收益率 $\mathbb{E}[r_{\mathrm{IS},t+1}]$ 也等同于被解释的收益率部分的方差，而残差的方差为 $1 - J/N$。因此，我们可以得到收益率预测回归的调整后 R^2，

$$
R^2_{\mathrm{adj}} = 1 - \left(1 - \frac{\mathbb{E}[r_{\mathrm{IS},t+1}]}{1 - J/N + \mathbb{E}[r_{\mathrm{IS},t+1}]}\right)\frac{N}{N-J}. \tag{5-28}
$$

在理性预期情况下，由 (5-11) 可知 $\mathbb{E}[r_{\mathrm{IS},t+1}] = J/N$，因此上述调整后的 R^2 恰好为零。然而，在有投资者学习的情况下，收益率中存在的样本内可预测性成分使得调整后的 R^2 大于零。

---

17 译者注：请注意，原著中 $\boldsymbol{h}'_{t+1}(\boldsymbol{X}'\boldsymbol{X})\boldsymbol{h}_{t+1}$ 前遗漏了 $\frac{1}{N}$，是一处勘误。

18 译者注：式 (5-27) 的推导步骤见附录 A。

图 5-2 通过一个定量的例子说明了这一点。和之前一样，假设 $N = 1000$ 且 $\boldsymbol{X}$ 中的元素相互独立并满足标准正态分布。令向量 $\boldsymbol{g}$ 来自先验分布 (5-21)，其中 $\theta = 1$。Martin and Nagel (2019) 指出，当 $\theta = 1$ 时，现金流增长中可预测部分的比例和长期（10 年尺度）盈利增长率中可被预测部分的比例大致相同，后者的证据来自 Chan, Karceski, and Lakonishok (2003) 一文，它表明分析师预测能够解释长期盈利增长率的一部分。如果将模型中的单期解释为一个长达 10 年的时间窗口，我们会得到一个贴近现实的截面现金流增长率。我们令 $t = 1$，这意味着投资者已经完成了对单期现金流增长数据的学习。

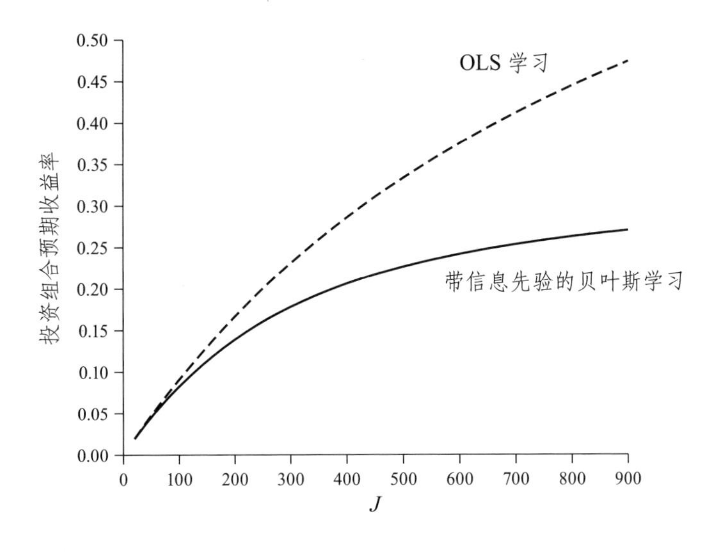

图 5-2 样本内收益率预测回归的调整后 R^2

图 5-2 中的实线展示了不同 J 值下的调整后 R^2。当 J 和 N 相比相差不多时，调整后 R^2 会远远高于零。例如，当 $J = 900$ 时，调整后 R^2

要高于 25%。换句话说，哪怕在我们经济模型中的投资者不要求任何风险溢价，且在他们的信念形成过程中不存在任何行为偏差，进行回归分析的计量经济学家仍然会发现相当程度的样本内收益率的可预测性。

图中虚线表明，样本内收益率的可预测性在 OLS 学习情况下会变得更高。通过将参数估计值向客观正确的先验收缩，投资者可以避免因他们学习 $\boldsymbol{g}$ 时产生的估计误差所造成的对资产价格以及收益率的过度污染。这样做可以最大程度地降低样本内收益率的可预测性，但是却无法将其完全消除。

Martin and Nagel (2019) 进一步研究了关于收益率可预测性的正式统计检验的特性。在理性预期假设下（即大量关于股票截面收益率的实证研究中使用的原假设），收益率应满足 $\boldsymbol{r}_{t+1} = \boldsymbol{e}_{t+1}$，因此是不可预测的。这进一步意味着关于式 (5-26) 中的回归系数的原假设是其真值为零。为了分析关于该原假设的统计检验的性质，Martin and Nagel (2019) 应用了高维渐近分析，其中 $N \to \infty$ 和 $J \to \infty$ 同时发生，且 J/N 收敛到一个固定常数。这种渐近分析为检验统计量的渐近分布提供了一个解析解，但与传统的 J 取固定值而 N 很大情况下的渐近分析不同，它确保 J 相对于 N 的量级不会被忽略[19]，从而保证投资者学习问题在分析中依然是相关的。这一点非常重要，因为渐近结果是为了近似有限样本情况下统计检验的性质；在有限样本情况下，协变量的数量相对于 N 来说并不小，因此投资者对参数向量 $\boldsymbol{g}$ 存有不确定性。Martin and Nagel (2019) 指出，在渐近极限情况下，理性预期原假设被拒绝的概率为 1。此外，该

19 译者注：这是因为 Martin and Nagel (2019) 令 J/N 收敛到一个固定的常数。

结果对于任何固定的 t 都是成立的，也就是说，哪怕投资者通过跨越多期的数据来学习参数 $\boldsymbol{g}$，理性预期原假设也会被拒绝。

总体而言，当计量经济学家所面临的经济模型中 J 的取值相对 N 来说并不小时，那么他们可能会得出以下结论：公司特征 $\boldsymbol{X}$ 能够预测收益率。当样本内没有可预测性的原假设检验被实证结果拒绝时，通常的推论是我们需要找到关于风险溢价或投资者非完全理性造成的错误定价的模型来解释实证证据。但这里的分析表明，当 J 相对于 N 并不小时，第三种可能性的存在使得样本内可预测性检验失去了其通常的经济学意义：投资者预测问题是高维的，因此出现了样本内收益率的可预测性。投资者的估计误差对收益率造成了污染，使得它们在事后看起来是可以被预测的。

5.3.2 （不存在）样本外收益率可预测性

到目前为止，本章的分析主要集中在样本内可预测性检验上。在这些检验中，收益率预测回归的拟合优度是通过同时被用于估计回归系数的收益率样本数据来评估的。对于需要做出实时决策、不具备后见之明优势的投资者来说，他们无法利用上述回归发现的收益率可预测性。因此，计量经济学家在事后对样本内数据进行回归估计时，使用了投资者在为资产定价时并不具备的信息。

为了让计量经济学家与投资者具有可比性，我们接下来考查样本外（OOS）的可预测性。为此，考查投资组合收益率 $r_{\mathrm{OOS},t+1} = \boldsymbol{w}'_{\mathrm{OOS},t}\boldsymbol{r}_{t+1}$，其中 $t+1$ 时刻投资组合的权重是使用 t 时刻的收益率进行回归以估计回归系数而得到：

$$\boldsymbol{w}_{\mathrm{OOS},t} = \frac{1}{N}\boldsymbol{X}\boldsymbol{h}_t. \tag{5-29}$$

这是一个可以在实时环境中被实施的投资组合策略。

Martin and Nagel (2019) 证明了 $\mathbb{E}[r_{\mathrm{OOS},t+1}] = 0$。因此，即使是在投资者必须学习大量公司特征的预测作用的高维情况下，也不存在样本外收益率的可预测性。这一结果是符合直觉的。由于投资者是贝叶斯主义者，因此他们会以最优方式使用可用信息。此外，我们还赋予了他们客观正确的先验。一旦我们通过避免使用投资者没有的前视信息，而让计量经济学家处于和投资者同样的境地中，计量经济学家将不再能够预测投资者的预测误差以及资产收益率。

因此，对那些希望从实证数据中分离出风险溢价或投资者行为偏差的学者们来说，应该关注的是样本外的可预测性，而非样本内的可预测性。在低维环境中，当 J 很小时，关注样本内可预测性或许不是什么大问题。但是在高维环境中，由于投资者学习引起的预测误差会引起样本内收益率的可预测性，因此它和样本外的可预测性之间存在巨大的差异。

以上谈到的样本外检验并不需要真正的样本外检验（例如在 McLean and Pontiff 2016 一文中使用的检验），即学者们在提出了假设之后必须等待直到足够多崭新的、尚未被研究的数据出现。上述 $\mathbb{E}[r_{\mathrm{OOS},t+1}] = 0$ 这一结果对于伪样本外检验同样适用，在这类检验中计量经济学家依然使用事后获得的收益率数据，但只需保证 $t+1$ 时刻用于计算投资组合权重的回归系数是通过截至 t 时刻的数据估计出来的。这类伪样本外策略同样满足 $\mathbb{E}[r_{\mathrm{OOS},t+1}] = 0$。当然，上述结论成立的前提是不存在模型中未考虑的其他能够致使伪样本外检验失效的复杂情况。例如，如果如今的学者们可以回到过去，并使用投资者彼时为资产定价时并不具备的历史数据来构造变量，那么 $\mathbb{E}[r_{\mathrm{OOS},t+1}] = 0$ 对于基于这些变量构造的伪样本外交易策略来说就不再成立。

Martin and Nagel (2019) 进一步表明伪样本外检验也可以在时序上反向进行，这意味着利用 t 期（或者 t 期之后）收益率估计回归系数并计算投资组合权重 (5-29)，并将该权重应用于 $t-1$ 期的收益率上，即 $\boldsymbol{w}'_{\mathrm{OOS},t}\boldsymbol{r}_{t-1}$。在我们的模型中，这种反向样本外投资策略的预期收益率同样为零。虽然这不是一个实际可交易的策略，但对计量经济学实践来说可能会很有趣，因为它是伪样本外检验的另一种方式。因此，许多截面资产定价异象在反向样本外检验中站不住脚的事实（Linnainmaa and Roberts 2018）可能表明，这些异象并非风险溢价或行为偏差所致，而是投资者在高维环境中学习的结果。

反向样本外不存在收益率的可预测性这个现象同样很有趣，因为它为我们在前面章节中讨论过的交叉验证方法提供了支持。当数据被划分为用于估计和用于验证的样本时，一些验证集数据有可能在时序上先于用于估计的数据。因此，如果学者们想要训练机器学习算法来预测由风险溢价或样本外可被利用的错误定价所导致的资产收益率的截面差异，而不希望该算法（例如，在超参数优化时）捕获由投资者学习引起的样本内可预测性，那么投资者学习不会引入任何反向样本外收益率的可预测性正是交叉验证方法有效的先决条件。

不过，Martin and Nagel (2019) 同时就反向样本外结果给出了警告。

不存在正向样本外收益率的可预测性是（具有客观正确先验的）贝叶斯学习的一个自然且一般的性质，然而与之对应的反向样本外结果可能在某种程度上只是在该模型的环境中才成立。反向样本外可预测性结果是否具有一般性仍然是一个悬而未决的问题。

5.4 扩展研究

我们可以从多个有趣的方向扩展上文讨论的基本建模框架，从而使之更加贴近现实的情况。本节将讨论其中两点扩展方向：投资者现金流增长预测的稀疏性，以及额外的收缩和稀疏性。这两者都可以被视为对投资者在学习问题中所使用的先验分布的改动。

5.4.1 稀疏性

到目前为止，我们假设的随机环境使得投资者将向先验收缩应用于现金流预测回归之中，但是他们在这个过程之中并没有施加稀疏性假设[20]。然而，在高维环境中，投资者很有可能利用稀疏性假设来约束他们的预测模型。通过改变分布假设，我们可以得到投资者学习问题的稀疏解，该解将仍然十分接近贝叶斯后验均值，但又和它不完全相同。为此，我们需要：（1）在投资者的先验下，$\boldsymbol{g}$ 中的元素 g_j 来自拉普拉斯分布，

$$f(g_i) = \frac{1}{2b} \exp\left(-\frac{|g_j|}{b}\right),$$

20 译者注：稀疏性是对解释变量而言的。

其中方差为 $2b^2 = \frac{\theta}{J}$；（2）投资者使用后验分布的众数而非均值（即基于最大后验概率估计量）来为资产定价。在这种情况下，投资者的预测可以被表示为Lasso回归的拟合值（Tibshirani 1996）。

投资者在定价中使用后验众数背离了完整的贝叶斯框架。因此，样本外投资组合收益率 (5-29) 的期望为零不再精确地满足。通过模拟实验，Martin and Nagel (2019) 表明上述背离非常小，因此总体上说，收益率可预测性看起来与不带稀疏性的收缩情况非常接近。

5.4.2 额外的收缩和稀疏性

到目前为止，在本章使用的贝叶斯框架中，投资者现金流预测模型中出现的收缩（或稀疏性）纯粹是投资者的信息先验分布造成的结果。鉴于这些先验分布，对预测模型实施正则化在统计上是最优的。此外，由于先验在客观上是正确的，因此收缩的程度不仅在投资者对现金流过程的主观信念下是最优的，而且在实际过程中也是最优的。

统计最优性方面的考量并不一定是投资者在其预测模型中强加收缩或稀疏性的唯一原因。稀疏性的一个简单经济学原因可能是变量的观测成本很高。在这种情况下，投资者需要在该变量带来的预测好处和其观测成本之间权衡。对于观测成本高昂的变量，如果其带来的好处不能覆盖成本，那么将其纳入预测模型就是不值当的。与此相关的是，出于对模型简约性和可解释性的钟爱，投资者可能更倾向于使用包含较少预测变量的稀疏模型。人们可以用有限理性中的有限注意力机制为这种对简约性的渴望提供微观基础，一如 Sims (2003)、Gabaix (2014) 和 Molavi,

Tahbaz-Salehi, and Vedolin (2020) 这些研究一样。在这些模型中，经济主体使用收缩和稀疏性来最小化注意力成本。

我们可以通过使投资者的先验分布更紧密地围绕在零附近，而非使用客观正确的先验（即先验分布与 $\boldsymbol{g}$ 的数据生成过程的分布一致），以此在我们的框架中引入额外的收缩和稀疏性。此时，式 (5-29) 中样本外投资组合收益为零的结果将不再成立[21]。Martin and Nagel (2019) 表明，这种情况下样本外投资组合的收益率为正。直观地说，投资者此时低估了 $\boldsymbol{X}$ 中关于现金流增长的信息。因此，收益率中存在一部分不仅在样本内而且在样本外也能够被 $\boldsymbol{X}$ 所预测。

图 5-3 用模拟的样本外投资组合收益率说明了这一点。我们使用与图 5-2 的例子中相同的参数。图中短虚线展示了客观正确先验情况下样本外投资组合的预期收益率。无论 J 的取值是多少，该预期收益率都为零，和我们之前的讨论相一致。回想一下，客观先验的协方差矩阵是 $\boldsymbol{\Sigma}_g = \frac{\theta}{J}\boldsymbol{I}$。如果把投资者先验分布中的参数 θ 替换为 $\theta/2$（如图中长虚线所示）或 $\theta/4$（如图中实线所示），样本外投资组合的预期收益率则大于零，且它随着 J 而增加。先验分布过窄引入了额外的收缩并造成了收益率中样本外可被预测的成分。在具有拉普拉斯先验和稀疏性的模型中，过度收缩的影响与图 5-3 中所示的非常相似。

因此，如果研究人员在实证中发现了样本外收益率的可预测性，一种可能的解释是投资者现金流预测模型中的过度收缩或稀疏性是造成可预测性的内在原因。当潜在相关预测变量的数量众多时，先验分布对后

21 译者注：这里指的是该样本外投资组合的预期收益率为零将不再成立。

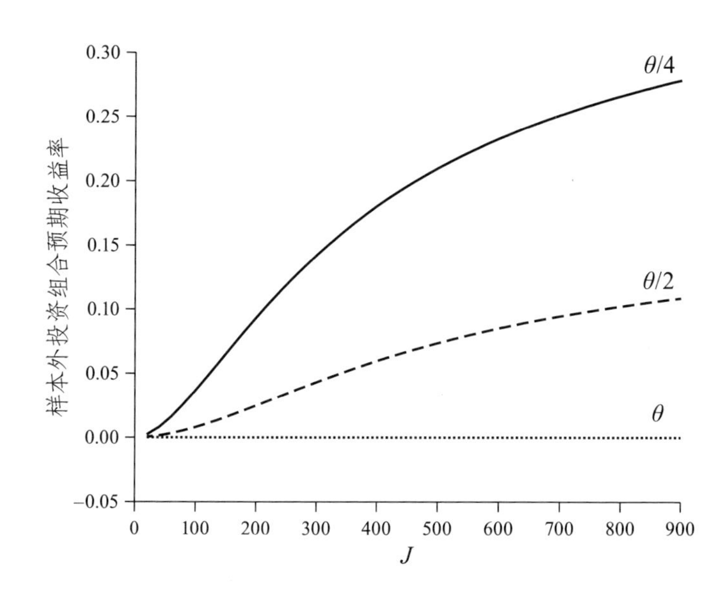

图 5-3　投资者学习中使用过度收缩时的样本外投资组合预期收益率

验均值的影响很大；且先验分布相较于客观正确分布的一点点收窄都能够产生相当程度的样本外收益率可预测性。

5.5 对实证研究的启示

本章的分析表明，截面上股票收益率的性质对投资者定价环境的维数十分敏感。投资者在预测公司现金流时面临高维预测问题的基本假设可以说是符合实际的。在这种环境下，投资者注定会产生预测误差，当我们事后将误差对与现金流相关协变量进行样本内回归时，它们看上去是可以被预测的。这些预测误差会影响收益率，使得收益率在事后看上去也是能够被预测的。当投资者通过贝叶斯回归收缩这种更先进的方式，而不是简单的 OLS 回归，来处理协变量的高维数时，他们虽然可以最小化收益率样本内的可预测性，但仍然无法完全消除它。

上述结果对关于截面资产定价的已有实证研究结果提出了挑战。在这个领域内，一些实证研究关注检验资产定价模型的计量经济学方法。而另一些研究则专注于挖掘新的因子或收益率预测变量。其中绝大部分研究均直接或间接地通过理性预期假设来审视数据，即它们假设投资者已知资产基本面生成过程的相关参数。在理性预期原假设下，事后通过历史数据进行样本内回归所发现的收益率可预测性是投资者在事前看到的收益率可预测性的一致估计量。这时，一个自然的结论是样本内收益率的可预测性要么反映风险溢价，要么反映投资者在资产定价时所犯的系统性错误。本章讨论的结果对这种解释提出了质疑。当投资者面临高维环境时，样本内收益率可预测性的实证证据失去了理性预期假设下的经济学含义。当投资者所处的环境是低维的、因此投资者学习对资产价格的影响很小时，理性预期模型或许是个很好的近似模型，但是在高维情况下，它便不再是一个很好的近似模型。在高维环境中，投资者对涉及大量潜在预测变量的基本面数据生成过程的参数缺乏准确的知识，而样本内收益率的可预测性可能仅是由此所产生的后果而已。

换句话说，价格“完全反映”所有公开信息的（半强）市场有效性概念（Fama 1970）的经济学含义在高维环境中并不清晰。学者们通常强调“联合假说问题”是在解释市场有效性检验结果时面对的主要困难：研究资产价格的计量经济学家不知道决定风险厌恶的投资者所需的风险溢价的模型。但是，即使撇开这个问题不谈，关于市场有效性概念的解释依然不清晰。“完全反映”指的到底是投资者知道现金流预测模型的参数，还是投资者在学习这些参数时采用贝叶斯更新？本章的分析表明，这两种解释之间存在很大区别。第一种解释被许多实证研究文献所采纳，它可以用样本内收益率可预测性回归来检验。在投资者面临高维环境的情况下，它似乎不是一个经济上有趣的假设。该假设被拒绝并不保证我们得出市场中存在风险溢价或投资者受到行为偏差影响从而导致错误定价的结论。

上述讨论也为股票收益率截面研究中的“因子动物园”现象（Cochrane 2011；Harvey, Liu, and Zhu 2016）提供了另外一种解释。在该领域的文献中，大部分的证据都基于样本内可预测性的检验。一旦我们意识到投资者必须消化大量预测变量的预测信息，通过样本内检验发现的新的截面收益率预测变量就变得不再那么令人兴奋了。在一个学者们可以使用大量候选收益率预测变量的世界里，投资者也注定需要考虑将其中的许多变量作为预测现金流的候选变量。在这样一个世界中，样本内收益率可预测性的证据和投资者在事前为资产定价时所感知的预期收益率之间，并没有多少关联。

为了区分由投资者学习引起的可预测性和风险溢价以及错误定价，我们需要来自样本外检验的证据。真正的样本外检验往往是不可行的[22]，学者们将不得不依赖伪样本外检验，在事后通过历史数据模拟实时预测。从本章模型的角度来说，伪样本外检验能够达到和使用真正的样本外检

22 译者注：因为学者们必须等待足够长的时间以获得新的、未被使用的全新数据。对学术研究来说，这通常是不切实际的。

验一样的目的(4)。[23]从收益率预测回归以外的角度支持风险溢价或行为偏差理论背后经济学基础的替代证据——例如宏观经济风险敞口或投资者预期的数据——也有助于证明样本内收益率中的可预测成分不是投资者学习过程的产物。在高维环境中，来自其他视角的证据格外具有价值。

"因子动物园"文献中的一些论文已经报告了伪样本外收益率可预测性的结果。这其中的一个例子是上一章的最后一部分，我们在那里讨论了样本外的可预测性。证据表明样本外收益率并不为零。但是，从样本内到样本外，收益率的可预测性出现了可观的衰减。在尝试构建关于风险溢价或系统性、持续性投资者偏差的模型时，应该重点关注那些样本外稳健的截面收益率可预测性模式。

当站在理性预期模型的立场看待世界时，实证研究人员往往对样本外检验的作用持怀疑态度。在理性预期假设下，即投资者没有面临学习问题，样本内和样本外收益率可预测性检验考查的是同样的假设。由于样本内检验充分利用了全部可得数据，它的统计功效更加强大。因此在这种情况下，人们没有充足的理由来关注样本外检验（Inoue and Kilian 2005；Campbell and Thompson 2008；Cochrane 2008；Hansen and Timmermann 2015）。然而，一旦从投资者学习模型的角度出发，情况就完全不同了。

(4) 当然，这一结论成立的前提是伪样本外检验中不存在 p-hacking、多重假设检验以及数据挖掘的情况（Lo and MacKinlay 1990；Harvey, Liu, and Zhu 2016；Chordia, Goyal, and Saretto 2020）。和样本内检验一样，伪样本外收益率可预测性检验同样会由于这些原因而失真。

23 译者注：原著脚注 (4) 中提到了 p-hacking 这个术语，本译者注是对该术语的解释。Harvey (2017) 将其定义为在实证资产定价研究中，为了追求更低的 p-值而刻意进行的数据操纵。

此译者注中包含的补充参考文献：

Harvey, C. R. (2017). Presidential address: The scientific outlook in financial economics. *Journal of Finance 72*(4), 1399–1440.

当投资者面临着高维学习问题时，样本内和样本外检验考查的是截然不同的假设。投资者学习可以产生样本内的可预测性，但却不能产生样本外的可预测性。因此，样本外检验有着明确的经济学动机。

最后，本章的结果还提供了另外一个研究视角，即数据构建和数据分析中的技术进步如何影响实证研究中所发现的收益率可预测性。许多关于股票收益率截面的研究中使用的历史数据来自这样一个时期，即投资者手上可获得的数据较少且其数据处理能力和如今的学者们相比要有限得多。如今，学者们可以轻易地构造变量（例如，通过对公司报表的自动文本分析），但投资者在几十年前几乎无法获得这些变量，哪怕这些数据原则上可能已经存在（例如，以纸质版年度报告的形式存在）。通过本章中的模型，我们可以将这种数据可得性的匮乏解读为迫使投资者在为资产定价时采用过度稀疏的估值模型。因此，按照 5.4.2 节的分析逻辑，当学者们使用当下的方法和技术构建预测变量并将其应用于早期历史时段时，这些变量不仅在样本内预测收益率，而且在伪样本外检验中依然能够预测收益率。对于这些当投资者进行资产定价时可能无法获得的变量，学者们在将收益率的可预测性归因于风险溢价或投资者的行为偏差时应当慎之又慎。

5.6 结束语

本章展示了出现在投资者现金流预测之中的高维学习问题如何影响资产价格的统计性质。随着能够用于投资者现金流预测的潜在相关数据变得越来越多，这类由学习引起的定价效应也会变得越来越重要。

我们在截面资产定价的框架下提出了上述想法，然而它们可能在很多其他问题中都是存在的。类似的情况出现在任何经济主体需通过学习进行预测且面临众多潜在预测变量的环境中。这时，预测误差的统计特性将对投资者学习问题的维数非常敏感。因预测误差而来的、相对理性预期基准而言看似不同寻常的可预测性，可能仅仅是经济主体在高维环境中学习的结果。

下一章勾勒了今后关于复杂环境中投资者学习问题的研究方向。该讨论将包括如何将本章中的想法应用于其他经济环境之中。下一章还将讨论如何把关于学习过程影响的分析拓展到简单线性贝叶斯框架之外，在拓展中我们将考虑更复杂的模型，其中经济主体将在其预测和决策问题中处理更具挑战的机器学习问题。

第 6 章　研究议程

在资产定价领域，机器学习应用的数量正在迅速增长。这与在经济学中的许多其他领域，例如因果推断（Athey and Imbens 2019），出现的增长类似；在这些领域，机器学习方法正迅速成为标准工具包的一部分，例如用于文本分析的算法（Gentzkow, Kelly, and Taddy 2019）。机器学习方法有望加深我们对资产价格的理解。从实证上来看，它们允许人们研究资产价格与丰富信息之间的关系，而无须对实证模型施加人为和特设的稀疏性假设。在理论研究中，机器学习工具可以为复杂不确定性环境中的经济决策建模提供灵感，而无需对环境做出不切实际的简化。

第 4 章和第 5 章通过两个例子介绍了机器学习方法的实证和理论应用。这些分析以及其他最新的相关研究为人们提供了关于资产价格性质的一些全新见解。随着我们认同了投资者所面临的预测环境的高维数问题，便得到了关于投资机会集的更丰富的实证描述。这还有助于人们从理论上更好地理解资产在金融市场中是如何被定价的。

然而，仍有许多问题尚未得到解答。在很大程度上，将机器学习应用于资产定价方面的文献还处于早期探索阶段。不同的论文使用了不同的方法来处理相似的问题，但是对于资产定价中的特定问题，人们尚未就最适当的机器学习方法达成共识。本书的一个中心主题是，如果不结合一定程度的经济学推理，直接应用现成的机器学习方法不太可能取得很好的效果[1]。资产价格数据具有特殊性质，因此人们需要针对它们量身定制的机器学习方法。要想将机器学习方法与资产定价理论以及现有实证方法更紧密地结合起来，我们还有很多的工作要做。

在本章中，我将讨论其中的一些研究机会。这份研究议程的草图虽然无法涵盖这一领域内全部悬而未决的问题，但我希望它能对未来的研究提供有益的启发。与本书的大部分内容一样，我在讨论这些研究机会时将主要关注于股票收益率的截面差异。但显然，在资产定价的其他领域也有相关潜在的应用机会。

我会从机器学习工具的实证应用开始谈起。实证工作中的部分挑战是弄清楚如何选择和调整机器学习方法，以使其在资产定价应用中发挥最大的作用。人们在这方面已经取得了一些进展，但还存在很多亟待回答的问题，它们涉及具有经济学依据的正则化方法、非线性的作用以及如何处理内在数据生成过程中的结构性变化。

虽然资产定价中大多数最新的机器学习应用都集中在收益率预测或和它紧密相关的任务上，但机器学习方法也可用于其他目的。我将讨论机器学习方法很有应用前景的两个领域。这两者大体上均属于资产需求分析领域，一个是根据投资者详细的投资组合持仓数据对资产需求系统进行实证估计，另一个是分析投资者预期数据。

在本章最后，我将关注资产定价理论如何通过将机器学习作为高维环境中投资者信念形成的模型来发展，并就回答这个问题给出一些建议。

---

1 译者注：因此我们也很难期望对于任何资产定价的问题，能找到一种通用的人工智能方法。

这一讨论建立在第 5 章的分析基础之上，该分析提出了如何进行和解释关于收益率可预测性的实证工作的问题。但到目前为止，学者们获得的见解可能只是冰山一角。我们在很多方向上都可以将该方法进行拓展。通过将理论模型中的投资者置于复杂但贴近现实的高维环境中来研究（在这样的环境下投资者学习是非常困难的），资产定价还有很多未知等待我们发现。

6.1 描述投资机会的特征

收益率可预测性分析、因子模型估计以及经验随机贴现因子的构造都有助于描述金融市场中的投资机会的特征。鉴于研究人员拥有非常丰富的信息来构造收益率和风险的预测变量，这方面的研究很自然地成为应用机器学习方法的领域。该领域中的早期研究工作往往照搬其他机器学习文献中的现成工具。要想使机器学习工具适应资产定价的特殊情况，人们还有很多工作要做。

6.1.1 机器学习的经济学约束

考虑到资产价格数据的低信噪比，比起其他机器学习应用，研究人员的先验知识在资产定价应用中发挥着更重要的作用。极其灵活、纯数据驱动的使用方法则不太可能奏效。出于这个原因，将机器学习方法与经济学理论约束相结合十分重要，这些约束提供了一些先验结构来指导人们在机器学习算法、正则化方法以及使用过程中的其他方面做出选择。

第 4 章说明了如何在贝叶斯回归框架下实现上述目标。贝叶斯框架使得估计方法与经济学约束很容易地联系起来。在这种情况下，人们可以通过随机贴现因子参数的先验分布将具有经济学动机的约束施加到估计方法中，这些约束包括市场中不存在近似无风险套利机会以及因子溢价主要集中在能够解释资产收益率协方差矩阵的因子上。

然而，上述处理方式完全没有考虑摩擦[2]。它有可能无法捕获一些关于那些预期超额收益率和夏普比率取值幅度较大的资产和投资组合的有用信息。卖空约束和其他“套利”限制可能导致溢价集中在摩擦最强烈的资产上。因此，拓展先验分布的选择以允许预期收益率中反映由摩擦所导致的模式，则有可能进一步提升样本外的预测能力。为此，人们需要将资产预期收益率的先验方差与能够预测摩擦存在的资产特征联系起来。对于那些倾向受到市场摩擦影响的资产来说，这么做有助于降低其预期收益率估计值的收缩程度。

另一个有趣的研究方向是在资产价格的结构性经济学模型和机器学习方法之间建立更紧密的联系，这类模型的例子包括对投资者信念和偏好做出明确假设的资产定价模型。利用贝叶斯回归框架，实现这个目标不会特别复杂。人们只需要调整关于预期收益率或随机贴现因子参数的先验分布，以反映结构性资产定价模型所暗示的预测值。这与 Pástor and Stambaugh (2000)中的方法有异曲同工之妙，但区别是在高维设置中使用结构性的资产定价模型而非简化形式的资产定价模型。沿着这些思路进行分析，学者们便能够研究不完美的、存在设定偏误的模型在描述投资

2 译者注：例如交易摩擦、认知摩擦以及制度性摩擦等。

机会集方面是否仍然有一定的价值。

贝叶斯回归方法让我们可以很容易地通过先验分布来注入经济学理论约束。但是，还有许多其他有趣的机器学习方法并不适合贝叶斯回归框架。因此，未来研究的一项重要任务是研究是否也可以将经济学推理与其他机器学习方法结合起来。在这方面，Bryzgalova, Pelger, and Zhu (2019) 对树方法做出了一些尝试。他们根据带罚项的均值-方差优化问题来进行剪枝处理以及限制树的增长，该优化问题与第 4 章讨论的贝叶斯回归方法中的优化问题密切相关[3]。那么，人们是否也能够在神经网络方法中找到类似的与经济学优化准则之间的关联？是否可以为装袋法和 boosting[4] 等集成方法提供经济学解释？这些问题的答案将使人们朝着将机器学习方法变成实证资产定价研究的得力工具这一目标迈出坚实的一步。

6.1.2 非线性

我曾在本书的几个地方推测，与金融领域之外的其他众多典型机器学习应用相比，非线性在资产定价应用中的作用可能不那么突出。然而，这并不是说人们可以忽略非线性。首先，本书聚焦于股票市场，且本书

---

3 译者注：Bryzgalova, Pelger, and Zhu (2019) 可以看作对 Kozak, Nagel, and Santosh (2020) 的扩展。为了求解随机贴现因子，后者在均值-方差最优化问题中加入了对资产的协方差矩阵的收缩，前者在此基础上额外对资产的预期收益进行了收缩。

4 译者注：Boosting 是一族可将弱学习器提升为强学习器的算法，它是集成学习的代表算法之一。AdaBoost（Freund and Schapire 1997）算法是 boosting 族最著名的代表。

此译者注中包含的补充参考文献：

Freund, Y. and R. E. Schapire (1997). A decision-theoretic generalization of on-line learning and an application to boosting. *Journal of Computer and System Sciences 55*(1), 119–139.

关注的预测问题所涉及的对象是股票收益率的一阶矩[5]。而非线性可能会在资产定价的其他领域中发挥更大的作用。例如，在违约风险建模中，非线性比它在股票收益率预测问题中更加重要。这将使得能够有效应对非线性的机器学习算法更具优势。其次，某些类型的非线性对于股票市场的研究来说似乎是相关的。基于到目前为止关于股票截面收益率的机器学习文献已经积累起来的证据，定量来看，公司特征之间的一阶交互作用似乎是最重要的非线性类型。

在这方面有待回答的一个有趣问题是，与包括协变量交互作用的罚线性回归模型（例如弹性网）相比，诸如神经网络和基于树的非线性方法是否具有明显的优势。例如，在 Gu, Kelly, and Xiu (2020) 一文中，用来和神经网络相比较的弹性网方法中并没有包含协变量的交互作用。很明显，非线性方法要优于没有交互作用的线性方法。然而，在资产定价应用中，包含协变量交互作用的弹性网方法是否能够取得像神经网络或树方法一样的效果，这个问题尚未有明确的答案。解决这个问题将帮助人们搞清楚在诸多机器学习方法之中，哪种方法最适合资产定价研究。

人们对于非线性模型的顾虑之一是其可解释性的问题。为了就模型的成功预测给出经济学解释，我们需要能够评估不同协变量对模型预测结果的贡献程度。为此，人们可以查看梯度，但它仅仅提供了协变量向量在特定取值周围如何影响预测性的局部评估。在最新的研究中，人们在提出能够评价变量全局影响的度量方面取得了一些进展。例如，Horel and Giesecke (2019) 提出了一个统计量，它是神经网络估计量的偏导数

---

5 译者注：即期望。

平方的加权平均，并通过它来进行统计显著性检验。上述问题也与非线性模型在资产定价中的应用有关。沿着第 3.2 节讨论的思路，为了获得经济学解释，开发出能够实现如下意图的指标将会很有帮助，即揭示协变量如何影响基于被估计神经网络的预测值所构造的投资组合夏普比率平方或随机贴现因子方差。

6.1.3 结构性变化

使机器学习算法适应资产市场的结构性变化或许是最重要的实证挑战。随着经济结构改变、投资者从漫长的历史中学习、市场参与者构成变化，以及技术进步，资产收益率时刻随时间的推移而变化。然而，大多数机器学习方法并不是为了这种充满着持续性结构变化的问题而设计的。因此，到目前为止，已有的关于截面资产定价的机器学习论文往往忽略了这种结构性变化。与标准理性预期下的计量经济学研究一样，这些研究中隐含了如下的假设，即产生收益率的内在运动规律是稳定的，而计量经济学家可以通过在相对较长时期内对资产收益率数据进行采样来发现这一规律。

正如第 5 章所阐明的那样，上述假设在高维环境中格外不切实际。如果计量经济学家可以使用大量协变量作为潜在的收益率预测变量，那么这同样也意味着投资者必须消化大量协变量所包含的预测信息。从观测数据中学习这些预测关系会受到参数不确定性的影响。因此，已实现的资产收益率可能会受到大量估计误差的污染，这些估计误差对实时交易的投资者来说是无法预测的，但对于事后进行样本内回归分析的计量经济学家来说，这些误差看起来是可预测的。此外，就某些变量真正能够在样本外预测收益率而言（也许是因为投资者学习和第 5 章的无摩擦贝叶斯模型所描述的相比更慢、更不完美），变量和收益率之间的预测关系很可能会随着时间而发生变化。市场中或许存在一个因套利者而产生的异象从发生到消除的动态过程。

从这个意义上说，受机器学习启发的资产定价方法的发展引出了一个亟需解决的矛盾。一方面，实证资产定价研究通过考虑大量预测变量而不对预测模型施加特设的稀疏性假设，从而将研究方法推向了更加贴近现实的方向。另一方面，一旦我们认识到投资者所处环境的高维数，这些预测变量对资产收益率的预测作用在数十年内保持稳定这一隐含假设就变得站不住脚。在许多最新的论文中，这一点已经在一定程度上得到了初步的解决。通过留出样本进行伪样本外检验，以及在某些情况下使用滚动估计方式等做法，研究者们基本上承认了预测关系在时间上是不稳定的。然而，到目前为止，资产定价中的机器学习研究还没有系统性地处理结构性变化问题。

结构性变化在多个方面使得机器学习方法在资产定价领域的应用变得复杂。在 3.8 节中，我们简要讨论了其中的两个方面。其一，结构变化意味着，不仅预测模型的参数可能会随着时间的推移而改变，模型的超参数（例如岭回归或 Lasso中的罚参数）也可能随时间发生变化。其二，当出现结构性变化时，用于模型验证和超参数估计的标准交叉验证方法缺乏合理性，这是因为它并不关心观测数据的时间顺序。当数据满足平稳性时，验证数据在时间上先于全部或部分训练数据的做法是合理的，然而当预测关系中存在结构性变化时，这种处理方式就不再合适了。

在这个问题上，未来的研究有以下几个推进的方向。首先，计算方面的考虑显得尤为重要。在高度重叠的滚动数据集上反复重新训练对计算要求很高的学习器十分低效，并且对于一些机器学习方法来说可能过于昂贵。找到计算高效的更新方案可以帮助克服这一困难。在3.8节中，我们曾讨论了实现这一点对于岭回归来说并不复杂，因为其估计量可以被表达为递归更新的形式。但对于其他方法，就没有那么简单了，不过文献也提供了一些建议。例如，Angelosante and Giannakis (2009) 以及 Monti, Anagnostopoulos, and Montana (2018) 给出了 Lasso 的递归方法。Martínez-Rego, Pérez-Sánchez, and Fontenla-Romero (2011) 则为神经网络提出了一种更新方案，该方案在训练时允许早期出现的数据被逐渐地遗忘[6]。目前还不清楚这些方法中的任何一种（或许经过一些修改）是否能在资产定价应用中发挥很大的作用，但这似乎是一个有趣的研究方向。

其次，正如第4章在满足平稳性的环境中所做的那样，开发一个能将应对结构性变化的统计方法和经济学原理相联系起来的框架十分重要。虽然在某些应用中，对计算效率的考虑可能会决定更新方案的选择，但在给定关于资产价格的内在经济学模型和结构性变化原因的先验信念的情况下，搞清楚理想的更新方案是什么样子的仍然是非常有用的。例如，如果内在经济学模型是这样一种模型，即投资者从历史数据中学习

6 译者注：Martínez-Rego, Pérez-Sánchez, and Fontenla-Romero (2011) 通过在增量在线学习算法中引入遗忘函数（forgetting function），提出了一种新的单层神经网络方法。该遗忘函数赋予新数据单调递增的重要性。通过增量学习和分配单调递增的重要性二者相结合，当出现结构性变化时，神经网络能够迅速遗忘早期的数据，而当数据满足平稳性时，神经网络又能够维持稳定的表现。

预测关系（比如像第 5 章描述的，但可能由于投资者的学习速度较慢致使出现一些样本外收益率的可预测性），这种类型的模型可能会意味着一个特定的参数更新形式。

再次，一旦有了可以追踪结构性变化的适当工具，最终目标是使用这些工具来描述样本外可被预测的资产收益率的变化规律。正如第 5 章所明确指出的，在高维环境中，人们能够从样本内收益率预测回归中获得的经济学见解是十分有限的。收益率受到了由投资者学习引起的预测误差的污染，而这些误差在事后样本内回归中看起来具有可预测性。为了将风险溢价或投资者行为偏差造成的定价后果与上述由预测误差导致的事后可预测性区别开来，我们需要研究样本外收益率的可预测性。

投资机会出现结构性变化以及历史数据中明显的异象可能不会在未来持续，这种主张并不新鲜。McLean and Pontiff (2016) 是试图量化这些变化的新近研究的重要代表。但实证资产定价中的计量经济学实践大多不接受这一主张。例如，寻找被定价的系统性风险的实证研究通常是通过样本内分析来实现的。类似地，检验行为金融学模型也是通过样本内分析来完成的。虽然一些论文中可能会使用预留的样本进行样本外分析，但投资者的动态学习过程以及市场的结构性变化并非大多数论文的核心。调整机器学习方法以应对结构性变化，将有助于人们摆脱看待投资机会的静态视角，并进而转向一个更加动态、连续变化的视角，这个新视角更加真实地体现了投资者在实时环境下看待世界的方式。

6.2 资产需求分析

机器学习方法不仅对分析资产价格数据（即市场均衡结果）很有用，而且对理解资产需求的内在驱动因素也很有用。我对这一领域研究机会的讨论将集中在两种依赖于不同类型数据的互补方法上。第一种是一个相当直接的看待资产需求的方式，它聚焦于在需求系统估计框架中考查投资者的持仓数据。另一种方法则是间接地与资产需求相关联，它着眼于投资者的预期（或者通过分析师和专业预测者的预测作为代理变量）这一资产需求的内在决定因素。

6.2.1 需求系统估计

Koijen and Yogo (2019) 为资产定价提出了一个资产需求系统估计方法。与产业组织研究中的产品需求估计类似，该框架中的资产需求有两个组成部分。第一部分是可观测到的资产特征的函数，其中资产特征包括市值、账面价值、盈利以及其他在实证资产定价中常见的公司特征。另一部分是隐性需求，它是因计量经济学家无法观测到的资产特征而产生的。利用市场中不同投资者群体的投资组合持仓数据，我们便可以估计该需求系统。估计得到的系统提供了资产需求的价格弹性，将其与市场出清条件结合使用，以便能进行反事实检验，例如评估资产供给受到冲击将会如何影响资产的价格。

伴随这种资产定价方法而来的是一系列实证挑战，而机器学习方法可以帮助人们解决这些挑战。首先，和资产需求相关的公司特征可能会非常多。Koijen and Yogo (2019) 仅使用了少量特征，这使得大部分资产需求被归因于隐性需求。当考虑了更大的特征集并使用非常适合高维估计问题的方法后，他们的结果是否会发生变化呢？这个问题的答案无疑是令人关注的。正如第 4 章讨论的那样，大量的特征都与预测股票收益率的截面差异有关。在资产需求系统模型中，解释均衡状态下预期收益率变化的特征必然也同样决定了投资者对资产回报的期望或对风险的看法，进而决定了投资者对资产的需求。

其次，对不同的投资者来说，决定他们需求的特征存在很大的异质性。对一组投资者重要的特征子集可能会被其他组的投资者所忽略。换句话说，投资者层面的资产需求函数可能存在严重的稀疏性。因此，机器学习方法对于允许如此高的稀疏性存在，并以计算上高效的方式处理它而言可能是有用的。

再次，就像在资产收益率预测问题中遇到的一样，结构性变化对于资产需求系统来说可能也很重要。投资者的资产需求函数能够在较长时间内保持不变似乎是不现实的。因此，在资产需求系统估计中，采用机器学习方法来处理结构变化可能会很有用。

类似的挑战同样出现在消费品需求系统估计中。因此，该领域的文献已经开始采用机器学习工具来应对这些挑战。Athey and Imbens (2019) 和 Gillen, Montero, Moon, and Shum (2019) 讨论了可以处理高维数以及高维数下稀疏性的方法。这些方法也可能适用于资产需求估计。

6.2.2 预期的形成

投资者对资产收益率的信念是资产需求乃至均衡状态下资产价格的一个潜在重要决定因素。研究市场参与者对资产收益率的预测的性质，或者研究与资产收益率预期相关的盈利、GDP 增长以及通胀等变量的属性，可以帮助我们理解信念的形成过程。对于许多类型的投资者来说，我们难以获得直接的预期数据。因此，实证研究退而求其次考查专业预测者或股票分析师的预期，并将其作为无法观测到的投资者预期的代理变量。

关于这类预测的性质，我们已有大量的文献。然而，理性预期模型是这类文献中的典型基准模型，它假设预测者已知生成被预测变量的内在模型的参数。学术研究往往使用样本内预测误差的可预测性回归来记录各种偏离这一基准模型的实证结果，包括投资者对预期外信息的反应过度或反应不足。

然而，检验样本内预测误差的可预测性受制于一个问题，该问题当我们在第 5 章讨论高维环境下检验样本内收益率的可预测性时也同样遇到了。回想一下，第 5 章模型中的已实现收益率仅仅是投资者对未来资产回报的预测误差。该模型中出现的样本内收益率的可预测性实际上是贝叶斯学习下更一般的样本内预测误差的可预测性的一个体现。预测者对数据生成过程的学习会污染预测误差，这些误差在样本内看上去是可预测的，但它们在样本外是不可预测的。

上述问题的存在意味着，我们将有机会使用全新的方法来重新审视投资者、分析师和宏观经济预测者的预期的性质。该方法应考虑到预测者所处环境的高维数，且应通过样本外基准来评估预测结果，样本外基准将排除计量经济学家在样本内检验中所拥有的前视优势。将学习导致的估计误差与有限理性和行为偏差造成的信念扭曲分开，是更好地理解金融市场和宏观经济中预期形成的重要一步。

本书中回顾的机器学习方法提供了实现这一目标的工具。它们允许学者们在构建预测基准时，将预测者可观测到的大量潜在相关协变量所包含的预测信息考虑在内。通过将大量的预测信息融入到一个正则化的、并且可能是稀疏的以及非线性的模型中，学者们可以建立一个基准来描绘非常专业的预测者的预期形成过程。

正如在资产收益率预测问题中遇到的一样，对于预测基准来说，结构性变化也是一个重要问题。可观测到的协变量和被预测的变量之间的关系不太可能在很长一段时间内保持稳定。为了很好地描绘熟练的预测者将如何构建预测模型，基于机器学习的预测基准应该对结构性变化予以考虑。在这方面，滚动窗口估计是一种简单的办法，但正如我们在本章前面讨论的那样，应该还有更好的方法。

Bianchi, Ludvigson, and Ma (2020) 就是沿着这一思路展开研究的最新例子。他们检查了关于宏观经济变量的专业预测。他们的预测基准通过动态因子模型和正则化来适应高维数问题。该基准模型的预测仅仅基于预测者可实时获得的信息，并使用滚动窗口来进行模型训练和验证。

6.3 机器学习的理论应用

资产定价方面的实证工作已经开始接受这样一个观点，即预测问题是高维的且实证方法应该能够处理这种高维数问题。在金融市场的理论建模方面，同样有很多充满希望的机会来实现这一点。第 5 章的研究表明，在考虑了投资者高维学习问题后，理论所隐含的资产价格的性质将变得非常不同，并且在某些方面更接近于实际情况。在资产定价乃至更广泛的经济学领域，还有更多关于模型的研究有待完成。在这些模型中，经济主体使用统计学家的工具来面对复杂的现实，而且就像现实世界的统计学家一样，在他们面前，支配世界的运动规律存在相当大的不确定性。

第 5 章的分析特意停留在了无摩擦的贝叶斯框架内，因此它非常接近资产定价中的现有学习模型。我们希望在不引入任何其他成本、约束和缺陷的前提下，将高维数引入投资者学习问题。但这并不是说这些复杂情况是无关的。无摩擦的贝叶斯框架是一个很好的研究起点，但在很多方面，它让投资者的学习问题依然过于简单。在本节中，我将讨论有关如何丰富这类模型的一些想法，以便让它们更好地代表投资者在现实世界中所面对的复杂性，以及他们是如何应对的。

6.3.1 有限理性

一旦我们承认投资者在一个复杂的环境中操作（在这个环境中他们必须跟踪大量的预测变量），就很难再为投资者绝对理性这一观点进行辩护。收集大量的数据可能需要付出高昂的搜索、获取和处理成本。计算能力也可能是有限的。此外，决策者可能偏爱易于处理、简单和透明的模型。

第 5 章中关于投资者预测模型中过度收缩或稀疏性的后果的讨论，是朝着这个方向迈出的一小步。它可以被近似地认为是由模型复杂度的代价或对更简单模型的偏好而造成的。然而，我们并没有为这种从无摩擦贝叶斯模型的偏离提供微观基础。另一个相关的例子是 Molavi, Tahbaz-Salehi, and Vedolin (2020) 中的模型。他们关注的是时间序列问题，在该问题中投资者通过一个过于稀疏的因子模型进行预测并为资产定价。

想要更好地了解摩擦如何影响投资者使用的数据集和他们的预测模型，仍有很多的工作要做。关于这一点，在最新的研究中已经出现了一些有益的想法。例如，Dugast and Foucault (2020)提出了一个模型，在该模型中，投资者通过代价高昂的随机搜索来寻找预测变量。Gabaix (2014) 通过模型重新审视了消费者理论和竞争均衡理论，在该模型中，关注大量的变量需要花费昂贵的成本。Routledge (2019) 则研究了一个资产配置问题，在该问题中，投资者更倾向于使用简单的统计模型来做出他们的资产配置决策。

将上述摩擦置于能够用于分析收益率可预测性问题的资产定价框架将会十分有趣。哪些类型的数据更有可能被反映在价格之中？哪些类型的数据又会因摩擦而被忽略，但却作为可预测的成分出现在收益率之中？人们是否有办法校准摩擦的相应参数，以定量研究这类摩擦对资产定价后果的影响？

有了过度稀疏性或收缩的微观基础，人们还可以研究这些摩擦是如何随时间变化的，以及这种变化对资产价格有什么影响。在几十年前，投资者收集、处理和分析数据的成本或许要比现在高得多。他们有可能因此错过哪些关于现金流生成过程的特征？这又将如何影响如今的计量经济学家（他们拥有当前的数据集和计算能力）通过分析早期历史数据而发现的收益率的可预测性？

6.3.2 投资者的异质性

在第 5 章描述的模型中，另一个明显的简化是投资者的同质性。研究中的共识是假设所有投资者都是相同的。作为必然结果，投资者的学习问题仅限于学习外生的基本面信息。投资者从外生现金流的实现中学习到现金流生成过程的性质，但这个模型并不涉及学习内生变量或学习其他的市场参与者。

因此，仍有许多有趣的问题尚未得到解答。其中之一与投资者专业度的异质性有关。一些市场参与者拥有极强的数据收集和分析能力，这可以帮助他们在高维环境中找到有利可图的投资策略。其他市场参与者则不那么专业，他们的一些投资决策可能是基于噪声而不是信号。这些噪声交易者在市场上的交易行为可能会为专业投资者创造获利的机会。但要做到这一点，专业的投资者需要从历史价格数据中学习不那么专业的投资人的行为。因此，将异质性引入投资者专业度的同时也引入了学习内生性价格历史数据的问题。在一个大量公司特征可能被用来预测资产基本面的高维环境中，其中的很多公司特征也可能同时被用来从历史价格数据中梳理出噪声交易者需求所引起的错误定价。因此，在专业投资者的学习过程中，将他们建模为机器学习工具的使用者是非常自然的。

大多数学者可能会从直觉上认同以下这种观点，即金融市场中存在一个错误定价被发现然后又被消除的周而复始的连续过程，然而学术研究中描述该过程的正式模型却少之又少。此外，为了使模型中所考虑的对于错误定价的学习问题在难度上贴近现实，我们应该在高维环境中研究这个问题。

最近的一篇论文 Davis (2020) 朝着这个方向做出了一些尝试。在他的模型中，被视为机器学习工具使用者的专业投资者[7] 使用历史价格数据来学习噪声交易者资产需求引起的错误定价。在市场尚未达到均衡状态的初期，市场中只存在噪声交易者。通过模拟，该文考查了随着专业投资者进入市场以及市场达到均衡状态后，错误定价在多大程度上被消除了。然而，在这个研究方向上，仍有很多有趣的变化有待探索。例如，在这样的环境中，对于专业投资者来说，最佳的机器学习方法是什么？如果他们是贝叶斯主义者，他们又会怎么做？在这种情况下，哪种先验分布在客观上是正确的？如果专业投资者在多期中出现，并在每期内都持续学习，那么他们的学习问题会不会因为当时的价格数据不仅反映了噪声交易者的活动，而且还反映了他们自己的交易活动造成的影响而变得复杂呢？当专业投资者可用于交易的资金量取决于他们过去的表现时，又会发生什么呢？

---

7 译者注：在原著中，此处对应的表述为 *machine learning investors*，直译过来就是机器学习投资者。结合本小节第二个自然段最后一句话，不难看出机器学习投资者指的是专业投资者，模型中将他们视为利用机器学习工具来学习错误定价的投资者。因此，在 machine learning investors 首次出现的时候，为了承接上下文，中文将其译作“被视为机器学习工具使用者的专业投资者”，而在本自然段后面再次出现 machine learning investors 的地方，通通译为“专业投资者”。

鉴于金融市场投资者的专业化程度很高，研究专业投资者之间的异质性同样会很有趣。在现实中，无论是直接地还是间接地，专业投资者使用的模型似乎有很高的稀疏性。例如，一些投资者专注于对少量的公司进行细致的基本面分析，一些投资者则同时对大量的公司进行全面的统计分析，还有一些专注于历史价格数据中包含的交易信号。然而，每一位专业投资者都在他们的模型中忽略了非常多的潜在预测变量。

为了使理论模型体现出上述专业化和稀疏性，就必须要考虑伴随着全面、复杂预测模型而来的相关成本。此外，我们必须通过某种方式来区别不同的专业投资者。例如，成本函数中的异质性可能是投资者差异化的来源之一。另一个同样值得研究的问题是，在高维环境中，在专业投资者分析数据之前，初始条件（例如，投资者使用的先验分布、可获得的数据样本或者分析方法）的细微随机扰动是否会导致他们的预测模型产生巨大的差异。

投资者的专业化对于市场均衡状态下的价格有多么重要，这仍然是一个悬而未决的问题。对那些使用稀疏模型来预测的真实投资者，我们能否至少是近似地通过如下的模型来代表他们的需求函数呢？在我们的模型中，典型投资者将从公开数据中学习，也许他们在预测时会使用收缩，但却不会在预测模型中施加任何稀疏性假设。另一方面，上述的这种近似又是否遗漏了某些重要的信息？

在关于高维环境下投资者学习的模型方面，Balasubramanian and Yang (2020) 是一个最新的例子，在其中投资者的异质性对于均衡状态下的市场结果至关重要。在他们的模型中，基于公开观测到的协变量，投资者使用类似于第 5 章所介绍的贝叶斯回归来预测基本面。为了得到后验分布，投资者将历史数据与他们选择的主宰资产基本面的模型的先验分布相结合。虽然他们都看到了相同的公开数据，但由于他们同时会获得关于资产基本面价值的私有信号，因而投资者之间存在异质性。从某种意义上说，由于投资者只能观测到自己的私有信号，而无法获知别人的私有信号，因此他们的预测模型具有高度的稀疏性。该文模型中的关键假设是，投资者不确定其他投资者的先验分布。如果问题的维数足够高，那么这个关键假设将导致如下结果，即投资者仅仅根据自己的统计预测来决定他们的资产需求，而不考虑市场中的价格因素，就有可能在均衡状态下实现近似最优。这意味着，与投资者可以无摩擦地共享所有信息的情况相比，上述假设情况下产生的均衡价格中包含了更多的噪声。

该模型具有以下这些吸引人的特点，它们能够将关于投资者学习的建模推向更加现实的方向：投资者需要消化高维的信息，他们是擅长使用不同信息来源的专家，他们在学习资产基本面方面具备专业性，且在他们处理数据的时候并不确定其他投资者使用的先验分布。对于样本内和样本外收益率的可预测性，以及可预测性如何随时间发生变化来说，一个具有如此异质性的模型意味着什么，这个问题的答案尚待发现。

当考虑一个多期模型设定时，如果假设一些投资者专门研究资产基本面的非价格预测因素，而另一些投资者则专注于历史价格中包含的预测信息，这可能会让问题变得更加有趣。这样的理论将会和 Hong and Stein (1999) 提出的模型有一些相似之处，在该文的模型下，收益率中将出现因投资者反应不足或反应过度而造成的可预测的模式。在他们的模型中，基本面信息逐渐扩散，而观测到这些基本面信号的投资者在决定资产需求时将不会考虑价格因素。另外，通过历史价格数据进行预测的投资者仅仅使用有限的价格数据。在 Hong and Stein (1999) 的模型中，他们使用的假设是特设的，并不具备一般性。当我们同时考虑高维环境和投资者不确定其他人的先验分布这两个因素时，能否很好地解释基本面投资者对价格因素的忽视，以及投资者预测模型的稀疏性呢？研究这个问题将会很有趣。

6.4 结束语

在金融市场中，市场参与者需要处理来自极其丰富的数据源的信息。机器学习方法使研究人员能够将这种数据的丰富性带入资产价格的实证和理论研究中。正如本书前面的章节所表述的那样，接受这种丰富性会带来看待资产价格的全新视角。在这个视角下，关于风险和收益率的实证估计将和被施加了人为稀疏性假设的模型给出的结果存在差异。且无论是在风险溢价、由于投资者偏见导致的错误定价，还是由投资者学习导致的收益率可预测性方面，这些估计的经济学解释也将和使用稀疏性模型时有所不同。

在这一前沿领域有许多令人兴奋的研究机会。随着将机器学习方法应用于实证研究的深入，一些新的难题将会出现；而通过能够解释高维环境中投资者学习问题难度的理论模型，我们或许能够为已有的一些问题找到答案。总之，这些研究将有助于我们更好地理解复杂信息传导至市场价格背后的动态过程。

附录 A　部分公式推导

1. 式 (3-9) 的推导

首先，对于预期收益率，有 $\mathbb{E}[\hat{\boldsymbol{\omega}}'\bar{\boldsymbol{r}}_\nu \mid \hat{\boldsymbol{\omega}}] = \boldsymbol{\mu}'\boldsymbol{\mu}/\sqrt{\hat{\boldsymbol{\mu}}'\hat{\boldsymbol{\mu}}}$。利用 $\hat{\boldsymbol{\mu}} = \boldsymbol{\mu} + \boldsymbol{X}(\boldsymbol{X}'\boldsymbol{X})^{-1}\boldsymbol{X}'\bar{\varepsilon}$ 可对其中的分母做如下推导

$$
\begin{aligned}
\hat{\boldsymbol{\mu}}'\hat{\boldsymbol{\mu}} &= \boldsymbol{\mu}'\boldsymbol{\mu} + 2\boldsymbol{\mu}'\boldsymbol{X}(\boldsymbol{X}'\boldsymbol{X})^{-1}\boldsymbol{X}'\bar{\varepsilon} + \bar{\varepsilon}'\boldsymbol{X}(\boldsymbol{X}'\boldsymbol{X})^{-1}\boldsymbol{X}'\boldsymbol{X}(\boldsymbol{X}'\boldsymbol{X})^{-1}\boldsymbol{X}'\bar{\varepsilon} \\
&= \boldsymbol{\mu}'\boldsymbol{\mu} + 2\boldsymbol{\mu}'\boldsymbol{X}(\boldsymbol{X}'\boldsymbol{X})^{-1}\boldsymbol{X}'\bar{\varepsilon} + \bar{\varepsilon}'\boldsymbol{X}(\boldsymbol{X}'\boldsymbol{X})^{-1}\boldsymbol{X}'\bar{\varepsilon} \\
&= \boldsymbol{\mu}'\boldsymbol{\mu} + 2\boldsymbol{\mu}'\boldsymbol{X}(\boldsymbol{X}'\boldsymbol{X})^{-1}\boldsymbol{X}'\bar{\varepsilon} + \operatorname{tr}\left(\boldsymbol{X}(\boldsymbol{X}'\boldsymbol{X})^{-1}\boldsymbol{X}'\frac{1}{\tau}\sigma^2\boldsymbol{I}_N\right) \\
&= \boldsymbol{\mu}'\boldsymbol{\mu} + 2\boldsymbol{\mu}'\boldsymbol{X}(\boldsymbol{X}'\boldsymbol{X})^{-1}\boldsymbol{X}'\bar{\varepsilon} + \operatorname{tr}\left(\frac{\sigma^2}{\tau}\boldsymbol{I}_N(\boldsymbol{X}'\boldsymbol{X})^{-1}\boldsymbol{X}'\boldsymbol{X}\right) \\
&= \boldsymbol{\mu}'\boldsymbol{\mu} + 2\operatorname{tr}\left(\boldsymbol{X}(\boldsymbol{X}'\boldsymbol{X})^{-1}\boldsymbol{X}'\bar{\varepsilon}\boldsymbol{\mu}'\right) + \frac{N}{\tau}\sigma^2 \\
&\approx \boldsymbol{\mu}'\boldsymbol{\mu} + 0 + \frac{N}{\tau}\sigma^2
\end{aligned}
$$

最后一行使用了性质 $\bar{\boldsymbol{\varepsilon}}\boldsymbol{\mu}' \approx \mathbb{E}[\boldsymbol{\varepsilon}\boldsymbol{\mu}'] = \mathbb{E}[\boldsymbol{\varepsilon}]\boldsymbol{\mu}' = 0$。

其次，由于未来收益率的协方差矩阵为 $\sigma^2\boldsymbol{I}_N$，投资组合 $\boldsymbol{\omega}$ 的年化方差为 $\boldsymbol{\omega}'(\sigma^2\boldsymbol{I}_N)\boldsymbol{\omega}$，因此对应于式 (3-8) 的权重 $\hat{\boldsymbol{\omega}}$ 的年化方差为

$$
\sigma^2\frac{1}{\sqrt{\hat{\boldsymbol{\mu}}'\hat{\boldsymbol{\mu}}}}\hat{\boldsymbol{\mu}}'(\boldsymbol{I}_N)\frac{1}{\sqrt{\hat{\boldsymbol{\mu}}'\hat{\boldsymbol{\mu}}}}\hat{\boldsymbol{\mu}} = \sigma^2
$$

这个方程事实上正是原著使用 $1/\sqrt{\hat{\boldsymbol{\mu}}'\hat{\boldsymbol{\mu}}}$ 来标准化 $\hat{\boldsymbol{\omega}}$ 的理由。该投资组合的年化波动率为 σ^2。因此，如果假设年与年之间的收益率也是相互独立

的，则在长度 $T-\tau$ 时间段内的年化方差为 $\sigma^2/(T-\tau)$。

2. 式 (3-18) 的推导

先看期望 $\mathbb{E}[\hat{\boldsymbol{\omega}}'\bar{\boldsymbol{r}}_\nu|\hat{\omega}] = \hat{\boldsymbol{\omega}}'\mathbb{E}[\bar{\boldsymbol{r}}_\nu] = \hat{\boldsymbol{\omega}}'\boldsymbol{X}\boldsymbol{g}$，其中 $\hat{\boldsymbol{\omega}}$ 为

$$\begin{aligned}\hat{\boldsymbol{\omega}} &= \frac{1}{\sqrt{\hat{\boldsymbol{\mu}}'\hat{\boldsymbol{\mu}}}}\boldsymbol{X}(\boldsymbol{X}'\boldsymbol{X}+\gamma\boldsymbol{I}_K)^{-1}\boldsymbol{X}'\bar{\boldsymbol{r}}\\ &= \frac{1}{\sqrt{\hat{\boldsymbol{\mu}}'\hat{\boldsymbol{\mu}}}}\boldsymbol{Q}_K\boldsymbol{\Lambda}^{\frac{1}{2}}(\boldsymbol{\Lambda}_K+\gamma\boldsymbol{I}_K)^{-1}\boldsymbol{\Lambda}^{\frac{1}{2}}\boldsymbol{Q}_K'\bar{\boldsymbol{r}}\\ &= \frac{1}{\sqrt{\hat{\boldsymbol{\mu}}'\hat{\boldsymbol{\mu}}}}\boldsymbol{Q}_K\boldsymbol{\Lambda}^{\frac{1}{2}}(\boldsymbol{\Lambda}_K+\gamma\boldsymbol{I}_K)^{-1}\boldsymbol{\Lambda}^{\frac{1}{2}}\boldsymbol{Q}_K'(\boldsymbol{X}\boldsymbol{g}+\bar{\boldsymbol{\varepsilon}})\\ &= \frac{1}{\sqrt{\hat{\boldsymbol{\mu}}'\hat{\boldsymbol{\mu}}}}\boldsymbol{Q}_K\boldsymbol{\Lambda}^{\frac{1}{2}}(\boldsymbol{\Lambda}_K+\gamma\boldsymbol{I}_K)^{-1}\boldsymbol{\Lambda}^{\frac{1}{2}}\boldsymbol{Q}_K'(\boldsymbol{Q}_K\boldsymbol{\Lambda}^{\frac{1}{2}}\boldsymbol{g}+\bar{\boldsymbol{\varepsilon}}),\end{aligned}$$

因此有

$$\mathbb{E}[\hat{\boldsymbol{\omega}}'\bar{\boldsymbol{r}}_\nu|\hat{\omega}] = \frac{(\boldsymbol{Q}_K\boldsymbol{\Lambda}^{\frac{1}{2}}\boldsymbol{g}+\bar{\boldsymbol{\varepsilon}})'\boldsymbol{Q}_K\boldsymbol{\Lambda}^{\frac{1}{2}}(\boldsymbol{\Lambda}_K+\gamma\boldsymbol{I}_K)^{-1}\boldsymbol{\Lambda}^{\frac{1}{2}}\boldsymbol{Q}_K'\boldsymbol{X}\boldsymbol{g}}{\sqrt{\hat{\boldsymbol{\mu}}'\hat{\boldsymbol{\mu}}}}.$$

接下来，先看上式的分子

$$\begin{aligned}\text{分子} &= (\boldsymbol{Q}_K\boldsymbol{\Lambda}^{\frac{1}{2}}\boldsymbol{g}+\bar{\boldsymbol{\varepsilon}})'\boldsymbol{Q}_K\boldsymbol{\Lambda}^{\frac{1}{2}}(\boldsymbol{\Lambda}_K+\gamma\boldsymbol{I}_K)^{-1}\boldsymbol{\Lambda}^{\frac{1}{2}}\boldsymbol{\Lambda}^{\frac{1}{2}}\boldsymbol{g}\\ &= (\boldsymbol{Q}_K\boldsymbol{\Lambda}^{\frac{1}{2}}\boldsymbol{g}+\bar{\boldsymbol{\varepsilon}})'\boldsymbol{Q}_K\boldsymbol{\Lambda}^{\frac{1}{2}}(\boldsymbol{I}_K+\gamma\boldsymbol{\Lambda}_K^{-1})^{-1}\boldsymbol{g}\\ &= \boldsymbol{g}'\boldsymbol{\Lambda}(\boldsymbol{I}_K+\gamma\boldsymbol{\Lambda}_K^{-1})^{-1}\boldsymbol{g}+\bar{\boldsymbol{\varepsilon}}'\boldsymbol{Q}_K\boldsymbol{\Lambda}^{\frac{1}{2}}(\boldsymbol{I}_K+\gamma\boldsymbol{\Lambda}_K^{-1})^{-1}\boldsymbol{g}\\ &\approx \boldsymbol{g}'\boldsymbol{\Lambda}_K(\boldsymbol{I}_K+\gamma\boldsymbol{\Lambda}_K^{-1})^{-1}\boldsymbol{g}.\end{aligned}$$

再看分母 $\sqrt{\hat{\boldsymbol{\mu}}'\hat{\boldsymbol{\mu}}}$，由于

$$\begin{aligned}\hat{\boldsymbol{\mu}} &= \boldsymbol{X}(\boldsymbol{X}'\boldsymbol{X}+\gamma\boldsymbol{I}_K)^{-1}\boldsymbol{X}'(\boldsymbol{X}\boldsymbol{g}+\bar{\boldsymbol{\varepsilon}})\\ &= \boldsymbol{X}(\boldsymbol{\Lambda}_K+\gamma\boldsymbol{I}_K)^{-1}(\boldsymbol{\Lambda}_K\boldsymbol{g}+\boldsymbol{X}'\bar{\boldsymbol{\varepsilon}})\end{aligned}$$

因此有

$$\hat{\boldsymbol{\mu}}'\hat{\boldsymbol{\mu}} = \boldsymbol{g}'\boldsymbol{\Lambda}_K(\boldsymbol{\Lambda}_K+\gamma\boldsymbol{I}_K)^{-1}\underbrace{\boldsymbol{X}'\boldsymbol{X}}_{=\boldsymbol{\Lambda}_K}(\boldsymbol{\Lambda}_K+\gamma\boldsymbol{I}_K)^{-1}\boldsymbol{\Lambda}_K\boldsymbol{g}$$

$$
\begin{aligned}
&+2\bar{\varepsilon}'\boldsymbol{X}(\boldsymbol{\Lambda}_K+\gamma\boldsymbol{I}_K)^{-1}\boldsymbol{X}'\boldsymbol{X}(\boldsymbol{\Lambda}_K+\gamma\boldsymbol{I}_K)^{-1}\boldsymbol{\Lambda}_K\boldsymbol{g}\\
&+\bar{\varepsilon}'\boldsymbol{X}(\boldsymbol{\Lambda}_K+\gamma\boldsymbol{I}_K)^{-1}\boldsymbol{X}'\boldsymbol{X}(\boldsymbol{\Lambda}_K+\gamma\boldsymbol{I}_K)^{-1}\boldsymbol{X}'\bar{\varepsilon}\\
=&\,\boldsymbol{g}'(\boldsymbol{\Lambda}_K(\boldsymbol{I}_K+\gamma\boldsymbol{\Lambda}_K^{-1})^{-2})\boldsymbol{g}+\underbrace{2\bar{\varepsilon}'\boldsymbol{X}(\boldsymbol{I}_K+\gamma\boldsymbol{\Lambda}^{-1})^{-2}\boldsymbol{g}}_{\approx 0}\\
&+\mathrm{tr}(\boldsymbol{X}(\boldsymbol{\Lambda}_K+\gamma\boldsymbol{I}_K)^{-1}\boldsymbol{X}'\boldsymbol{X}(\boldsymbol{\Lambda}_K+\gamma\boldsymbol{I}_K)^{-1}\boldsymbol{X}'\frac{1}{\tau}\sigma^2\boldsymbol{I}_K)\\
\approx&\,\boldsymbol{g}'(\boldsymbol{\Lambda}_K(\boldsymbol{I}_K+\gamma\boldsymbol{\Lambda}_K^{-1})^{-2})\boldsymbol{g}\\
&\underbrace{+\,\mathrm{tr}\left(\frac{1}{\tau}\sigma^2(\boldsymbol{\Lambda}_K+\gamma\boldsymbol{I}_K)^{-1}\boldsymbol{X}'\boldsymbol{X}(\boldsymbol{\Lambda}_K+\gamma\boldsymbol{I}_K)^{-1}\boldsymbol{X}'\boldsymbol{X}\right)}_{=\frac{\sigma^2}{\tau}\mathrm{tr}((\boldsymbol{I}_K+\gamma\boldsymbol{\Lambda}_K^{-1})^{-2})}\\
=&\,\boldsymbol{g}'(\boldsymbol{\Lambda}_K(\boldsymbol{I}_K+\gamma\boldsymbol{\Lambda}_K^{-1})^{-2})\boldsymbol{g}+\frac{\sigma^2}{\tau}\mathrm{tr}((\boldsymbol{I}_K+\gamma\boldsymbol{\Lambda}_K^{-1})^{-2}).
\end{aligned}
$$

再看式 (3-18) 中方差

$$
\begin{aligned}
\mathrm{var}(\hat{\boldsymbol{\omega}}'\bar{\boldsymbol{r}}_\nu)&=\hat{\boldsymbol{\omega}}'\mathrm{cov}(\bar{\boldsymbol{r}}_\nu,\bar{\boldsymbol{r}}_\nu')\hat{\boldsymbol{\omega}}\\
&=\hat{\boldsymbol{\omega}}'\left(\frac{1}{T-\tau}\sigma^2\boldsymbol{I}_N\right)\hat{\boldsymbol{\omega}}\\
&=\frac{1}{T-\tau}\sigma^2,\ \text{因为}\ \hat{\boldsymbol{\omega}}'\hat{\boldsymbol{\omega}}=1.
\end{aligned}
$$

3. 式 (3-26) 和式 (3-27) 之间等价性的证明

为了本书证明的完整性，我们节选了 Amemiya (1985) 的定理 6.1.1 中对于本书有益的部分。假设 $\boldsymbol{X}'\boldsymbol{X}$ 和 $\boldsymbol{\Sigma}$ 是正定阵，该定理给出了六个等价的条件，其中条件（A）为 $(\boldsymbol{X}'\boldsymbol{X})^{-1}\boldsymbol{X}'\boldsymbol{\Sigma}\boldsymbol{X}(\boldsymbol{X}'\boldsymbol{X})^{-1}=(\boldsymbol{X}'\boldsymbol{\Sigma}^{-1}\boldsymbol{X})^{-1}$，条件（F）为存在 $\boldsymbol{\Psi}$、$\boldsymbol{\Phi}$ 以及 $\boldsymbol{U}$ 使得 $\boldsymbol{\Sigma}=\boldsymbol{X}\boldsymbol{\Psi}\boldsymbol{X}'+\boldsymbol{U}\boldsymbol{\Phi}\boldsymbol{U}'+\sigma^2\boldsymbol{I}$，其中 $\boldsymbol{U}$ 满足 $\boldsymbol{U}'\boldsymbol{X}=\boldsymbol{0}$。该定理指明了（A）和（F）的等价性，但其中的（A）和本书中的式 (3-26) 有一些差异，（A）中不包含向量 $\boldsymbol{g}$。然而，通过如

下推导并利用 Amemiya (1985) 的定理 6.1.1，可以证明本书中式 (3-26) 和式 (3-27) 的等价性。

首先，由于 $\boldsymbol{\Sigma}$ 是协方差矩阵，因此它以及它的逆矩阵 $\boldsymbol{\Sigma}^{-1}$ 均是对称阵。进一步，利用转置运算的性质，易知 $\boldsymbol{X}'\boldsymbol{\Sigma}^{-1}\boldsymbol{X}$ 和 $\boldsymbol{X}'\boldsymbol{X}\left(\boldsymbol{X}'\boldsymbol{\Sigma}\boldsymbol{X}\right)^{-1}\boldsymbol{X}'\boldsymbol{X}$ 均为对称阵。为了便于下面的推导，计 $\boldsymbol{A} \equiv \boldsymbol{X}'\boldsymbol{\Sigma}^{-1}\boldsymbol{X}$ 以及 $\boldsymbol{B} \equiv \boldsymbol{X}'\boldsymbol{X}\left(\boldsymbol{X}'\boldsymbol{\Sigma}\boldsymbol{X}\right)^{-1}\boldsymbol{X}'\boldsymbol{X}$，且令 a_{ij} 和 b_{ij} 分别代表 $\boldsymbol{A}$ 和 $\boldsymbol{B}$ 的第 i 行、第 j 列个元素。利用 $\boldsymbol{A}$ 和 $\boldsymbol{B}$，式 (3-26) 可以写为 $\boldsymbol{g}'\boldsymbol{A}\boldsymbol{g} = \boldsymbol{g}'\boldsymbol{B}\boldsymbol{g}$。我们希望通过此式得到的是 $\boldsymbol{A} = \boldsymbol{B}$。

由于 $\boldsymbol{g}'\boldsymbol{A}\boldsymbol{g} = \boldsymbol{g}'\boldsymbol{B}\boldsymbol{g}$ 对于任意 $\boldsymbol{g}$ 都成立，因此首先让 $\boldsymbol{g}$ 遍历 $\boldsymbol{e}_i$，其中 $\boldsymbol{e}_i$ 代表第 i 个元素为 1 其他元素为 0 的向量。对任意给定的 $\boldsymbol{g} = \boldsymbol{e}_i$，将其代入 $\boldsymbol{g}'\boldsymbol{A}\boldsymbol{g} = \boldsymbol{g}'\boldsymbol{B}\boldsymbol{g}$ 可得 $a_{ii} = b_{ii}$，因此 $\boldsymbol{A}$ 和 $\boldsymbol{B}$ 两矩阵中对角线上的对应元素均相等。接下来，让 $\boldsymbol{g}$ 遍历 $\boldsymbol{e}_i + \boldsymbol{e}_j$，$i \neq j$。对任意给定的 $\boldsymbol{g} = \boldsymbol{e}_i + \boldsymbol{e}_j$，将其代入 $\boldsymbol{g}'\boldsymbol{A}\boldsymbol{g} = \boldsymbol{g}'\boldsymbol{B}\boldsymbol{g}$ 可得 $a_{ii} + a_{ij} + a_{ji} + a_{jj} = b_{ii} + b_{ij} + b_{ji} + b_{jj}$。利用已经证明的 $a_{ii} = b_{ii}$ 以及 $\boldsymbol{A}$ 和 $\boldsymbol{B}$ 均为对称阵，因此 $a_{ii} + a_{ij} + a_{ji} + a_{jj} = b_{ii} + b_{ij} + b_{ji} + b_{jj}$ 简化为 $2a_{ij} = 2b_{ij}$，即 $a_{ij} = b_{ij}$，即 $\boldsymbol{A}$ 和 $\boldsymbol{B}$ 两矩阵中所有非对角线上的对应元素均相等。因此 $\boldsymbol{A} = \boldsymbol{B}$，即

$$\boldsymbol{X}'\boldsymbol{\Sigma}^{-1}\boldsymbol{X} = \boldsymbol{X}'\boldsymbol{X}\left(\boldsymbol{X}'\boldsymbol{\Sigma}\boldsymbol{X}\right)^{-1}\boldsymbol{X}'\boldsymbol{X}$$

最终，为了利用 Amemiya (1985) 的定理 6.1.1，只需对上式左右两边同时取逆，就能得到该定理中的条件（A）。因此，我们从书中的式 (3-26) 得到了定理的条件（A），再利用（A）和（F）等价，最终得到书中式 (3-26) 和式 (3-27) 的等价性。

4. 式 (4-17) 的推导

为了本书的完整性，以下完整推导了在本书采用的共轭先验分布下（在贝叶斯统计中，如果后验分布与先验分布属于同类，则称这类先验分布为共轭先验分布），其参数的后验分布。假设随机贴现因子 $M_t = 1 - \boldsymbol{b}'(\boldsymbol{f}_t - \mathbb{E}[\boldsymbol{f}_t])$，将其改写为 $1 = M_t + \boldsymbol{b}'(\boldsymbol{f}_t - \mathbb{E}[\boldsymbol{f}_t])$，两边同时乘以 $\boldsymbol{f}_t'$ 并求期望有

$$
\begin{aligned}
\mathbb{E}[\boldsymbol{f}_t'] &= \mathbb{E}[M_t \boldsymbol{f}_t'] + \boldsymbol{b}'\mathbb{E}[(\boldsymbol{f}_t - \mathbb{E}[\boldsymbol{f}_t])\boldsymbol{f}_t'] \\
&= \boldsymbol{0}' + \boldsymbol{b}'\mathbb{E}[(\boldsymbol{f}_t - \mathbb{E}[\boldsymbol{f}_t])(\boldsymbol{f}_t - \mathbb{E}[\boldsymbol{f}_t])'] \\
&= \boldsymbol{b}'\boldsymbol{\Sigma}
\end{aligned}
$$

即 $\mathbb{E}[\boldsymbol{f}_t] = \boldsymbol{\Sigma}\boldsymbol{b}$。因此，本章所采用的模型取自上述理论方程，我们对于特征因子收益率的统计建模如下：

$$
\boldsymbol{\mu} = \boldsymbol{\Sigma}\boldsymbol{b} + \boldsymbol{\epsilon}
$$

其中 $\boldsymbol{\mu}, \boldsymbol{\epsilon}, \boldsymbol{b} \in R^{K\times 1}$、$\boldsymbol{\Sigma} \in R^{K\times K}$，且 $\boldsymbol{\epsilon} \sim \mathcal{N}(\boldsymbol{0}, \boldsymbol{\Sigma})$。由于 $p(\boldsymbol{b}|\text{data}) \propto p(\text{data}|\boldsymbol{b})p_0(\boldsymbol{b})$，其中对于参数 $\boldsymbol{b}$ 的先验分布为 $p_0(\boldsymbol{b}) = \mathcal{N}(\boldsymbol{0}, \frac{\kappa^2}{\tau}\boldsymbol{I}_K)$，因此在观测到数据后，我们对于这一参数的后验分布为

$$
\begin{aligned}
p(\boldsymbol{b}|\text{data}) \propto \prod_{t=1}^{T} & \exp\left\{-\frac{1}{2}\left[\boldsymbol{\Sigma}\boldsymbol{b} - \boldsymbol{\mu}_t\right]' \boldsymbol{\Sigma}^{-1}\left[\boldsymbol{\Sigma}\boldsymbol{b} - \boldsymbol{\mu}_t\right]\right\} \\
& \times \exp\left\{-\frac{1}{2}\boldsymbol{b}'\left[\frac{\kappa^2}{\tau}\boldsymbol{I}_K\right]^{-1}\boldsymbol{b}\right\} \\
\propto & \exp\left\{-\frac{1}{2}\boldsymbol{b}'\left[T\boldsymbol{\Sigma} + \left(\frac{\kappa^2}{\tau}\right)^{-1}\boldsymbol{I}_K\right]\boldsymbol{b} - 2\boldsymbol{b}'(T\bar{\boldsymbol{\mu}})\right\} \\
\propto & \mathcal{N}\left(\left[T\boldsymbol{\Sigma} + \left(\frac{\kappa^2}{\tau}\right)^{-1}\boldsymbol{I}_K\right]^{-1}(T\bar{\boldsymbol{\mu}}), \left[T\boldsymbol{\Sigma} + \left(\frac{\kappa^2}{\tau}\right)^{-1}\boldsymbol{I}_K\right]^{-1}\right),
\end{aligned}
$$

式中 $\bar{\boldsymbol{\mu}} = \frac{1}{T}\sum_{t=1}^{T}\boldsymbol{\mu}_t$。因此，$\boldsymbol{b}$ 的后验均值为

$$\left[T\boldsymbol{\Sigma} + \left(\frac{\kappa^2}{\tau}\right)^{-1}\boldsymbol{I}_K\right]^{-1}(T\bar{\boldsymbol{\mu}}) = \left[\boldsymbol{\Sigma} + \left(\frac{\kappa^2}{\tau}\right)^{-1}\frac{1}{T}\boldsymbol{I}_K\right]^{-1}\bar{\boldsymbol{\mu}}$$
$$= \left(\boldsymbol{\Sigma} + \gamma\boldsymbol{I}_K\right)^{-1}\bar{\boldsymbol{\mu}},$$

其中 $\gamma = \frac{\tau}{\kappa^2 T}$，即得到正文中的式 (4-17)。

5. 式 (5-27) 的推导

由正文可知，式 (5-25) 所示的收益率 $\boldsymbol{r}_{t+1}$ 服从均值为零的正态分布，其协方差矩阵可以写作

$$\mathbb{E}[\boldsymbol{r}_{t+1}\boldsymbol{r}'_{t+1}] = \frac{\theta}{J}\boldsymbol{X}(\boldsymbol{I}_J - \boldsymbol{\Gamma}_t)^2\boldsymbol{X}' + \frac{1}{t}\boldsymbol{X}\boldsymbol{\Gamma}_t(\boldsymbol{X}'\boldsymbol{X})^{-1}\boldsymbol{\Gamma}_t\boldsymbol{X}' + \boldsymbol{I}_J.$$

为了进一步推导，利用正文中式 (5-24)，即

$$\boldsymbol{\Gamma}_t = \boldsymbol{Q}\left(\boldsymbol{I}_J + \frac{J}{N\theta t}\boldsymbol{\Lambda}^{-1}\right)^{-1}\boldsymbol{Q}'$$
$$= \boldsymbol{Q}\,\mathrm{diag}\left(\frac{1}{1 + \frac{J}{N\theta t\lambda_j}}\right)\boldsymbol{Q}',$$

进而有

$$\boldsymbol{I}_J - \boldsymbol{\Gamma}_t = \boldsymbol{Q}\,\mathrm{diag}\left(\frac{\frac{J}{N\theta t\lambda_j}}{1 + \frac{J}{N\theta t\lambda_j}}\right)\boldsymbol{Q}'$$
$$= \boldsymbol{Q}\,\mathrm{diag}\left(\frac{1}{\frac{N\theta t\lambda_j}{J} + 1}\right)\boldsymbol{Q}'$$
$$= \boldsymbol{Q}(\boldsymbol{I}_J + \frac{N\theta t}{J}\boldsymbol{\Lambda})^{-1}\boldsymbol{Q}'.$$

上式两边同时右乘 $\boldsymbol{X}'\boldsymbol{X}$ 并利用 $\frac{1}{N}\boldsymbol{X}'\boldsymbol{X} = \boldsymbol{Q}\boldsymbol{\Lambda}\boldsymbol{Q}'$ 可得

$$
\begin{aligned}
(\boldsymbol{I}_J-\boldsymbol{\Gamma}_t)\boldsymbol{X}'\boldsymbol{X} &= \boldsymbol{Q}\left(\boldsymbol{I}_J+\frac{N\theta t}{J}\boldsymbol{\Lambda}\right)^{-1}\boldsymbol{Q}'N\boldsymbol{Q}\boldsymbol{\Lambda}\boldsymbol{Q}' \\
&= \frac{J}{N\theta t}\boldsymbol{Q}\left(\frac{J}{N\theta t}+\boldsymbol{\Lambda}\right)^{-1}\boldsymbol{Q}'N\boldsymbol{Q}\boldsymbol{\Lambda}\boldsymbol{Q}' \\
&= \frac{J}{\theta t}\boldsymbol{Q}\left(\frac{J}{N\theta t}+\boldsymbol{\Lambda}\right)^{-1}(\boldsymbol{\Lambda}^{-1})^{-1}\boldsymbol{Q}' \\
&= \frac{J}{\theta t}\boldsymbol{Q}\left(\frac{J}{N\theta t}\boldsymbol{\Lambda}^{-1}+\boldsymbol{I}_J\right)^{-1}\boldsymbol{Q}' \\
&= \frac{J}{\theta t}\boldsymbol{\Gamma}_t,
\end{aligned}
$$

即 $\boldsymbol{\Gamma}_t(\boldsymbol{X}'\boldsymbol{X})^{-1}=\frac{\theta t}{J}(\boldsymbol{I}_J-\boldsymbol{\Gamma}_t)$。利用该式对 $\mathbb{E}[\boldsymbol{r}_{t+1}\boldsymbol{r}'_{t+1}]$ 化简

$$
\begin{aligned}
\mathbb{E}[\boldsymbol{r}_{t+1}\boldsymbol{r}'_{t+1}] &= \frac{\theta}{J}\boldsymbol{X}(\boldsymbol{I}_J-\boldsymbol{\Gamma}_t)^2\boldsymbol{X}'+\frac{1}{t}\boldsymbol{X}\boldsymbol{\Gamma}_t(\boldsymbol{X}'\boldsymbol{X})^{-1}\boldsymbol{\Gamma}_t\boldsymbol{X}'+\boldsymbol{I}_J \\
&= \frac{\theta}{J}\boldsymbol{X}(\boldsymbol{I}_J-\boldsymbol{\Gamma}_t)^2\boldsymbol{X}'+\frac{1}{t}\boldsymbol{X}\frac{\theta t}{J}(\boldsymbol{I}_J-\boldsymbol{\Gamma}_t)\boldsymbol{\Gamma}_t\boldsymbol{X}'+\boldsymbol{I}_J \\
&= \frac{\theta}{J}\boldsymbol{X}(\boldsymbol{I}_J-\boldsymbol{\Gamma}_t)(\boldsymbol{I}_J-\boldsymbol{\Gamma}_t)\boldsymbol{X}'+\frac{\theta}{J}\boldsymbol{X}(\boldsymbol{I}_J-\boldsymbol{\Gamma}_t)\boldsymbol{\Gamma}_t\boldsymbol{X}'+\boldsymbol{I}_J \\
&= \frac{\theta}{J}\boldsymbol{X}(\boldsymbol{I}_J-\boldsymbol{\Gamma}_t)(\boldsymbol{I}_J-\boldsymbol{\Gamma}_t+\boldsymbol{\Gamma}_t)\boldsymbol{X}'+\boldsymbol{I}_J \\
&= \frac{\theta}{J}\boldsymbol{X}(\boldsymbol{I}_J-\boldsymbol{\Gamma}_t)\boldsymbol{X}'+\boldsymbol{I}_J.
\end{aligned}
$$

接下来，由于 $\boldsymbol{h}_{t+1}=(\boldsymbol{X}'\boldsymbol{X})^{-1}\boldsymbol{X}'\boldsymbol{r}_{t+1}$，因此 $\boldsymbol{h}_{t+1}$ 也服从均值为零的正态分布，其方差协方差矩阵为

$$
\begin{aligned}
\mathbb{E}[\boldsymbol{h}_{t+1}\boldsymbol{h}'_{t+1}] &= (\boldsymbol{X}'\boldsymbol{X})^{-1}\boldsymbol{X}'\mathbb{E}[\boldsymbol{r}_{t+1}\boldsymbol{r}'_{t+1}]\boldsymbol{X}(\boldsymbol{X}'\boldsymbol{X})^{-1} \\
&= (\boldsymbol{X}'\boldsymbol{X})^{-1}\boldsymbol{X}'\left(\frac{\theta}{J}\boldsymbol{X}(\boldsymbol{I}_J-\boldsymbol{\Gamma}_t)\boldsymbol{X}'+\boldsymbol{I}_J\right)\boldsymbol{X}(\boldsymbol{X}'\boldsymbol{X})^{-1} \\
&= \frac{\theta}{J}(\boldsymbol{I}_J-\boldsymbol{\Gamma}_t)+(\boldsymbol{X}'\boldsymbol{X})^{-1}.
\end{aligned}
$$

由于

$$r_{\text{IS},t+1}=\boldsymbol{w}'\boldsymbol{r}_{t+1}=\frac{1}{N}\boldsymbol{h}'_{t+1}\left(\boldsymbol{X}'\boldsymbol{X}\right)\boldsymbol{h}_{t+1},$$

因此

$$\begin{aligned}
\mathbb{E}[r_{\text{IS},t+1}] &= \frac{1}{N}\mathbb{E}[\boldsymbol{h}'_{t+1}\left(\boldsymbol{X}'\boldsymbol{X}\right)\boldsymbol{h}_{t+1}] \\
&= \frac{1}{N}\operatorname{tr}\left(\mathbb{E}[\boldsymbol{h}'_{t+1}\left(\boldsymbol{X}'\boldsymbol{X}\right)\boldsymbol{h}_{t+1}]\right) \\
&= \frac{1}{N}\mathbb{E}\left[\operatorname{tr}\left(\boldsymbol{h}'_{t+1}\left(\boldsymbol{X}'\boldsymbol{X}\right)\boldsymbol{h}_{t+1}\right)\right] \\
&= \frac{1}{N}\mathbb{E}\left[\operatorname{tr}\left(\left(\boldsymbol{X}'\boldsymbol{X}\right)\boldsymbol{h}_{t+1}\boldsymbol{h}'_{t+1}\right)\right] \\
&= \frac{1}{N}\operatorname{tr}\left(\left(\boldsymbol{X}'\boldsymbol{X}\right)\mathbb{E}[\boldsymbol{h}_{t+1}\boldsymbol{h}'_{t+1}]\right) \\
&= \frac{1}{N}\operatorname{tr}\left(\left(\boldsymbol{X}'\boldsymbol{X}\right)\left[\frac{\theta}{J}(\boldsymbol{I}-\boldsymbol{\Gamma}_t)+\left(\boldsymbol{X}'\boldsymbol{X}\right)^{-1}\right]\right) \\
&= \frac{1}{N}\operatorname{tr}\left(\boldsymbol{I}_J+\frac{\theta}{J}(\boldsymbol{I}_J-\boldsymbol{\Gamma}_t)\boldsymbol{X}'\boldsymbol{X}\right) \\
&= \frac{1}{N}\operatorname{tr}\left(\boldsymbol{I}_J+\frac{1}{t}\boldsymbol{\Gamma}_t\right) \\
&= \frac{1}{N}\operatorname{tr}\left(\boldsymbol{I}_J+\frac{1}{t}\boldsymbol{Q}\operatorname{diag}\left(\frac{1}{1+\frac{J}{N\theta t\lambda_j}}\right)\boldsymbol{Q}'\right) \\
&= \frac{1}{N}\operatorname{tr}\left(\boldsymbol{Q}\left[\boldsymbol{I}_J+\frac{1}{t}\operatorname{diag}\left(\frac{1}{1+\frac{J}{N\theta t\lambda_j}}\right)\right]\boldsymbol{Q}'\right) \\
&= \frac{1}{N}\operatorname{tr}\left(\left[\boldsymbol{I}_J+\frac{1}{t}\operatorname{diag}\left(\frac{1}{1+\frac{J}{N\theta t\lambda_j}}\right)\right]\boldsymbol{Q}'\boldsymbol{Q}\right) \\
&= \frac{1}{N}\operatorname{tr}\left(\boldsymbol{I}_J+\operatorname{diag}\left(\frac{1}{t+\frac{J}{N\theta\lambda_j}}\right)\right) \\
&= \frac{1}{N}\operatorname{tr}\left(\boldsymbol{I}_J+\operatorname{diag}\left(\frac{\lambda_j}{t\lambda_j+\frac{J}{N\theta}}\right)\right)
\end{aligned}$$

$$
= \frac{1}{N} \sum_{j} \left(\frac{\lambda_j}{t\lambda_j + \frac{J}{N\theta}} + 1 \right).
$$

即正文中的式 (5-27)。在上述推导中，我们反复使用了期望运算和迹运算可交换的性质，以及迹运算的循环性质。

参考文献

Amemiya, T. (1985). *Advanced Econometrics*. Cambridge, MA: Harvard University Press.

Angelosante, D. and G. B. Giannakis (2009). RLS-weighted lasso for adaptive estimation of sparse signals. In *2009 IEEE International Conference on Acoustics, Speech and Signal Processing*, pp. 3245–3248.

Asness, C. S., T. J. Moskowitz, and L. H. Pedersen (2013). Value and momentum everywhere. *Journal of Finance 68*(3), 929–985.

Athey, S. and G. W. Imbens (2019). Machine learning methods that economists should know about. *Annual Review of Economics 11*, 685–725.

Athey, S., J. Tibshirani, and S. Wager (2019). Generalized random forests. *Annals of Statistics 47*(2), 1148–1178.

Avramov, D., S. Cheng, and L. Metzker (2019). Machine learning versus economic restrictions: Evidence from stock return predictability. Working paper, IDC Herzliyah.

Ba, L. J. and R. Caruana (2013). Do deep nets really need to be deep? arXiv:1312.6184.

Balasubramanian, A. and Y. Yang (2020). Statisticians' equilibrium: Trading with high-dimensional data. Stanford University.

Barillas, F. and J. Shanken (2018). Comparing asset pricing models. *Journal of Finance 73*(2), 715–754.

Bianchi, F., S. C. Ludvigson, and S. Ma (2020). Belief distortions and macroeconomic fluctuations. NBER Working Paper No. 27406.

Breiman, L. (2001). Random forests. *Machine Learning 45*, 5–32.

Breiman, L., J. H. Friedman, R. A. Olshen, and C. J. Stone (1984). *Classification and Regression Trees*. Boca Raton, FL: Chapman & Hall/CRC.

Bryzgalova, S., M. Pelger, and J. Zhu (2019). Forest through the threes: Building cross-sections of stock returns. Working paper, Stanford University.

Campbell, J. Y. and S. B. Thompson (2008). Predicting excess stock returns out of sample: Can anything beat the historical average? *Review of Financial Studies 21*(4), 1509–1531.

Chan, L. K. C., J. Karceski, and J. Lakonishok (2003). The level and persistence of growth rates. *Journal of Finance 58*(2), 643–684.

Chen, L., M. Pelger, and J. Zhu (2019). Deep learning in asset pricing. Working paper, Stanford University.

Chinco, A., A. D. Clark-Joseph, and M. Ye (2019). Sparse signals in the cross-section of returns. *Journal of Finance 74*(1), 449–492.

Chordia, T., A. Goyal, and A. Saretto (2020). Anomalies and false rejections. *Review of Financial Studies 33*(5), 2134–2179.

Cochrane, J. H. (2008). The dog that did not bart: A defense of return predictability. *Review of Financial Studies 21*(4), 1533–1575.

Cochrane, J. H. (2011). Presidential address: Discount rates. *Journal of Finance 66*(4), 1047–1108.

Collin-Dufresne, P., M. Johannes, and L. A. Lochstoer (2017). Asset pricing when 'this time is different'. *Review of Financial Studies 30*(2), 505–535.

Cybenko, G. (1989). Approximation by superpositions of a sigmoidal function. *Mathematics of Control, Signals, and Systems 2*, 303–314.

Davis, C. (2020). Machine learning, quantitative portfolio choice, and mispricing. University of Chicago.

De Bondt, W. F. M. and R. H. Thaler (1985). Does the stock market overreact? *Journal of Finance 40*(3), 793–805.

DeMiguel, V., A. Martin-Utrera, F. J. Nogales, and R. Uppal (2020). A transaction-cost perspective on the multitude of firm characteristics. *Review of Financial Studies 33*(5), 2180–2222.

Dugast, J. and T. Foucault (2020). Equilibrium data mining and data abundance. HEC Paris.

Fama, E. F. (1970). Efficient capital market: A review of theory and empirical work. *Journal of Finance 25*(2), 383–417.

Fama, E. F. and K. R. French (1993). Common risk factors in the returns on stocks and bonds. *Journal of Financial Economics 33*(1), 3–56.

Fama, E. F. and K. R. French (2008). Dissecting anomalies. *Journal of Finance 63*(4), 1653–1678.

Fama, E. F. and K. R. French (2015). A five-factor asset pricing model. *Journal of Financial Economics 116*(1), 1–22.

Fama, E. F. and K. R. French (2016). Dissecting anomalies with a five-factor model. *Review of Financial Studies 29*(1), 69–103.

Fan, J., Y. Liao, and W. Wang (2016). Projected principal component analysis in factor models. *Annals of Statistics 44*(1), 219–254.

Feng, G., S. Giglio, and D. Xiu (2020). Taming the factor zoo: A test of new factors. *Journal of Finance 75*(3), 1327–1370.

Feng, G., N. G. Polson, and J. Xu (2018). Deep learning in characteristics-sorted factor models. arXiv:1805.01104.

Freyberger, J., A. Neuhierl, and M. Weber (2020). Dissecting characteristics nonparametrically. *Review of Financial Studies 33*(5), 2326–2377.

Gabaix, X. (2014). A sparsity-based model of bounded rationality. *The Quarterly Journal of Economics 129*(4), 1661–1710.

Gentzkow, M., B. Kelly, and M. Taddy (2019). Text as data. *Journal of Economic Literature 57*(3), 535–574.

George, E. I. and D. P. Foster (2000). Calibration and empirical Bayes variable selection. *Biometrika 87*(4), 731–747.

Gillen, B. J., S. Montero, H. R. Moon, and M. Shum (2019). BLP-2LASSO for aggregate discrete choice models with rich covariates. *The Econometrics Journal 22*(3), 262–281.

Gu, S., B. T. Kelly, and D. Xiu (2020). Empirical asset pricing via machine learning. *Review of Financial Studies 33*(5), 2223–2273.

Gu, S., B. T. Kelly, and D. Xiu (2021). Autoencoder asset pricing models. *Journal of Econometrics 222*(1), 429–450.

Hamilton, J. D. (1994). *Time Series Analysis*. Princeton, NJ: Princeton University Press.

Han, Y., A. He, D. E. Rapach, and G. Zhou (2019). Firm characteristics and expected stock returns. Working paper, Washington University.

Hansen, P. R. and A. Timmermann (2015). Equivalence between out-of-sample forecast comparisons and Wald statistics. *Econometrica 83*(6), 2485–2505.

Harvey, C. R., Y. Liu, and H. Zhu (2016). ... and the cross-section of expected returns. *Review of Financial Studies 29*(1), 5–68.

Hastie, T., R. Tibshirani, and J. Friedman (2009). *The Elements of Statistical Learning: Data Mining, Inference, and Prediction* (2 ed.). New York, NY: Springer.

Hastie, T., R. Tibshirani, and M. Wainwright (2015). *Statistical Learning with Sparsity: The Lasso and Generalizations*. Boca Raton, FL: CRC.

Heston, S. L. and R. Sadka (2008). Seasonality in the cross-section of stock returns. *Journal of Financial Economics 87*(2), 418–445.

Hoerl, A. E. and R. W. Kennard (1970). Ridge regression: Biased estimation for nonorthogonal problems. *Technometrics 12*(1), 55–67.

Hong, H. and J. C. Stein (1999). A unified theory of underreaction, momentum trading, and overreaction in asset markets. *Journal of Finance 54*(6), 2143–2184.

Horel, E. and K. Giesecke (2019). Towards explainable AI: Significance tests for neural networks. arXiv:1902.06021.

Hornik, K., M. Stinchcombe, and H. White (1989). Multilayer feedforward networks are universal approximators. *Neural Networks 2*(5), 359–366.

Hou, K., C. Xue, and L. Zhang (2015). Digesting anomalies: An investment approach. *Review of Financial Studies 28*(3), 650–705.

Inoue, A. and L. Kilian (2005). In-sample or out-of-sample tests of predictability: Which one should we use? *Econometric Reviews 23*(4), 371–402.

Jegadeesh, N. and S. Titman (1993). Returns to buying winners and selling losers: Implications for stock market efficiency. *Journal of Finance 48*(1), 65–91.

Kelly, B. T., S. Pruitt, and Y. Su (2019). Characteristics are covariances: A unified model of risk and return. *Journal of Financial Economics 134*(3), 501–524.

Kogan, L. and M. Tian (2015). Firm characteristics and empirical factor models: A model-mining experiment. Massachusetts Institute of Technology.

Koijen, R. S. J. and M. Yogo (2019). A demand system approach to asset pricing. *Journal of Political Economy 127*(4), 1475–1515.

Kozak, S. (2019). Kernel trick for the cross section. University of Maryland.

Kozak, S., S. Nagel, and S. Santosh (2018). Interpreting factor models. *Journal of Finance 73*(3), 1183–1223.

Kozak, S., S. Nagel, and S. Santosh (2020). Shrinking the cross-section. *Journal of Financial Economics 135*(2), 271–292.

LeCun, Y., Y. Bengio, and G. Hinton (2015). Deep learning. *Nature 521*, 436–444.

Lettau, M. and M. Pelger (2018). Factors that fit the time series and cross-section of stock returns. NBER Working Paper No. 24858.

Lettau, M. and M. Pelger (2020). Factors that fit the time series and cross-section of stock returns. *Review of Financial Studies 33*(5), 2274–2325.

Lewellen, J. and J. Shanken (2002). Learning, asset-pricing tests and market efficiency. *Journal of Finance 57*(3), 1113–1145.

Lin, H. W., M. Tegmark, and D. Rolnick (2017). Why does deep and cheap learning work so well? *Journal of Statistical Physics 168*, 1223–1247.

Lindley, D. V. and A. F. M. Smith (1972). Bayes estimates for the linear model. *Journal of the Royal Statistical Society: Series B (Methodological) 34*, 1–18.

Linnainmaa, J. T. and M. R. Roberts (2018). The history of the cross-section of stock returns. *Review of Financial Studies 31*(7), 2606–2649.

Lo, A. W. and A. C. MacKinlay (1990). Data-snooping biases in tests of financial asset pricing models. *Review of Financial Studies 3*(3), 431–467.

MacKinlay, A. C. (1995). Multifactor models do not explain deviations from the CAPM. *Journal of Financial Economics 38*(1), 3–28.

Martin, I. and S. Nagel (2019). Market efficiency in the age of big data. University of Chicago.

Martínez-Rego, D., B. Pérez-Sánchez, and O. Fontenla-Romero (2011). A robust incremental learning method for non-stationary environments. *Neurocomputing 74*(11), 1800–1808.

McLean, R. D. and J. Pontiff (2016). Does academic research destroy stock return predictability? *Journal of Finance 71*(1), 5–32.

Merton, R. C. (1980). On estimating the expected return on the market: An exploratory investigation. *Journal of Financial Economics 8*(4), 323–361.

Molavi, P., A. Tahbaz-Salehi, and A. Vedolin (2020). Asset pricing with misspecified models. Technical report, Northwestern University, Boston University.

Monti, R. P., C. Anagnostopoulos, and G. Montana (2018). Adaptive regularization for lasso models in the context of nonstationary data streams. *Statistical Analysis and Data Mining: The ASA Data Science Journal 11*(5), 237–247.

Moritz, B. and T. Zimmermann (2016). Tree-based conditional portfolio sorts: The relation between past and future stock returns. Working paper, University of Munich.

Nagel, S. and Z. Xu (2019). Asset pricing with fading memory. NBER Working Paper No. 26255.

Novy-Marx, R. (2012). Is momentum really momentum? *Journal of Financial Economics 103*(3), 429–453.

Novy-Marx, R. and M. Velikov (2016). A taxonomy of anomalies and their trading costs. *Review of Financial Studies 29*(1), 104–147.

Pástor, L. and R. F. Stambaugh (2000). Comparing asset pricing models: An investment perspective. *Journal of Financial Economics 56*(3), 335–381.

Ross, S. A. (1976). The arbitrage theory of capital asset pricing. *Journal of Economic Theory 13*(3), 341–360.

Routledge, B. R. (2019). Machine learning and asset allocation. *Financial Management 48*(4), 1069–1094.

Sims, C. A. (2003). Implications of rational inattention. *Journal of Monetary Economics 50*(3), 665–690.

Stone, M. (1977). An asymptotic equivalence of choice of model by cross-validation and Akaike's criterion. *Journal of the Royal Statistical Society: Series B (Methodological) 39*(1), 44–47.

Tibshirani, R. (1996). Regression shrinkage and selection via the Lasso. *Journal of the Royal Statistical Society: Series B (Methodological) 58*(1), 267–288.

Tibshirani, R. J. and R. Tibshirani (2009). A bias correction for the minimum error rate in cross-validation. *Annals of Applied Statistics 3*(2), 822–829.

Timmermann, A. G. (1993). How learning in financial markets generates excess volatility and predictability in stock returns. *Quarterly Journal of Economics 54*(5), 1135–1145.

Varma, S. and R. Simon (2006). Bias in error estimation when using cross-validation for model selection. *BMC Bioinformatics 7*, 91.

Wilson, D. R. and T. R. Martinez (1997). Bias and the probability of generalization. In *Proceedings of Intelligent Information Systems, IIS'97*, pp. 108–114.

Wolpert, D. H. (1996). The lack of a priori distinctions between learning algorithms. *Neural Computation 8*(7), 1341–1390.

Zou, H. and T. Hastie (2005). Regularization and variable selection via the elastic net. *Journal of the Royal Statistical Society: Series B (Statistical Methodology) 67*(2), 301–320.

索引

反侵权盗版声明